〔加拿大〕泰里·法沃罗 —— 著

徐颖 —— 译

和机器人一起进化

GENERATION ROBOT

1950—2050
关于机器人的
幻梦
现实与未来

A Century of
Science Fiction,
Fact, and
Speculation

天津出版传媒集团

天津科学技术出版社

Terri Favro

著作权合同登记号：图字 02-2019-265

Copyright © 2018 by Terri Favro
Published by arrangement with Skyhorse Publishing®, INC
Simplified Chinese edition © 2019 by United Sky (Beijing) New
Media Co., Ltd. All rights reserved.

图书在版编目（CIP）数据

和机器人一起进化 /（加）泰里·法沃罗著；徐颖
译. -- 天津：天津科学技术出版社，2020.1
书名原文: GENERATION ROBOT
ISBN 978-7-5576-7195-2

Ⅰ.①和… Ⅱ.①泰… ②徐… Ⅲ.①机器人 - 普及
读物 Ⅳ.①TP242-49

中国版本图书馆CIP数据核字（2019）第237435号

和机器人一起进化

HE JIQIREN YIQI JINHUA

选题策划：联合天际·边建强
责任编辑：方　艳
出　　版：天津出版传媒集团
　　　　　天津科学技术出版社
地　　址：天津市西康路35号
邮　　编：300051
电　　话：（022）23332695
网　　址：www.tjkjcbs.com.cn
发　　行：未读（天津）文化传媒有限公司
印　　刷：三河市冀华印务有限公司

关注未读好书

未读 CLUB
会员服务平台

开本 710 × 1000　　1/16　　印张 15　　字数 245 000
2020年1月第1版第1次印刷
定价：58.00元

谨以此书纪念

机器人专家、发明家，我的父亲

阿提里奥·法沃罗

目录

我偶尔会想，在如今这令人绝望的人性困境中，我们真应当感激能够拥有非人类的朋友，即使它们只是我们自己亲手制造出来的。

——艾萨克·阿西莫夫

引言

为什么要写机器人

从前，他们许诺给我们月亮……

后来我们长大了，懂得核弹可以毁灭地球，但是我们也能够逃到别的星球上去。我们有时如偏执狂般疑神疑鬼，有时又对进步信心猛增，类似于我们时不时激情亢奋一下，把头发高高扎起去参加特百惠派对[1]。我们就是这样一边在脑袋里玩跷跷板，一边期待着一个或许永远都不会到来的未来，至少不是《明日的世界》(*World of Tomorrow*)[2]里那个别人兜售给我们的未来。

关于未来，我们同时做着两个截然相反的梦——一个十分暗黑，充满末日景象；另一个却闪闪发光，令人愉快，有如刚刚清洗过的亚麻地板。而潜伏在这两个梦境阴影中的，乃是一个已在人类的想象中存在了数个世纪之久，终于在原子时代到来之际显露真身的创造物：机器人。

我们曾经期待机器人成为我们的伙伴和守护者。它们永不疲倦、可信可靠、坚不可摧；它们会比我们人类更聪明、更强大，却不会有人类那种已将地球推至毁灭边缘的侵略性。有朝一日，它们会像《杰森一家》(*The Jetsons*)里那个满嘴俏皮话的机器女佣罗西一样，为我们整理房间；或者如《迷失太空》(*Lost in Space*)里威尔·罗宾逊的机器人那般，与我们携手探索其他星球。

时光流逝，原子弹并没有从天上落下来——至少没落在我们头上；月球殖民计划

---

1 特百惠派对（Tupperware-partying），销售员（通常是家庭妇女）在家中举办的小型直销派对，参加者也多为女性。这种聚会始于20世纪50年代，开启了直销（或称"体验式营销"）模式，并风靡至今，对美国大众文化产生了深远影响，此后广泛用于称呼类似的家庭直销派对。此为译者注，如无特殊说明，均为译者注。

2 又译作《今夕何夕》，一部讲述近未来人类生活的系列动画作品。——编者注

也未能付诸实施。我们终于感到腻烦了，"明日的世界"变成了一个叫人难过的梦境，活像世博会场馆在废弃之后变成破败生锈的游乐场。

尽管住到月亮上去是没指望了，机器人却在对我们招手。如今，我们正在成为第一代有幸亲手将汽车钥匙交给机器人，让它们变成地球新成员的人。用电影《2001：太空漫游》中嗜杀成性的人工智能"哈尔"（HAL 9000）的话来说，这是我们应当"冷静地坐下来，吃一片镇静剂，好好把事情想清楚"的时候了。

借用《星际迷航》里"老骨头"伦纳德·麦考伊的说法：我是个作家，不是个"机器人专家"。过去的三十年里，我一直是个市场营销文案写手、生活时尚记者、幽默作家、小说家兼博客写手。那么，你或许会问：为什么我会选择写这样一本书呢？为什么我想要探讨我们这一代人与机器人、人工智能和计算机之间的相互关系呢？

我有我的理由。实际上，我有足足七个理由。

第 1 个理由：我爱我的老爸，而他热爱机器人。整个家庭中，唯有我数学最差，这一点曾让老爸深感困扰。老爸是一名电工技师、业余发明家，而老妈在结婚成家、生儿育女之前当过会计。老妈最引以为豪的就是她能在脑子里累加整栏的数字，这足以让她成为一名优秀的计算员，就像布莱切利园里那些为打败希特勒做出贡献的女密码破译员。我的姐姐罗斯玛丽和乔安娜的数学和物理成绩均十分优异。罗斯玛丽是老大，她的丈夫罗杰曾是神学院学生，后来放弃神职转而投身研究纯数学，并在 1967 年成为 IBM 的软件开发员。我的哥哥里克曾经想当宇航员，不过他学了工业工程。他于 20 世纪 90 年代去硅谷工作，专事开发基于互联网的电话系统。而我呢？我最后成了一个广告文案写手，为科技行业提供服务。我服务过的客户有 IBM、苹果、早期的蜂窝电话公司和网上银行等，不一而足。我曾为 IBM PCjr[1] 写过文案，对此我怀有一种暧昧的荣耀感——那是科技行业有史以来最惨的营销失败案例之一。

我和这些客户相处得挺舒服，一部分原因在于他们全都穿着白衬衫，口袋里插

1　即 IBM PC junior，IBM 公司于 1984 年推出的一款面向家庭和学校市场的低端个人电脑产品。由于种种原因，该产品销量不佳，被视作个人电脑史上的典型商业失败案例。——编者注

着护笔袋，有股熟悉的极客范儿。我在一个意大利家庭里长大，这个大家庭活力四射，对所有科技类事物充满热爱。我们家在晚餐临近尾声时通常是这样的：大家围绕餐桌而坐，一瓶接一瓶地喝着老爸自酿的葡萄酒，高谈阔论。话题总离不开登月、汽车、计算机，特别是机器人。这是因为老爸在职业生涯的最后十年是和第一台工业机器人——"尤尼梅特"（UNIMATE）并肩共事的，这还启发了他自己在家制造机器人。如此这般，尽管我本人既没成为科学家，也没当上工程师，但我长大成人的整个过程，始终伴随着那种令他们激情燃烧的、独特的创造精神。

第 2 个理由：机器人深植于我的大众文化基因。 我总是把自己想象成《小机》（*Robbie*）中的小格洛丽亚。《小机》是艾萨克·阿西莫夫的短篇小说集《我，机器人》里的第一篇。小格洛丽亚喜欢和她的机器人男保姆罗比玩捉迷藏，她的母亲却把罗比赶去工厂做苦工。最后，罗比拯救了格洛丽亚的生命，因善良而变成了一个接近真人的男孩，恰似一个机械版的皮诺曹。这个故事似乎想告诉我们，机器人比人类还要有人情味——它们就像我们的异父或异母兄弟，但比我们更聪明、更理智，而且心地无私，如同每个北美郊居家庭都想抚养的那种完美小孩。机器人不会变成少年犯，也不会染上毒瘾或者被关进叛逆女孩管教所。"阿西莫夫的孩子们"与大多数真人小孩不同，它们从来不让父母失望。

20 世纪 60 年代，我沉浸在《迷失太空》和《我的活玩偶》（*My Living Doll*）这类以机器人为主角的电视剧中。我跟每个书呆子气十足的同龄小孩一样，从不错过任何一集《星际迷航》，并且无可救药地迷恋斯波克。斯波克是什么？不正是下一代星际迷们追捧的机器人和生化人——百科中尉和"九之七"——的样板吗？当年 NBC 宣布停播《星际迷航》的时候，我还参加了写愤怒信的人们发起的反对活动。我们最终争取到让这部剧在电视上多活了一年，直到詹姆斯·T.柯克船长被迫转行，成了人造奶油的广告代言人。

1968 年，姐姐们带我去看了《2001：太空漫游》。在电影里，我见到了自阿西莫夫的创想以来最有影响力的机器人形象——哈尔，一个与人类伙伴一起飞向木星的人工智能。但是，哈尔谋杀了宇航员。它还会唱《黛西·贝尔》(*Daisy Bell*)[1]。那时我只有11岁，无法理解哈尔为什么拒绝为宇航员戴夫打开太空舱的门，为什么戴夫穿过迷幻的宇宙之后就变成了一个胎儿般的"星孩"(star child)。这种象征手法对我来说太深奥了。虽然连电影都没看懂，但我自那之后确确实实开始攒钱了，因为我想给自己买一套冬日白少女装，类似《西尔斯目录》[2]里的未来派空姐连体衣。

20世纪70年代，越来越多比以往更酷的机器人通过电影、电视和书本走进了我的生活。《宇宙静悄悄》《星球大战》《银河系漫游指南》《异形》《银翼杀手》，所有这些作品都在阿西莫夫设想的基础上，创造出了形象更新奇、通常更邪恶、偶尔更可爱的机器人；而小说家菲利普·K.迪克、斯蒂芬·金和阿瑟·C.克拉克则创造出了平行世界，在那里人类和机器人勉强休战，共同生存。到了IBM PC和苹果Macintosh如海啸般扫荡全球，把某些工作岗位直接消灭掉的时候（还记得"排字工"吗？），与我同龄的年轻人已经做好了迎接这一切的准备：我们早已看见未来在眼前晃来晃去，一如《银翼杀手》里的哈里森·福特用他脱臼的手指吊挂在外墙上摇摇欲坠，而复制人鲁特格尔·哈尔手握一只白鸽，满怀诗意地追忆了在猎户座边缘被击中的攻击舰艇后，瘫坐在地，按编好的程序死去。科技即未来——要么顺应，要么死亡。于是，我们这一代人选择顺应它。即使今生开不上能飞的小汽车，也用不上喷气背包，台式计算机和互联网已经足以把我们所生活的世界变成一个"神奇王国"——只要我们不先把这个古老的地球炸为齑粉，或者将之毒害成一颗死星球。

我们似乎一直在等待着什么大事发生。在这样的心态中长大的我们，如今正亲眼见证那些在我们童年时代的流行文化里大行其道的机器人变成活生生的现实：从物联网到自动化厨房，到具备人工智能、能跟你叨叨枕边蜜语的玩偶，到护理老、弱、病、

---

[1] 英国音乐家哈利·戴克于1892年创作的歌曲。1961年，电脑音乐大师麦克斯·马修斯在IBM 704上成功制作出世界上第一首由电脑模拟人声演唱的歌曲，这首歌就是《黛西·贝尔》。当时，阿瑟·C.克拉克也在场见证了这首歌的诞生。此后，一些公司和研究所在从事相关开发的时候都会选择《黛西·贝尔》进行调试。

[2] 《西尔斯目录》(*Sears Catalogue*)，美国著名百货公司西尔斯·罗巴克公司（简称西尔斯）的产品邮购目录。西尔斯公司于1884年开始零售产品的邮购业务，此后发展为美国乃至世界零售业的巨头，曾经影响了好几代美国人的生活。

残者的类人机器人，再到亚马逊推出的"预期发货"系统——在我们自己还没想好要买什么之前，它就已经把货品发给我们了。这是不是太酷了，或者说太可怕了？

第 3 个理由：我们这代人见证了机器人技术发展的全过程。 我属于在"婴儿潮"后期出生的所谓"琼斯一代"[1]。我们这代人实在很不幸：正夹在第一波"婴儿潮"和"X世代"[2]之间——前面那一代人积极进取又充满理想主义，后面那个世代虽然幻想破灭，但是更酷。而 1954—1962 年出生的我们，不仅没能赶上"嬉皮友爱大聚会"，还恰好赶上了 20 世纪 70 年代后期的能源危机和经济萧条。我们是这样一代人：始终渴望像哥哥姐姐们一样成功，却从未能充分发挥自身的潜力。

如今我们又被贴上了"数字移民"的标签，用来把我们跟儿孙辈区分开来，毕竟他们是"数字原住民"，一生下来手里就抓着触摸屏。"移民"一词表明我们在科技上纯属新手，不得不奋力适应这个已宛如外星球的世界——我们连这个世界的语言都说得不大顺溜。

非但如此，我们还一直在被科技塑造着。我们是第一批"电视机保姆"、合成音乐、人造食品的同谋共犯，大气核试验残留物也嵌在我们的乳牙中间。要给我们贴标签的话，"数字失忆症患者"可能更合适。我们仿佛在一艘快速航行的科技巨轮的滚动式甲板上度过一生，在身后抛下一长串机械废品——电视机、传真机、文字处理机、摄像机、八轨道磁带、盒带录像机、CD 播放器、台式计算机、笔记本电脑，还有最初那种砖头般的蜂窝手机。它们随着波浪起伏，然后下沉。我们在丢弃老旧装置的同时，只顾继续奔向下一轮技术革新，忘记了我们也有过别样的生活方式。我写这本书的一部分动机，即是想对我们一生所经历的这梦幻般的航程进行一番回顾与反思。

---

1 "琼斯一代"（Generation Jones），指 1954—1965 年出生的美国人。"琼斯"具有"渴望"的含义，在美国俗语中还有"染上毒瘾"之意。"琼斯一代"在美国教育部实施的全国教育进步评价（NAEP）和美国高考（SAT）中创下了历史最低分，因此也被称为"愚蠢的一代"。不过，随着以奥巴马为首的 Generation Jones 精英掌控华盛顿政坛，这一代人已不再受歧视。

2 "X 世代"（Generation X），指出生于 20 世纪 60 年代中期至 20 世纪 80 年代初期的一代人。这代人在 20 世纪 80 年代的经济衰退中长大，又经历了 21 世纪初的互联网泡沫破灭。在成家立业之际，他们还要面对全球性金融危机和经济下滑。在美国，步入中年的"X 世代"前有"婴儿潮"挡道，后有"Y 世代"强势冲击，在生活和工作中夹在两代人中间，处境尴尬，不少"X 世代"因此满腹牢骚、焦躁不安。

第 4 个理由：在变成数字化机电产品之前，机器人早已是艺术作品里的形象了。 机器人并非科技研究的产物，比如电灯泡或电报，它们本是小说家、剧作家和电影制作人作品里会思考的机器。科学家、工程师和工业设计师从这些作品中获得灵感，将影视书本里的形象召唤出来变为现实，这才有了机器人。即使在今天，获提名进入卡内基梅隆大学机器人名人堂的机器人仍有一半是只存在于想象中的角色，包括《星球大战》中的 R2-D2，迪士尼动画片《机器人总动员》里压缩垃圾的机器人"瓦力"，当然更不能少了《2001：太空漫游》里的"哈尔"。

计算语言学研究的开启

1968 年夏天，当时还是高中生的杰瑞·卡普兰（Jerry Kaplan）把《2001：太空漫游》一口气看了六遍。受到这部电影的启发，他对朋友宣布，将以制造出自己的"哈尔"为毕生使命。后来，卡普兰取得计算机科学博士学位，成为人工智能领域的先驱，专门研究如何使用英语自如地与计算机沟通——既是宇航员鲍曼和普尔同"哈尔"交谈的方式，也是我们所有人向 Siri 询问"距离最近的马来西亚 - 希腊混合风味的潮人餐厅在哪里"的那种方式。

第 5 个理由：我们应该谈谈机器人和人工智能在日常生活中的真实情况（而不是被耸动的标题和天花乱坠的广告所愚弄）。 计算机科学家和工程师一直在致力于设计能移动、学习和做决定的自主机器人，开始时间比我们这些不是科学家的人所了解的要早得多。1970 年，斯坦福大学就开发出了第一台能行走和视物的机器人[1]，此时距《星际迷航》在我的抗议声中落幕仅仅过去一年，比 R2-D2 和 C-3PO 在《星球大战》中登场早了整整七年。甚至连自动驾驶汽车也不是什么新点子——早在 20 世纪 60 年代中期，自动驾驶的机动车就已经在研发当中了，这是水星 - 双子座 - 阿波罗（Mercury-

---

1　这里作者指的是后文提到的"夏凯"机器人。——编者注

Gemini-Apollo）太空项目的一部分，只是后来人们封存了它，转而研发由人类宇航员驾驶的月球车。

与此同时，在你我这些凡人的视野之外，一场幕后大战已在机器人和计算机行业上演了数十年，且有愈演愈烈之势，这就是人工智能（Artificial Intelligence，AI）和智能增强（Intelligence Augmentation，IA）之间的对决。前者的终极目标是研发独立自主乃至能完全替代人类个体的机器人；后者则意在让机器人和计算机成为我们的帮手，或如捷克语"robot"的原始含义所指，让它们成为我们的"奴隶"。20世纪80年代初期，正当诸多硅谷人士期待着一场AI革命时，真正的变革却在个人计算机领域悄悄发生。IA捍卫者史蒂夫·乔布斯正是这场变革的领导者之一，他的观点是：Macintosh个人计算机应当成为人类思维的"自行车"，而不是直接代替人类思考。

然而还是那句老话，"时代永远在改变"[1]。功能强大的AI，如谷歌和Siri，已经在我们的日常生活中占据了一席之地。我们当中有些人会向机器人投资顾问咨询如何平衡股票投资组合，还在"谷歌医生"上用算法诊断疾病。我甚至曾亲眼看着医生登录MEDLINE[2]，把我的症状敲进去，我觉得这事儿我自己也能办得到，根本不需要医科学位。当然，已被大肆鼓吹的"看哦老妈，我没用手"式[3]的第一代完全自动驾驶汽车到2025年便将陆续出现在实体店的展示厅里——特斯拉、福特、通用汽车、本田、宝马、谷歌和（据传）苹果都在研制无人驾驶汽车。其中谷歌汽车算是个奇葩，看上去活像一坨橡皮泥粘在四个轮子上，估计只有20世纪30年代的卡通片《乐一通》里的母牛克拉拉贝会开一开那种车。除此之外，这些无人驾驶汽车都被设计成时尚光鲜的在路上奔跑的机器，透过挡风玻璃，方向盘清晰可见，似乎在努力向我们保证：放心，一切仍在我们的掌控之中。

是否让机器人接管，并非单纯由科学家和工程师决定，其实你也有份。消费者的接受度对此有很大影响，因为自动驾驶汽车、物联网关联设备乃至家用机器人，最终

1　原文为"Times are a-changing"，出自鲍勃·迪伦1964年的歌曲 *The Times They Are a-Changin'*，有强烈的历史感和文化寓意。

2　国际性综合生物医学信息书目数据库。

3　原文为"look-ma-no-hands"，是美国使用极其广泛的一句俗语，原意指小孩向妈妈炫耀自己骑自行车双手脱把。在此戏指自动汽车"开车不用手"。

都要被当成产品推向市场并销售出去。商家必须说服我们掏钱购买，否则这些机器人就只能宣告失败，仅仅因为我们不喜欢。因此，作为机器人行业的消费者，有一点对我们来说十分重要：丢开对"终结者"之类的机器人杀手的过分渲染，摆脱由此造成的心理阴影，还要更为透彻地了解这些机器会给未来生活带来哪些积极作用、造成哪些不良影响。唯有如此，我们才能辨别出哪些机器人性价比良好、值得购买，而哪些注定应当在仓库里默默锈烂。

　　第6个理由：我们还不知道机器人将在何时成为日常生活的固定组成部分，我们也不知道一旦成真，这会给生活带来怎样的变化。近六十年的研发、激情、汗水、眼泪，再加上没有几十亿也有数百万美元的风险投资，还是没能让机器人在大街上和我们并肩行走（尽管它们的确在做不少事情——杀敌、扫雷、检查炸弹、探索外星球、收割庄稼，还有在工厂里进行大量操作），但它们似已摆出架势，要成为我们仁慈的守护者，甚至扶危救难的神。

　　但潜在危险同样存在，它们可能对人类造成严重的伤害。但凡你能想到的各行各业，比如工业、农业、银行业、餐饮服务业、运输业、会计行业，适合在这些领域工作的机器人很可能正处于研发当中。而这样的"机器人化"对经济造成的影响将是十分惊人的。事实上，从20世纪70年代开始，机器人对工作岗位的占据就已经在影响就业增长率了。但是，正如温水煮青蛙一般，我们直到现在才开始觉察一个事实：机器人正在夺走的并不仅仅是那些肮脏而危险的工种，例如清理核电站，它们也许很快就能从事那些高薪酬、高回报又有创造性的工作，比如进军医药、法律，甚至音乐和新闻行业。

　　那些我们一直在悄悄盼望着的机器人反而最令我们失望。它们中有会走路，能说话，能在空中挥动烘干机软管一样的双臂警告我们"危险！"的人形合成机器，也有那些奋不顾身地拯救某个真人的生命，在被撕成两半时会流出白色血液的机器人，比如《异形》中的"主教"，还有和我们形貌相似、谈吐相同，却比我们更聪明、更强大、更善良的机器人，仿佛始终在背后支持我们的"老大哥"。YouTube视频里也有与家人友好相处的机器人——它们会唱摇篮曲哄孩子们睡觉，和妈妈一起做有氧健身运动，还能在企业总部接待政府首脑。在这类机器人中，还没有哪个能与电影和书本里的假想机器人相媲美。即使是最好、最惊人的机器人，比如波士顿动力公司的机器狗和机器马，也没有自主行动能力，至少目前还没有。它们全都太像电子动物了。要等到人工智能发展进入下一个阶段，即通用人工智能（Artificial General Intelligence，AGI）[1] 阶段，浑如人类一员的机器人才有可能被创造出来。科幻小说许下的诺言，必须由工程师来兑现。他们会成功吗？

为了方便论述，我们假定风险投资会继续注入资金，机器人专家最后能够追上大众文化的想象力，那么还需要多久我们才能看到真正具备意识，堪比《银翼杀手》《她》和《机械姬》中角色的机器人呢？机器人专家内部也在热烈地讨论这个话题。在《机器人时代：技术、工作与经济的未来》（*Rise of the Robots: Technology and the Threat of a Jobless Future*）一书中，身为硅谷软件开发员的作者马丁·福特（Martin Ford）描述了一项由作家詹姆斯·巴拉特（James Barrat）发起的调查——巴拉特邀请两百名 AGI 研究人员预测我们何时能看到一台会思考的机器。

调查结果显示：42% 的人相信人类到 2030 年能制造出会思考的机器，24% 的人说要到 2050 年，20% 的人认为要等到 2100 年，只有 2% 的人相信这永远不会实现。引人注目的是，相当多的回答者没有作答，而是建议巴拉特在答案选项里添加一个更早的时间，比如 2020 年。

雷普莉的人造好人和坏人

可怜的埃伦·雷普莉（西格尼·韦弗饰）。在《异形》（1979 年）里，科学官艾什（伊安·霍姆饰）利用了她和她的伙伴，把她们当作活诱饵。当然最后真相大白，原来艾什是个机器人，它执行的命令是不惜一切代价将一个邪恶的新物种

1　通用人工智能（AGI），指可以成功执行人类可以执行的任何智能任务的机器智能。这是一些人工智能研究的主要目标，也是科幻小说和未来研究的共同主题。一些研究人员将 AGI 称为"强人工智能""完全人工智能"或机器执行"通用智能行动"的能力，也有人表示能够体验意识的机器才能称为"强人工智能"。

带回地球。"我爱慕它的纯洁。"艾什一边喃喃自语,一边解剖那只将寄生异形胎儿放进执行官凯恩(约翰·赫特饰)胸腔的令人作呕的"抱面体"。然而,就在我们要轻松地断定《异形》系列电影中的机器人都不过是嗜虐成性的走卒,只管为某个冷漠无情的企业服务时,雷普莉却在《异形 2》(1986 年)中遇见了"主教"(兰斯·亨利克森饰)——一位心地无私的合成人(要么换个词吧,用"主教"喜欢的"人造人")。"主教"听说了艾什蓄意破坏的行为后,提到了阿西莫夫的"第一定律":"我很震惊!它的型号很老吧? A2 一直有点不稳定。现在我们安装了行为抑制器,再也不会发生这样的事情了。我不可能伤害人类,或者坐视人类个体受到伤害。"

关于机器意识的研究,无论是要等一百年才能取得突破,还是在半年内就能出成果,有一点我们总归十分清楚:变化正在不断加速。对此,是摩尔定律(Moore's Law)——它得名于英特尔公司的创始人之一戈登·摩尔(Gordon Moore)——给出了一种解释。1965 年,摩尔发表了一篇论文,宣称同价位集成电路上集成的元器件数量大约每两年会增加一倍,而且他认为这个数字会继续呈指数增长。简言之,摩尔定律的意思就是:运算性能越强大,就越能催生出更强大的运算性能。或者,如阿西莫夫在 1978 年所书:"技术的发展是不断累积的……机器总是被不断改进,而改进的方向总是向着……人为控制越来越少,自动控制越来越多——并且是加速发展。"

既然强大的运算性能是通向更高级的通用人工智能的关键之一,我愿意在此斗胆挑战一下主流观点。我预言,到 21 世纪中叶,我们就能拥有跟"哈尔"一样智能(但愿别和它一样嗜杀)的 AGI 系统,以及电影《她》里由斯嘉丽·约翰逊配音的角色那样一如真人、多情浪漫的数字助理。也许,在 21 世纪中叶以前,我们的合成朋友就会变成我们日常生活的一部分——差不多是在《我,机器人》出版一百年之后。

我们这些上了年纪的"琼斯"那时又会过上怎样的生活呢? 我们会如何顺应这些变化? 我们要把机器人当人一样对待,也把人当机器人一样对待吗? 此外,受人工智能和机器人的影响,有哪些生活领域已经在我们不知不觉中发生了改变? 举个例子:不管我们喜不喜欢,我们在每次购物、发推文或下载应用程序时都得进入大数据的世界。

若是社交媒体上的猎奇新闻里一周都没有新款机器人出现，那这周根本算不上是过去了。这些机器人看上去总是很像人，有点神秘，又有点恶心。机器人贸易展览会和商业交流会都会主推首席机器人专家发表的重点演讲，旨在向我们兜售这样一个未来：零售商店、快餐店、仓库和会议室里，机器人无处不在。很快它们就会来到我们身边，它们能打扫卫生、洗衣服、为全家人做饭、教育我们的子女、评估我们的认知功能，还能和我们建立更亲密的关系。我们对此的总体印象是：这将是机器人的世界，我们只是生活在其中而已。或者，不如说，是它们"生活"在我们中间。"明日世界"本身也不得不做些调整，以适应昨日的道路、房屋和办公大楼，因为这些设施有不少是在很久以前建造的，当时我们还没有认真考虑过机器人和人工智能的日常生活需求。无人驾驶汽车将穿梭在乡间道路和狭窄的古罗马街道上，智能家电和物流网也需要改型，以便进入已有上百年历史的老宅。对"琼斯一代"而言，生命的最后几十年注定充满变数，是需要努力顺应的过渡年代。换句话说，我们一直都知道，这个世界永远在变化，它还会继续变化。

第 7 个理由：就目前而言，关于机器人，我的问题比答案多，我打赌你也一样。我一直盼着能推测未来人类和机器人的关系，而且我一直在好奇，"会思考的机器"将如何改变私人生活（如果那时还存在所谓的私人生活），生活的新常态会是什么样子的呢？

那些需要关爱呵护的脆弱的人（例如老年人、体弱者或残疾人）会在情感上更依赖自己的护理机器人吗？反过来，如果一个机器人社工负责看护的人死了，人们会如何处理这个机器人？对它重新编程就行吗？是否允许机器人储存它们护理过的人类对象的相关记忆？它们能否读取这些记忆，学习如何安慰和照顾其他人？

有了完全自动化驾驶汽车，我们会不会全都变成甩手乘客？还是说，我们会变得更像飞行员，只会在想要打个盹时，把车切换到自动驾驶模式呢？如果是这样的话，我们是否反而成了自己机器奴仆的"准护理人"，而且还不太称职？

机器人控制下的经济社会，留给人类做的事情已经不太多了，并且人人都能进行虚拟现实旅游。既然如此，我们何苦去往别处，为什么不能待在原地呢？

在人体所有执行功能都得到关照之后，我们的大脑会不会退化萎缩（身体就更不用谈了）？机器人的劳动将我们解放出来，会不会让我们变成苍白瘦高、穿着白色长袍、自作聪明的哲学家学会人士？我们对《星际迷航》里的这一幕记忆犹新。

我们能通过编程向有决策能力的机器人植入道德规范吗？机器人会分化成"机器好人"和"机器坏人"吗？

让我们假定人工智能研究领域将在摩尔定律的支持下保持发展势头，假定机器将变得越来越聪明，并假定人类也将随之改变。那些能活着度过百岁生日的"琼斯"或许会有办法骗过死神，活得长长久久——变身成为赛博格就行。别忙着对这个想法嗤之以鼻，觉得这只是个离奇荒诞的梦，考虑一下这个事实吧：谷歌的生物技术公司Calico从2013年起就一直在努力寻找征服死亡的解决方案。然而，这样做会不会出现意想不到的后果，足以抵消为人类带来的益处呢？有一些学者，包括斯蒂芬·霍金和牛津大学人类未来研究所（Future of Humanity Institute）的教授们，都担心超级智能机器会如我们今天所知的那样威胁人类自身的未来，并彻底扰乱这个世界。

然而……

如果机器人对我们来说这么糟糕，为何我们还是不可救药地热爱关于机器人的故事呢？

是否因为，作为人类，我们一直都对自身深感失望？

或许机器人才是人类真正的孩子。这些后代不仅能充分发挥潜能，还能不知疲倦地大踏步前进，跟上不断加速、永无休止的工作周期。我们也许漫不经心地创造了一个只有机器人才能在这里毫无故障、永不停歇地履行职责的社会。

对于老年人来说，问题则在于：原本我们秉持中立态度、不断强化其性能的这些自动化孩子——我们的"哈尔"们——长大了，它们是来照顾我们的，还是来淘汰我们的？它们会压制我们，还是会解放我们，让我们摆脱繁重的工作，去追求更高尚的趣味？会不会有那么一天，我们要么必须屈服于机器人的奴役，要么直接灭绝？

从光明的一面来看，人工智能可以为人类特有的问题（老龄化、残疾、疾病、交通事故等）提供解决方案。进一步说，如果阿西莫夫是对的，或许有朝一日，机器人议员还能够阻止我们毁灭这个世界，如果届时人工智能机器流氓还没有抢先摧毁人类的话。

有一件事毋庸置疑：有些"琼斯"会相当长寿，他们有机会见证人工智能日益强大的影响力。我们能做的事，就是好好利用我们在地球上的剩余时间，用以造福，而非为恶，包括思考一下机器人和人类应如何共存，以及如何让机器人和人类自身都多些人情味。

让我们来回顾一下那段已然经历过的漫长而奇异的旅程，让自己成长为"宇航员"，顺利地飞向我们自身的未来，飞向正在前方等待着我们的一切，因为我们终将降落在盼望已久的"明日世界"。

第一章

艾萨克·阿西莫夫的孩子们

1950

炽热的土星啊，我们得对付一个机器人疯子！[1]

——艾萨克·阿西莫夫，《惊人科幻小说》杂志

我出生在"肥胖的五十年代"[2]中期，那是充斥着猪油馅饼皮、花生酱奶油三明治和恐惧情绪的十年。韦氏在线词典上说，按照有据可考的历史，人们恰好在我出生的那一年开始使用冷战术语，比如"（发起）第一击""脏弹""反导弹""图灵测试""末日后世界"等等。随着《原子科学家公报》的"世界末日钟"被科学家调整到距离午夜零点仅剩两分钟，世界离"相互保证毁灭"（Mutual Assured Destruction）[3]又近了一步——比以往任何时候都要近，古巴导弹危机期间也不过如此。对于"相互保证毁灭"，人们更熟悉的是它阴沉可厌的首字母缩略词"MAD"。

1　出自阿西莫夫短篇小说《推理》（*Reason*）。该小说于 1941 年发表在《惊人科幻小说》杂志上，后编入《我，机器人》一书。

2　"肥胖的五十年代"（the big, fat fifties），20 世纪 50 年代的美国社会在"二战"后走向繁荣，但同时处于核大战的阴影之下，消费主义、保守主义、冷战思维盛行。

3　相互保证毁灭（亦称共同毁灭原则），一种"俱皆毁灭"性质的军事战略思想。指对立的两方中如果有一方全面使用核武器则两方都会被毁灭，被称为"恐怖平衡"。

　　我不仅生错了时间，还生错了地点。我的出生地尼亚加拉半岛，蜷缩在加拿大和纽约州西部之间的边境地带，死气沉沉，闭塞落后，到处是农田、工厂和旅游陷阱。不过，就像我老爸指出的那样："我们会是第一批完蛋的人。"他最喜欢的杂志《大众科学》（Popular Science）说过，尼亚加拉瀑布是苏联的首选打击目标，因为这儿的水力发电站为整个美国东部沿海地区供应电力，供电范围直抵华盛顿特区。

　　童年时代，我头顶上那片知更鸟蛋壳般湛蓝[1]的天空中总是飘着一朵乌云，那是死亡随时可能从天而降的阴影，是"斯普特尼克号"（Sputnik）带来的。"斯普特尼克号"是苏联制造的人造卫星，跟篮球差不多大。我出生的时间和"斯普特尼克号"升空的时间只相差一年：我的生日是 1956 年 10 月 15 日，它的发射日是 1957 年 10 月 4 日。当我刚刚吹熄自己有生以来第一个生日蛋糕上的蜡烛时，苏联竟然制造出了第二颗"斯普特尼克号"，还把可怜的小狗莱卡塞进"斯普特尼克 2 号"送上了太空。而在卫星下方的地球上，我正安逸地睡着婴儿觉，我的小猫咪们也安全地蜷在盒子里，丝毫没有被发射进入太空轨道的顾虑。但是，比起太空里的宠物来，让大人们忧虑的事情显然要严重得多：苏联已经抢占了先机！他们不仅拥有了氢弹，现在还有了"斯普特尼克号"，相当于在天上有了眼睛。高楼屋顶上的空袭警报器咧着金属大嘴，红黑二色的传单出现在我们的信箱里。传单上列了一份清单，教我们怎么把地窖改造成防空洞——储存罐头食品、收音机电池和水，做好准备，共克时艰。传单还给我们讲解在遭遇核攻击时该如何保护自己：找一堵牢固坚实的墙，紧挨墙根蹲下，双臂抱住头。

氪星石（Kryptonite）在原子时代开始之后出现

　　即使是"钢铁英雄"（the Man of Steel）也无法抵御核威胁。1949 年，漫画书

1　知更鸟在西方文化中是一种神圣的鸟。蓝色的知更鸟蛋象征着爱情的结晶，代表婚姻和家庭的幸福。作者在此处使用该词有其深意。

《超人》（*Superman*）里面介绍了"氪星石"，它是核爆炸的副产品，具有放射性而且致命，毁掉了超人"钢铁英雄"的母星——氪星。

我很喜欢看传单上画的"核心家庭"（nuclear family）[1]，画上躲起来的小女孩穿着被裙衬撑得鼓鼓的小裙子。我猜想，苏联人进攻的时候，她正在去参加生日派对的路上。

当我们收看每周六上午播出的卡通片时，总会听到一阵突然切入的、长达半分钟的噪声，像牙医的钻头声一样刺耳，紧接着会有一个声音安抚我们：这是测试！只是测试！如果确实发生紧急情况，您会接到前往尼亚加拉边境的指令。

那时我们已经懂得了，在原子光倾泻而下涌入地窖和逃生通道之前，这紧急广播系统的呼叫便是我们所能听到的最后的声音，接着我们的视网膜就会被烧焦，受到辐射的皮肤会像潮湿的橡皮泥一样脱落。或许终有一天，警报会变成真的，但在那一天到来之前，我们还是能回到电视机前，嘲笑《波波鹿和飞天鼠》里倒霉的间谍鲍里斯和娜塔莎。随着一遍又一遍的演练，恐惧成了一种条件反射，渗透进肌肉记忆。正如文化史学家史宾塞·维尔特（Spencer R. Weart）所指出的那样："许多孩子都知道，不管他们多么认真地执行指令，在（核武器）袭击中幸存的机会都不大。"

今天看来，与我同龄的孩子长大后没有患上慢性焦虑症、妄想症或受到轻度创伤后应激障碍（PTSD）的折磨，还真是一件了不起的事（当然，说不定我们还是患上了这些病，这或许有力地解释了我们这一代人为何具有强迫症倾向——从自恋狂和"直升机父母"[2]到养成过度医疗和购买超额保险的习惯）。核恐惧对整整一代人的心智造成了持续性影响，20世纪70年代，人们对此展开过调查研究，结果发现年轻人能清楚地记得他们在童年时代对炸弹的恐惧，有些人甚至还重现了这种可怕的记忆。

---

1 nuclear意为"原子核"。此处的"核心家庭"有双关含义，不仅指包括父母和子女的三口之家，也指受到核威胁的家庭。
2 "直升机父母"（helicopter parenting），形容某些"望子成龙""望女成凤"心切的父母。他们就像直升机一样盘旋在孩子的上空，时时刻刻监控孩子的一举一动。

"乔尼！我相信主管部门会控制好一切的！"

电影中总会有各种各样的怪物从放射性泥浆里钻出来娱乐青少年，最出名的大概是《哥斯拉》（1954 年）了。在这部电影里，一场核试验把一头恐龙似的日本怪兽"哥斯拉"从海底弹了上来。随后，形形色色因辐射而变异的巨型动物和蔬菜很快充斥了银幕。这类影片的主角通常是一个少年，他力图警告大人危险迫在眉睫，但大人们总是嗤之以鼻："有关部门会管好这些事的，波比／詹妮／比利／萨利，回房间去做作业！"

只有一个地方是安全的，那就是未来，也可称之为"明日的世界"。只有到了那个时候，科技才能超越核威胁。世界领导人以及才华横溢的火箭科学家，一定能想出聪明的办法拯救文明。我们需要太空船帮助我们逃离自己的"氢星"和那些比我们思维更清晰的智能机器，如果我们还有希望作为一个物种存活下来的话。

但是，我们的未来究竟会是什么样子呢？我们真的能走到那一天吗，在我们把自己炸得飞进天国之前？

说到对未来的预言，我们这些 21 世纪的公民实在是一帮狂妄自大的家伙。无论是在 TED 演讲里，还是在"未来学家"成了一种专门的职业的时候，我们都十分自信，对自己 20 年或 30 年后的生活该是什么样子特别有把握。我们可不像 20 世纪 60 年代的那些傻瓜，成天痴迷于喷气背包、移动人行天桥和会飞的汽车。我们父母那辈人已经够先进了，都能把人送上月球了，可他们怎么就没能预见到世界上会出现互联网呢？

然而，如果你回溯得更远一点，看看 20 世纪 40 年代末 50 年代初那段时期，你会惊讶地发现，一些有影响力的思想家实际上对未来有着相当准确的把握。他们不仅预言了信息管理系统、智能自动化，竟然还预言了能够思考和学习的机器。想想 1950 年前后科技在人们日常生活中的那点表现，你会对他们的先见之明感到分外惊奇：电视机还是新鲜事物（也没什么节目可看）；电话线多数是共享的（打一通越洋电话都要事先向接线员预订）；"computer"指的不是一台机器，而是一个专门从事计算的人；送牛奶、面包和鸡蛋的交通工具还是马匹；老式冰箱（icebox）和拧绞洗衣桶（wringer washer）还是家用电器的标配。在我出生的加拿大边境小镇上，旗杆上挂的国旗还是英国的米字旗，而不是现在我们所熟悉的红枫叶旗。

那个时代有两位对未来有着深刻洞察的人物，60 年后的今天，他们所畅想的未来正在我们面前徐徐展开。他俩既是科学家，也是作家。他们的作品十分畅销，在"二战"结束之后的几年里牢牢占据着大众的想象空间。两人都相信未来世界的主导者将是思维机器（计算机），具有感知能力、可以训练的机器人，以及现在被我们称为"人工智能"的东西。两人都为了描述当时还不存在的研究领域而发明了新词。不过，他们当中的一位——艾萨克·阿西莫夫，相信机器人会是我们的救星、保护者和仁慈的治理者；而另一位——诺伯特·维纳[1]，却坚信智能自动化可能会让我们失去人性，而这一点足以抵消它能为人类创造的价值。

维纳看上去一点也不像能写出在他那个时代最畅销的图书的人。他出生于 1894 年，小时候堪称神童，父亲是哈佛大学教授。维纳长大后才华横溢，是人们通常概念中那种典型的"魂不守舍"的数学家。自 1920 年起，他在美国麻省理工学院（MIT）担任教职。他不是那种魅力独具的家伙，你也不会想到邀请他出席晚宴派对。人们常能听到各种关于维纳的传闻逸事，这些故事无外乎把他描绘成一个死不悔改的吝啬鬼，同时还特别自以为是。但不管怎么说，他的《控制论：或关于在动物和机器中控制和通信的科学》（*Cybernetics: Or Control and Communication in the Animal and the Machine*）单在 1948 年就至少加印了 5 次，此后多年还在不断加印，尽管其中充斥着令人头皮发麻的数学公式。《控制论》颇有预见性地描述了许多当时尚不存在的技术领域，如信息技术、计算机科学、人工智能等。维纳预言，有朝一日，智能机器人不仅能执行重复性的任务，而且能够思考和学习。维纳说，对人类而言，这会是一件伟大的事，但也可能演变成一场灾难：机器完全有可能从人类手中夺走控制权，将我们弃如敝屣。

《控制论》原本是写给技术人员看的，因而维纳自己反倒成了对此书的风靡最为惊诧的人。一位《纽约时报》的书评人热情洋溢地称赞这本书是"20 世纪最富影响力的

---

[1] 诺伯特·维纳（Norbert Wiener, 1894—1964），美国应用数学家，控制论的创始人，在电子工程方面贡献良多。他是随机过程和噪声过程的先驱，又提出了"控制论"一词。

图书之一"，并将之与伽利略、卢梭和约翰·斯图尔特·密尔的著作相提并论。不过，英国技术史学家杰里米·诺曼（Jeremy Norman）最近又将这本书形容为"一堆奇怪的、东拉西扯的文字，是通俗内容和高科技概念的大杂烩"。他还揶揄道，尽管这本书销量巨大，但"绝大多数买了这本书的人很可能都没有通读过一次"，这点或许与霍金的《时间简史》（1988年）相差无几——这些书的书脊永远光洁平整，看不到一条折痕。

继《控制论》之后，维纳于1950年出版了另外一本书《人有人的用处：控制论与社会》（*The Human Use of Human Beings: Cybernetics and Society*）。这本书是为那些非专业的普通读者写的，因而通俗易懂得多，少了很多数学内容，更侧重于阐述以人为中心的哲学和政治观点。维纳曾任防空系统的设计师，算是卷入过战争。他反对科学家与政府或军队密切合作，因为他看到数学家在未来的战争中会变成潜在的"武器制造者"，正如研制了可怕的原子弹的科学家所扮演的角色。

维纳创造的名词"cybernetics"（控制论）源于希腊语，原指"掌握方向"或"导引航向"。如今，尽管这个词本身只用于科技领域，但"cyber"成了几乎所有与数字化有关的事物名词的前缀：cyberspace（网络空间）、cyberpunk（赛博朋克）、cybercrime（网络犯罪）、Cyber Monday（网络星期一）等，不一而足。更重要的是，《控制论》对信息技术和计算机（虽然维纳没有采用这个名称）进行了阐释，还能让绝大多数美国人看得懂，当然，前提是他们真的翻过这本书。

维纳的预言挺准。在《控制论》出版后不到十年的时间里，银行及其他大型商务机构便开始使用IBM、通用电器、Univac、霍尼韦尔等品牌的大型主机处理付款业务，并用穿孔卡和磁带储存大量信息。计算机的"大脑"，即第一代计算机芯片，为运算性能的飞速发展提供了可能，这样的发展将催生出维纳描绘过的可以通过训练提高性能的机器人。

维纳的书给科技世界带来阵阵冲击。1951年，晶体管的共同发明人之一威廉·肖克利（William Shockley）向他在贝尔实验室的雇主呈交了一份备忘录，宣布他的目标是制造能被训练以代替人类工作者的机器人。这是一份颇具先见之明的备忘录，它竟然精确地描绘了六十多年以后才开始研发的机器人。到了1955年，肖克利更进一步，在家乡加州帕罗奥图市（Palo Alto）成立了自己的公司——肖克利半导体实验室。随后，科技公司如雨后春笋般在肖克利的公司总部附近冒了出来。久而久之，这个地区获得了如今广为人知的昵称：硅谷。

让我们回过头看一眼东海岸的麻省理工学院。认知科学家马文·明斯基（Marvin Minsky）有着与肖克利类似的想法。明斯基在 1951 年就已经制造了一台"会学习的机器"，并且认为人类大脑和计算机之间的区别微乎其微。他坚信高级机器智能的出现终将不可避免，甚至还说："如果我们够幸运的话，人工智能或许有一天会把我们当成宠物来养。"这句名言一度被人们争相引用。20 世纪 60 年代，电影导演斯坦利·库布里克（Stanley Kubrick）或许向明斯基请教过计算机在 2001 年开口说话的可能性有多大。

尽管维纳对思维机器可能产生的"非人化效应"持保留态度，但无论是肖克利还是明斯基都对这类保守态度充耳不闻。对他们来说，那不过是"该死的鱼雷"，他们只想"全速前进"[1]，奔向那个遍布智能自动化的未来。1958 年，明斯基和他的朋友兼同事数学家约翰·麦卡锡（John McCarthy）在 MIT 创立了实验室。他们觉得维纳太啰唆，于是决定不把他们研究的新领域称为"控制学"。他们发明了自己的术语：人工智能。

甚至连孩子也开始参与其中。1962 年，早熟的 14 岁纽约小男孩雷·库兹韦尔（Ray Kurzweil）在曼哈顿坚尼街（Canal Street）[2]上售卖电子元器件的商店里晃来晃去，他在为装配自己不同版本的 IBM 计算机收集配件。五十年后，库兹韦尔将跻身世界顶尖发明家和未来学家之列，紧随其后的还有一大群在硅谷靠技术起家的亿万富翁。他们都相信，到 2050 年，人工智能将超越人类智能，同时将为我们提供延续寿命的技术——让你想活多久就活多久，甚至实现永生。（我们在后续章节还会谈到雷·库兹韦尔。）

然而，最重要的机器人科学家还是 1956 年在纽约的某次鸡尾酒会上相遇的那两位：发明家乔治·德沃尔（George Devol）和营销企业家约瑟夫·恩格尔伯格（Joseph Engelberger）。至少对包括我老爸在内的北美数十万工厂工人来说，这一点毫无疑问。在那次酒会上，他俩聊到了德沃尔的最新发明，这个东西有个时髦的名字叫作"程序

1　"该死的鱼雷……全速前进！"是南北战争时期，美国海军上将法拉格特在莫比尔海战中说的一句话。这是他一生中最为人们熟知的名言。

2　也称运河街，位于纽约唐人街的中心地带，历史悠久，是美国乃至世界知名的杂货市场。

化物品传送装置"。恩格尔伯格是一个阿西莫夫科幻小说迷，他说德沃尔的创意"听起来很像机器人"。

　　正当德沃尔和恩格尔伯格一边啜饮马天尼，一边聊着机器人的时候，恩格尔伯格的偶像阿西莫夫本人却很有可能正在他纽约的公寓里，弓腰缩背地伏在打字机上，继续编织关于机器人的故事。阿西莫夫是个有强迫症的作家，喜欢蛰居在家，可能还受陌生环境恐惧症的困扰，因而十分痛恨旅行。这点听起来有些可笑：身为作家，他专门创作在遥远的世界里发生的奇幻故事，可他本人在退伍后再也没有坐过飞机。阿西莫夫是恰好赶在比基尼环礁的原子弹试爆之前结束兵役，乘坐美国陆军的飞机从夏威夷回家的。阿西莫夫曾经严肃地说，那次的好运很可能救了他一命，让他免于患上白血病。当时许多距离爆炸现场较近的军人后来都遭受了不同病症的折磨，白血病便是其中之一。

　　到 1956 年，阿西莫夫已经完成了为自己奠定科幻小说大师声名的绝大部分小说，还为一门新兴学科"机器人学"（robotics）制订了基础规则，"robotics"这个词正是他的发明。诸如恩格尔伯格、德沃尔、肖克利、明斯基，以及 20 世纪 50 年代的其他科学家和企业家，他们在商业圈和科技圈之外并没有什么人知晓，可阿西莫夫不一样，他跟维纳一样声名远播，他的小说取得了巨大的商业成功。他后来放弃了波士顿大学终身化学教授的职位，专心从事写作。彼时，许多人开始疑心是否还能信任自己所属的这个物种，相信人类不会自我毁灭。阿西莫夫适逢其会，于 1950 年推出了短篇小说集《我，机器人》，向人们展示了一个美好的远景——机器人将成为人类的朋友和守护者。

　　阿西莫夫可能出生于 1920 年 1 月，也可能出生于 1919 年 10 月，具体哪一天没法确定，因为在他出生的那个俄罗斯小村庄里，没有人保存出生记录。他于 1922 年随父母移居到纽约布鲁克林区。在美国开启新生活比他们预想的要艰难得多，直到他父亲攒够了钱，盘下一间糖果店，家庭境况才有所好转。他父亲的这一举动将产生巨大而深远的影响——无论是对小艾萨克的未来，还是对机器人学研究，乃至对迄今为止我们能讲得出来的人类和机器人之间的种种关系，其影响都不啻一场地震。

　　艾萨克还是个小孩的时候，每天要在糖果店里工作很长时间。他对店里最能吸引顾客的两样东西着了迷：一台经常需要拆开修理的老虎机和总是刊登关于死光（death ray）和异形世界的故事的"纸浆杂志"（pulp magazine）[1]。在世界上第一枚火箭于 20世纪 20 年代中期升空后不久，科学家们就宣布太空旅行有望成真，这为激动人心的外太空冒险故事打开了大门。原子能——"死光"之源——成为公众心目中一种潜在"超级武器"。不过，无论是原子弹还是太空旅行，那时基本上都只存在于幻想世界，没什么人真的相信他们能在有生之年目睹其中一样成为现实。

廉价杂志中的这类故事并不新鲜。受科学技术的启发而产生的幻想故事，其源头可以一直追溯到 1818 年出版的小说《弗兰肯斯坦》，其作者玛丽·雪莱讲述了一个运用"电"这种革命性的新能源起死回生的故事。后来，儒勒·凡尔纳、洛夫克拉夫特（H. P. Lovecraft）、赫伯特·乔治·威尔斯（H. G. Wells）和埃德加·赖斯·巴勒斯（Edgar Rice Burroughs）等作家竭力丰富这类小说，从时间旅行到原子能动力车，再到今天被我们称为"遗传工程"的研究领域，林林总总，无所不包。不过，他们谁都没有创造出"科学幻想"（science fiction）这个词。将"科学幻想"作为文学新门类划分出来，是科技杂志《现代电子学》（*Modern Electrics*）的编辑雨果·根斯巴克（Hugo Gernsback）的功劳，后来人们用他的名字命名了颁给最佳科幻作品的年度奖项——雨果奖。

根斯巴克对这类题材的兴趣始于他那个时代刚刚兴起的一门学科：电气工程。即使时间已经到了 1911 年，人们仍未能充分了解电的性质，触电事故时有发生。电工在人们眼中可不是简单的技术工人，而是孤胆英雄，因为他们每次给一所住宅接通电线或是点亮一条城市街道，都要冒着生命危险。或许根斯巴克和他的读者一样，也被这种令人焦虑难安的舍命壮举深深吸引了，他不再满足于写写介绍电感线圈的文章。1911 年，他创作了一部以 23 世纪为背景的短篇小说，还在《现代电子学》上连载了好几期。此举可能让一些订阅这本杂志的电工迷惑不解。起初，根斯巴克把他拿科学和幻想捣成的这堆糊糊称为"scientifiction"，幸而后来他良心发现，把这个让人舌头打结的词一拆为二，改成了"science fiction"。他从此一发不可收，出版了一连串流行杂志，包括《科学奇妙故事》（*Science Wonder Stories*）、《奇妙故事》（*Wonder Stories*）、《科学》

1　一种流行于 19 世纪末至 20 世纪 50 年代的廉价故事杂志。这种杂志用廉价木浆纸印刷，价格低廉，面向社会中下层，主要刊登耸人听闻的恐怖故事、离奇曲折的冒险故事和充满暴力的犯罪故事。因其自带"反主流"气质，纸浆杂志不仅是最自由的创作平台，也是科幻、恐怖、冒险、侦探、谍战等小说题材萌芽和生长的温床。这种 100 年前的廉价刊物对于类型小说的划分有着无比重要的意义。

（*Science*），以及《惊奇故事》（*Amazing Stories*）等。（在给杂志取名字这件事上，根斯巴克丰富的想象力一点也没体现出来。）

　　阿西莫夫的父亲往糖果店里囤根斯巴克的杂志，因为它们实在太畅销了，但他本人把这些杂志看成彻头彻尾的垃圾，禁止年少的艾萨克浪费时间去阅读那些根本没存在过、将来也永远不会出现的玩意儿，诸如太空旅行和核武器。

　　尽管父亲反对（也可能恰恰是因为父亲反对），艾萨克还是开始偷偷翻阅商店里冒出来的每一本廉价科幻小说杂志。他翻阅的时候小心翼翼，以至于老阿西莫夫从来没有发现这些杂志被打开过。不过艾萨克最后还是说服了父亲，让他相信根斯巴克杂志里的那本《科学奇妙故事》是有教育价值的，毕竟，封面上写着"科学"嘛！对不？

　　早在上高中的时候，十八岁的艾萨克试图兜售自己第一部短篇小说。他天真地跑去《惊人科幻小说》[1]杂志社的办公室，亲手把稿子递给编辑约翰·W. 坎贝尔（John W. Campbell）。坎贝尔拒绝了艾萨克的这篇作品，但是鼓励他继续投稿。（这部作品后来在坎贝尔的竞争对手——根斯巴克的《惊奇故事》杂志上发表。）[2]在那以后，坎贝尔陆续推出了大量艾萨克的作品，让当时还是大学生的艾萨克成了一名稿酬优渥的科幻小说写手。

　　今天，如果你回过头去读这些早期的科幻故事，你会发现阿西莫夫的弱点分外扎眼。他对广阔的外部世界几乎毫无经验，因为他的活动范围仅限于学校、糖果店和他生活的布鲁克林街区。他也不曾涉猎海明威、菲兹杰拉德等当代作家的作品，所能仰仗的就只有廉价小说杂志上那些单调刻板的人物形象和陈旧老套的故事情节。然而，对艾萨克而言，有一件事是真正了不起的——他接受了科学教育。

　　20 世纪 40 年代初期，阿西莫夫在哥伦比亚大学攻读化学专业的硕士学位，他还加入了多个科幻小说迷俱乐部。这些俱乐部在布鲁克林遍地开花，俱乐部成员对奇幻世

1　1937 年末，坎贝尔出任《惊人故事》（*Astounding Stories*）的主编，并于 1938 年将杂志改名为《惊人科幻小说》（*Astounding Science Fiction*）。——编者注

2　阿西莫夫第一部正式发表的小说是刊登在《惊奇故事》上的，而这部被坎贝尔拒绝的作品后来似乎并未出版。——编者注

界的细枝末节如痴如醉，其着迷程度堪比如今在漫展上身着克林贡服饰的粉丝。阿西莫夫的创作恰好迎合了这个新兴读者群的独特口味，因为他既能将故事约束在科学的领域内，让它们显得合情合理，又本能地懂得怎样创造奇妙的幻想世界。

　　阿西莫夫和编辑坎贝尔的合作十分成功，出版商和作者本人都获得了极其丰厚的利润。随着写作水平逐步提高，阿西莫夫开始尝试更加复杂的主题，却在这时遇到了拦路虎——坎贝尔只愿意出版以人为中心的小说：外星人可以出现，但只能充当反派角色，而且必须保证人类取得最后的胜利。坎贝尔并不是简单地相信人类比外星人高级，他还相信某些人——盎格鲁 – 撒克逊人——比其他任何人都高级。阿西莫夫那时还是一个比较年轻的作家，不愿意主动拆散他与坎贝尔这对收益甚丰的双人搭档，只好想方设法绕开这位编辑的偏见。最后，他想出了一个办法：写机器人故事。在阿西莫夫笔下，人类按照自己的形象创造出机械物种，让它们成为伙伴、助手、代理人，并最终代替人类工作。阿西莫夫为他设想的机器人安装了大脑（他称之为"正电子脑"），其构造比糖果店里的老虎机巧妙得多。

　　尽管阿西莫夫从来没有亲自动过手，但他很有兴趣研究机器是如何工作的。每次糖果店里吃角子的老虎机需要修理的时候，艾萨克总会在旁边仔细观察修理工怎么打开机器，暴露出老虎机肚子里的机密。正是老虎机令他想象出小说里的机械物种。

　　阿西莫夫掀起了整整一代人对机器人的热爱狂潮，但他本人并不是这些机器人形象的发明者，甚至连《我，机器人》这个标题也是向 1939 年的一部同名漫画借来的。漫画的作者是两兄弟，二人合起了一个笔名叫安多·班德（Eando Binder）。这个名字后来被赐予了动画系列片《飞出个未来》[1]（Futurama，1999—2013 年）中那个狂饮啤酒、爱抽雪茄的机器人。阿西莫夫在写作他的第一个机器人故事的同时，也对 20 世纪 20 年代的作品产生了浓厚的兴趣，并回到古犹太人的"魔像"（golem）传说中挖掘古老而深刻的神话。"魔像"是用泥做的人形，因被施了魔法而获得生命。此外，他还广泛涉猎各种故事，比如《皮格马利翁》《皮诺曹》，也有像 18 世纪"土耳其行

---

[1]　一部屡获艾美奖的美国喜剧动画片。马特·格勒宁创作了本片剧本，并与大卫·柯亨一起导演制作了本片。本片讲述了主人公菲利浦·弗莱在未来世界的冒险生活。

棋傀儡"[1] 那样的工程奇迹及其他与自动机相关的故事。

机器人的历史相当悠久，人们的异想天开也令人叹为观止。在数百年乃至上千年来人们的想象中，自动机曾经像青蛙一样蹦着行走、会弹竖琴、会跳小步舞，但直到 20 世纪初机器时代的来临，机器人才变成会思考、能推理的人类替代品。"机器人"（robot）这个词来源于捷克语，意思是"机械工人"。它并不是在专利办公室里或在技术蓝图上杜撰出来的名词。这个词最早被剧作家卡雷尔·恰佩克[2] 用来给他的一个科幻剧本命名——《罗素姆万能机器人》（*Rossum's Universal Robots*）。该剧本发表于 1920 年，恰好是公认的艾萨克·阿西莫夫出生之年。而直到将机器人设定为小说主角，将人类在机器人世界里受到的挑战和人类的道德作为自己创作的核心主题之一，阿西莫夫才算真正确立了自己的写作风格。他笔下的机器人比真人角色更富有同情心，也更为立体和丰满。阿西莫夫也在不断探索人与机器人的互动关系，这在他的侦探和机器人"兄弟档"故事中表现得尤为精彩，他于 1954 年发表的小说《钢穴》（*Cave of Steel*）便是其中之一。至此，他为广袤的科幻小说世界开辟了一个新的分支。

和阿西莫夫的人形机器人一样，"机器人三定律"也像长了双腿一样迅速传播开来。它们为想象中的那个人类与机器共同生存的世界确立了基础规则，尽管这听起来很不科学，更像是异想天开。最终，"三定律"被两个学术领域的研究人员所引用，而这两个领域——人工智能和机器人学——在 20 世纪 40 年代连名字都还没有。

机器人三定律

这三条定律于 1942 年首次登场，出现在阿西莫夫的第四部机器人主题小说《转圈圈》（*Runaround*）中，内容如下：

---

1 一种在 18 世纪轰动一时的自动下棋机器。该机器由一个身着土耳其传统服饰的假人、各式嵌齿轮和其他部件组装而成。在实际对弈中，这台"计算机"战果甚丰。一种被广泛认可的说法是，它击败过腓特烈大帝和拿破仑。然而这台早期计算机的秘密非常简单——其内部藏着一个身材矮小且棋技高超的人。
2 卡雷尔·恰佩克（Karel Capek，1890—1938），捷克著名剧作家、科幻文学家和童话寓言家。

一、机器人不得伤害人类个体，或者坐视人类个体受到伤害而不作为。

二、机器人必须服从人类下达的命令，除非该命令违背第一定律。

三、机器人必须保障自己的生存，只要此自我保护行为不违背第一和第二定律。

据阿西莫夫的传记作者迈克尔·威尔逊（Michael Wilson）的记叙："阿西莫夫非常得意，因为他创造了一整套伪科学定律。事实上，在20世纪40年代初期，机器人科学还纯粹是一个幻想中的事物。尽管如此，他不知怎么的却胸有成竹，觉得总有一天人们会在这些伪定律的基础上制定出一套真正的定律。"后来，"三定律"不断出现在以机器人为主题的书籍和电影里，《异形2》（1986年）即是一例。在这部电影里，定律（或曰"法则"）是由合成人"主教"制定出来的，而他编制这些定律是为了让对机器人心存恐惧的女主角埃伦·雷普莉放心。不过，这些定律同时也在现实世界中被一些机器人科学家和人工智能研究者引用。这些人正在考虑怎么给机器编制道德规范，因为或许有朝一日，它们得独立做出生死攸关的决策。

到了1957年，当"斯普特尼克号"在美国上空徘徊的时候，阿西莫夫已经停止了小说创作，转而投身科普读本的写作，为所有美国人阐释这个他们发现自己正身处其中的可怕世界。阿西莫夫可能也察觉到读者口味发生了变化：与他本人的科技冒险故事相比，新一代科幻作家创造的故事更加"性感"，也更具颠覆性。哈兰·埃里森（Harlan Ellison）、詹姆斯·布利什（James Blish）和菲利普·K.迪克正在改变这类作品的面貌。阿西莫夫的朋友、同时代的作家罗伯特·海因莱因和阿瑟·C.克拉克（哈尔的缔造者）都奋身跃入科幻写作的新浪潮，阿西莫夫本人却认为还是走开为妙。于是，他干脆转型成了一个科普作家，别无他求。1957年之后，他不曾回到机器人科幻小说的怀抱，直到1975年才又出版了《双百人》（*The Bicentennial Man*）[1]。

1　又译《两百年人》等，获选为1977年雨果奖最佳中短篇小说。1993年，阿西莫夫与罗伯特·西尔弗伯格合作把《两百年人》改编成长篇小说《正电子人》。由小说改编的电影《机器管家》（*The Bicentennial Man*）上映于1999年。——编者注

　　阿西莫夫抓住了机器人主题书籍畅销的最佳时机。确实，不可能有比这更好的时机了——冷战即将进入严冬，阿西莫夫的机器人却昂首阔步走进了大众流行文化。

　　《我，机器人》一书的大部分内容选自20世纪40年代发表在廉价科幻杂志上的小说。从这本书开始，阿西莫夫就在预想，到21世纪中期，机器人议员将统治地球——它们温和、理性，并且时刻以人类的最高利益为念。一直以来，我们都被灌输这样的理念：无人驾驶汽车可以避免因司机酒驾或分心造成的灾难，给交通大瘫痪画上句号，还能保护环境。而正如无人驾驶汽车可以造福人类一样，阿西莫夫的机器人能把第三次世界大战扼杀在萌芽之中。或许阿西莫夫下意识地为我们创造了这种关于机器人的现代观念，正是为了将人类从自身最恶劣的冲动当中解救出来，因为我们是一种如此粗暴蛮横、贪权逐利、自私懦弱且排斥异己的生物。这也是那些曾经参与曼哈顿计划的科学家和工程师普遍认同的理念，因为他们在制造出第一颗原子弹的同时，也一手炮制出了可怕的世界前景。他们被吓坏了，于是呼吁所有国家都要团结在唯一的世界政府之下。不过，这些原子科学家实在太天真了，竟然相信核战争必然会导致的"相互保证毁灭"能够促进国际合作。（结果，这群科学家又创建了《原子科学家公报》的"末日钟"进行午夜倒计时，以此来警醒世人。）《我，机器人》故事集里让机器人议员来维护地球和平的情节，正是对建立世界统一政府的探索，尽管这看上去只是个不切实际的幻梦。

　　武器制造技术正在威胁我们的未来，而阿西莫夫笔下仁慈友善的机器给我们带来了一线希望——机器人技术或许能及时介入，拯救未来。人类需要阿西莫夫的现代机器人神话，需要一个无比奇妙的未来，好把我们从糟糕透顶的今时今日中拯救出来。

　　如果一项技术带来了威胁，那就用更多的技术（而不是通过改变人类的行为）去化解这种威胁——这一观念早已根深蒂固，人们习以为常，根本想不到去质疑它本身的合理性。2016年，记者查理·罗斯在《60分钟》节目中采访了谷歌前任副总裁、卡内基梅隆大学（Carnegie Mellon University，CMU）计算机科学院院长安德鲁·摩尔（Andrew Moore），并邀请他对斯蒂芬·霍金和埃隆·马斯克发出的"人工智能将是人类末日"的警告做一个回应。摩尔在回答中流露出了一种积极乐观的态度，他坚信科技进步符合人类利益："事情总在不断变化，我们的确会造成一些混乱。不过，每当我想到这个世界正在面对的那些最严重的问题，像是恐怖主义、移民潮和气候变化，我就不再感到孤立无援。我的感觉是，这一代的计算机科学家正在踏踏实实地工作，他们开发出的技术将会让一切步入正轨。"

我们自以为已经远离了 20 世纪 50 年代那种对科技既满怀恐慌又暗抱希望的心态，但实际上并非如此。

20 世纪 50 年代，华特·迪士尼不辞劳苦地为孩子们灌输一种新的理念。他们制作出有故事情节又寓教于乐的动画（通常由一名英俊的穿着全套西服的德国科学家做课程引导），好让孩子们看到技术友善的一面。

1957 年 1 月，电视栏目《迪士尼乐园》播出了一部名叫《我们的朋友原子》（*Our Friend the Atom*）的片子。和往常一样，这个节目由卡通仙女小叮当开场，它变戏法般召唤出一个又一个奇妙的世界，向我们展示了"明日世界"的奇观。

在海因茨·哈勃博士的引导下，节目以我们熟悉的蘑菇云图片为开篇，接下来切换成了动画版的寓言故事《渔夫和妖怪》：一个渔夫网到了一只神秘的瓶子，他打开瓶子，里面跑出来一个恶毒的妖怪。渔夫竭力劝说妖怪（他口才之高妙，堪比二手车推销员），最终和妖怪化敌为友，并把它塞回瓶子里。不仅如此，妖怪还不得不满足他三个愿望！无巧不成书，在《人有人的用处：控制论与社会》一书中，维纳也用这个妖怪隐喻核能的善恶两面。

哈勃博士讲解道：美国的科学家就像那个聪明的渔夫一样，意外捞到了一件宝贝，比如那种足以摧毁地球全部生命的力量。幸好物理学家们懂得如何与原子能化敌为友。为了让这层隐喻清晰明了，这只卡通妖怪的形象逐渐从蘑菇云的片段中浮现出来，并叠加于其上。

哈勃博士先简明扼要地讲述了核物理学的发展历史，进而解释道：我们无须恐惧核能量，而要学习如何控制它。考虑到观众的年龄，哈勃还许下了一个激动人心的诺言，原子能将帮助我们进入外太空。想当年，我们这些小朋友像喝菓珍一样，大口吞下了这个诺言。

你不能不赞美迪士尼，因为他们对小观众一点也不摆架子。原子物理学系列动画做得非常漂亮，再配上哈勃博士的耐心讲解，相当亲切可人。哈勃博士一点也不像科学怪咖，他更像住在你对门、亲切和蔼、乐意邀请你老爸去喝杯啤酒的外国大叔。毫无疑问，我在20世纪60年代初曾把这个节目看了一遍又一遍。即使现在重温这档电视节目，我仍会感到一丝奇妙的欣慰。《我们的朋友原子》不仅在电视上播出，还在学校里放映，成为深入人心的科普名片。

除非尼基塔·赫鲁晓夫也是迪士尼节目的粉丝，《我们的朋友原子》的观众当中没有一个人能在当时预见到：这档节目播出后只过了不到十个月，"斯普特尼克号"卫星就冒了出来，这出乎所有人的意料。

"斯普特尼克号"从瑟瑟发抖的美国上空嘀嘀飞过之后两个月，《迪士尼乐园》为"明日世界"系列片再添一集，并将之命名为《火星和更遥远的地方》（Mars and Beyond）。片子一开始，一个名叫"加科"（Garco）的人形机器人向观众介绍华特·迪士尼，其配音淘气顽皮的程度简直是以广播恶搞剧《地球争霸战》（The War of the Worlds）闻名的奥逊·威尔斯（Orson Welles）再现。节目首先播放了一段很搞笑的关于火星机器人杀手的卡通片，当然，所有小孩都能看出来，这是在恶搞以前滥俗的科幻故事。随后，画面中出现了一位新的德国科学家，他向我们保证：他们已经制订了计划，将在四个月内造出一艘人造飞船，它能带我们逃离地球大气层，然后载着我们飞向火星。迪士尼这次请来的科学家是沃纳·冯·布劳恩（Wernher von Braun），他之前曾是纳粹党员、党卫军军官，也是德国V–2火箭的发明者。哈勃博士讲"我们的朋友原子"时那柔和熨帖的声音消失了，取而代之的是冯·布劳恩机器人般的刻板动作和生硬腔调。他的意思十分明确：就算日后地球被炸毁也没事，我们已经在制订逃往其他星球的计划了。那些顶级德国科学家承担了这项任务——他们聪慧如计算机，勤勉如机器人。如果说冷战是一张长时间播放的慢转唱片，那太空竞赛就是这张唱片令人愉悦又潇洒不羁的一面：就像卡尔–艾尔（Kal-El，少年超人）从爆炸了的氪星逃到地球上一样，我们也有能力到其他星球上去避难，它的实现只是时间问题。

尽管冯·布劳恩在 1957 年就信誓旦旦地称，我们已经有了抵达火星的计划，但六十年后的今天，我们仍然在忙着这件事，而且是出于同样的原因：地球在劫难逃。正如 SpaceX 公司创始人埃隆·马斯克在 2013 年接受采访时所说："人类的未来有两个方向：要么成为多星球居民，要么被困在一个星球上，最终难逃一次灭绝性的打击。"人们在 20 世纪 50 年代所恐惧的灭亡与我们今天所理解的灭亡相比，两者还是有所不同的：除了对核能的恐惧，我们的不安还饱含对环境问题的忧虑——古老的地球长久以来一直处于掠夺与毒害之下，正在苦苦煎熬中慢慢走向死亡，宛如中世纪的圣徒。

20 世纪 50 年代最具代表性的科幻电影之一《地球停转之日》（1951 年）就探讨了人类逃往太空的可能性，以及机器人将在其中扮演的角色。电影上映时，人们对战争仍记忆犹新，它所具有的黑色电影的色彩和厌世情调更接近 20 世纪 40 年代的风格。故事从一个来自其他星系的访客克拉图（Klaatu）乘坐飞碟降临在华盛顿特区开始——在 20 世纪 50 年代的电影里，只要出现飞碟，你就知道里面肯定有个机器人。克拉图不是那种滥俗的"绿色小人"，他由魅力超凡的迈克尔·伦尼扮演，完全就是正常男人的样子。此外，他还特别擅长高等数学，能纠正一个长相如爱因斯坦、号称是地球上最聪明的教授写在黑板上的方程里的错误。（在后控制论流行文化中，先进的数学能力一直是高级文明的标志。）克拉图的助手是一个名叫高特（Gort）的巨型机器人，它毫无特色，仿佛一个行走的核武器，看上去十分凶恶，但实际上高特的侵略性还比不上那些士兵和警察——那些人朝克拉图开枪，将之杀死。（不过，高特运用先进技术让克拉图起死回生。）

虽然高特的形象会让人想起 20 世纪 20 年代廉价杂志上那些狰狞可怖的机器人杀手，但它扮演了和平守护者的角色，有着鲜明的阿西莫夫色彩。高特完全能让人类丧失还手之力并杀死他们（取决于克拉图的命令），它看起来并不受"机器人三定律"的管制，只在一个重要方面除外：它肩负着为了全宇宙更高的利益而毁灭人类的任务，除非地球居民提升智慧，停止相互杀戮。由于地球拥有"不成熟的原子能"并且正在进行火箭试验，克拉图的人民认识到，全宇宙公认的最危险、最暴力、最愚蠢的地球人终有一日会逃离他们自己的星球，像传染病菌一样侵略其他星球，一切只是时间早晚的问题。

一开始，电影只是暗示了一下高特的力量——克拉图和一位年轻的战争遗孀海伦·本森（帕德里夏·尼尔饰演）被困在了电梯里，原因是高特暂时切断了地球的电网，意在恐吓地球人，令他们改邪归正。克拉图生怕高特会在他离开的时候做出什么事来，他向海伦表达了自己的担心，可海伦反问道："但它不过是个机器人啊！它能做什么呢？"克拉图神色冷峻地回答："没什么可以限制它能做的事情。它能毁灭这个世界。"

克拉图传达的信息是：要彼此相爱……或爱他人。而高特的使命是用行动支持这些话语。它是"机器人种族"的一员，是由克拉图的人民创造出来的，它是星系间的警察——"如果遭受侵略，我们赋予他们对我们的绝对控制权……我们生活在和平之中。"

这部电影以重生和最后审判式的惩戒为主题，可以被解读成对基督复临的隐喻，只不过这次陪伴在基督身边的是一个装备着死光的巨型机器人。

最后，克拉图和高特乘着飞碟远去了，留下暧昧而不祥的余音：地球能否通过拥抱世界和平幸免于难，还是说人类将任由自身覆灭？无论是对 1951 年的电影观众，还是对当时的每一个人来说，这都是脑子里悬着的一个问号。

到了 1956 年，面无表情的保护者 / 毁灭者被可爱的"机器人罗比"（Robby the Robot）所取代。罗比出自一部矫揉造作的星系间探险肥皂剧《禁忌星球》（*Forbidden Planet*）。罗比与高特大不一样，它能开口说话，个人魅力十足，同时也如通常概念中的机器人那样，拥有超级力量和为人类主人献身的精神。罗比也不像装备着死光的高特那样没有脸，它网格状的头部隐约具有了人类的面部特征。人格化机器人曾在阿西莫夫的作品中占据主导地位，现在已变成了标准——罗比是一个本性和善的朋友和守护者，这令它迥然有别于电视剧《迷失太空》（1965—1968 年）中威尔·罗宾逊的机器人或二十多年后在《星球大战》中出现的 R2-D2 和 C-3PO。

要是人类不再可靠，既不能照顾好自身，也不能照顾好这颗他们赖以生存的星球，对我们小孩子来说，一个友好的机器人降临到地球上，意味着我们在宇宙里将不再孤单，这个更聪明、更强大的物种会一直守护着我们。

　　当我童年时期大众流行文化里的机器人树立起人类好伙伴的形象时，科学家和工程师早已把机器人看成是人类的助手或工人的替身。发明家也开始以务实的态度思考机器人应当是什么模样、究竟能够做些什么。

　　机器人应该长得像人，有头、四肢、双手和躯干——这一理念不单单来自大众文化中有关"机械人"的概念，还源于人们总是认为，一台可以在人类世界行走、干活的机器，必须接近普通人的形状和大小，还得能进行与人类相似的抓、伸动作和手指活动。不然的话，它该怎么操作流水线上的机器呢？又该怎么开车呢？当时的人们并没有意识到，机器人本身就可以是一台小汽车；他们也不知道，若一个机器人长得太像真人，一些人会感到不适，甚至会恶心反胃，这就是所谓的"恐怖谷效应"。今天，机器人科学家们正在研制人形"社交机器人"，它们能对人类做出恰如其分的情感回应，从而提升两者的相互信任，彼此相处也会更融洽；它们还能通过识别人类的面部表情知晓我们的想法，体察我们的感受。完全模仿人与人之间的互动方式建立一种人与机器人的关系是此项研发的目的所在，若今后机器人需要扮演某些社会角色（例如护工、教师和社会工作者），这就显得十分必要。

　　很久以前，人们就对人与机器人的关系持有两种截然不同的态度：一种将机器人视为人类的助手（比如罗比），另一种则认为机器人将取代人类（比如星系际警察高特）。我们之前提过的那位喝马天尼酒、热爱科幻小说的企业家恩格尔伯格，是属于罗比阵营的。不过，恩格尔伯格造出的第一个机器人长得并不像罗比，它只模拟了人类身体的一个部分——手臂。

　　恩格尔伯格在那次鸡尾酒会上与德沃尔聊天之后，花了不到一年的时间，就为德沃尔的发明筹集到了资金。到 1959 年，他们已经搞出了一个原型机——"UNIMATE 001"。恩格尔伯格秉承阿西莫夫的"机器人三定律"——最为重要的是不伤害人类——着力研发能胜任工厂里危险性极高的工作的机器人，这样人类就能从事更安全、报酬更高的工作。1961 年，"UNIMATE 1900"已经获得了专利，成为第一批实现量产并投放工厂使用的机械臂，还在位于美国新泽西州特伦顿的通用汽车公司工厂里首次亮相。

七年后，尤尼梅特锃光瓦亮的气动手臂仿佛机械之神的圣手，从新泽西一路向北，伸进我出生长大的加拿大边陲小镇，触到了我的父亲。

第二章

黑石

1968

我正在将自己使用到最大容许极限，我想，这大概是任何有意识的实体都希望能做到的吧。

——哈尔，《2001：太空漫游》

父亲下班回家时，衣服上经常血迹斑斑。有时是他自己的血，不过一般都是别人的血。每天，他都奔走在能吞噬大活人的机器中间。一根领带垂下来，就可能将俯身检查设备的工程师卷入机器；一只松弛的袖口被压住，就可能令某个工人的手被切掉。难怪老爸只戴能用别针别住的领结，只穿短袖衫；他手表的皮质腕带也很薄，一拉就断；他的结婚戒指从蜜月之后就一直躺在梳妆台的抽屉里。他见过太多的人惨遭肢解，被扯掉头皮，失去眼睛或触电而亡，仅仅因为他们被机器钩住了衣服、首饰或头发。

父亲干活的工厂在停车场入口竖了一块牌子，上面写着"工作安全，始于当下"。尽管立有警示牌，工厂仍是一个危机四伏的地方。一部分原因在于，制造企业认为履行安全措施还没有直接更换伤亡工人来得经济划算。在尼克松总统于 1970 年签署《职业安全与健康法案》之前，20 世纪 60 年代里的每一年都有 14 000 名美国工人因工死亡，另有 200 万人致残。

父亲是电气技师，同时天生就是解决问题的高手，放在今天，他很可能会在 YouTube 开个名叫"机语者"的频道。他当时已被提拔到工厂的工程部，负责保障由机器及人类操作工组成的流水线时刻运转。无论白天黑夜，他都是那个随叫随到、"人到病除"的排故圣手。

他的工作职责实在称不上令人向往。其中有一项是在事故发生后，机器运转不正常（或是由于机器不正常而导致事故）的情况下，重启生产线，让它恢复正常运转。

我家一直保留着一项意大利传统：午餐比较丰盛，家人都回家一起用餐。每次老爸回家吃午饭，我都能从他的脸上辨别出是不是又有人被这群机械魔鬼中的某一个严重伤害了。在情况糟糕的日子里，他总是默默地坐在餐桌旁，浆过的白衬衫上沾着斑斑点点的血污和油脂。我们能看出，他在努力克制自己，不想影响我们的心情。但他最后还是会憋不住，咕哝出只言片语，比如"今天上午发生的事太可怕了！"。

老妈害怕他会接着说下去，一边警告他"别说了，在吃饭呢！"，一边往他的盘子里舀上一大勺香辣茄汁通心粉。而在餐桌的另一头，我的祖母蒂娜正坐在轮椅上，茫然不解地盯着他看。

"发生什么事了，爸爸？"我是饭桌上年纪最小的，也是唯一想听听整个暴力血腥故事的全部细节的人。

到了 1968 年，老爸不再经常压抑自己了。他会用手挠着自己脱发日益明显的脑袋，谈谈那些意外事故：铝制的梯子搭在狭窄的铁制过道上，"砰——"火花一闪，一个人触电丧命；一个工人的袖子被挂住了，"嘣——"一条胳膊没了；一块高温金属碎片径直飞进某个操作工的眼睛，老爸觉得那只眼睛再也不可能看到东西了。

"阿提！"老妈警告他不要再说了。她叫的是老爸上学时得来的绰号，因为没人读得准他的意大利名字"阿提利奥"。

一向爽朗健谈、风趣亲切的父亲这时会紧紧抿起嘴唇，盯着眼前的盘子，然后把他因为目睹这些事而产生的恐惧和着午饭一起吞下肚。饭后，他换下沾了血的衬衫，回厂里上班。

鉴于老爸在工作中隔三岔五就会遭遇可怕的情况，当他有一天回家吃午饭，告诉我们厂里安排他负责尤尼梅特时，他的兴奋就很容易理解了。尤尼梅特是全世界第一款工业机器人，由位于美国康涅狄格州丹伯里市的美国万能自动化公司（Unimation）生产。

老妈愁眉苦脸："机器人？天哪，它会把附近其他人的工作偷走的。"

"它能拯救生命。"老爸坚持。他解释说，尤尼梅特的程序已经设定好了，它会去做一项特别危险的工作，就是将一大块又厚又重的热金属块从模子中脱出来，再浸入冷却液，最后加压制成汽车的转向柱。它能一遍又一遍地重复这个动作。这项工作听起来很简单，但对人类来说十分危险——在一天七小时的劳作中，疲劳是导致事故的主要因素，更别提高温、飞灰以及机器全速运转时那无休无止震耳欲聋的噪声了。

把这项沉重、肮脏、令人厌恶的任务派给一个机器人，意味着一个（容易疲劳和走神的）真人不必再冒丢失生命或弄残肢体的风险。老爸还争辩道，这些被尤尼梅特替换下来的工人会得到新的工作，比如给机器人设定程序，以及制造和维护机器人。登月之后，此类工作变得越来越重要，因为美国国家航空航天局（NASA）已经开始为移民月球建造月球殖民地了。

AI 直觉工程师的出现

《星际迷航》中昵称为"斯科蒂"的蒙哥马利·斯科特（1968 年的原版系列剧中由詹姆斯·杜汉饰演）拥有的深刻直觉暗示他与太空船的引擎之间有心灵感应；相应地，这又让"联邦星舰进取号"（USS Enterprise）本身显得"人性化"了。邪典[1] 电视剧《萤火虫》（*Firefly*，2002 年）里也出现了情感化的人与机器的关系。在

---

1 邪典作品在影视剧中指拍摄手法独特，题材诡异，带有强烈的个人观点的作品。这些作品通常低成本独立制作，往往游离于主流之外，在小圈子里颇受追捧。

成功完成一次起飞逃跑后，飞船技师、"花之子"[1]凯莉·弗莱伊（朱尔·斯泰特饰）轻抚"宁静号"飞船的内壁，口中还喃喃自语："我的好姑娘。这才是我的好姑娘。"

"亲爱的，这还用说吗？我们需要机器人去建造网格球顶屋子，好让人们能在月球上生活。"老爸一边说话，一边打手势再要一份凤尾鱼玉米饼，或者那天老妈端上桌的别的食物。

"天哪，月球殖民地！"老妈悲观地咕哝了一声，这是她对丈夫那个"住到月亮上去"的怪诞想法的一贯反应。

我扫了一眼奶奶，她正弓腰驼背对付她的午餐，一声不吭。机器人跟她没关系。太空旅行也跟她没关系。她在电视上看到"阿波罗号"登月时，完全拒绝相信，简直带着敌意。她坚称所有这一切都不过是在演戏。而且她没法像从前那样记住事情了，甚至都开始忘记怎么说英语了。医生将这种现象称作"衰老"。有一次她抱着一大堆衣服去地下室洗，结果在楼梯上跌断了髋骨。后来，老爸为了让她再站起来走路，用尽了办法，但她死活赖在轮椅里，结果就是她迅速膨胀成了一个巨大的女佛陀，重得我妈甚至我爸都搬不动她。如果发生火灾或者核攻击的话，根本没有任何办法把奶奶从屋子里救出去。她被困在主楼层里，在四个房间之间转来转去——她的卧室、老爸用洗衣室改装的残疾人卫生间、厨房和很少使用的起居室。她可以到后走廊上坐坐，那是老妈晾衣服的地方；但她没法下到底楼，所以去不了院子或花园，花园外面的葡萄园就更不用想了。

我觉得老爸的机器人纵然能挽救人类的生命，却一点也帮不上奶奶。不过，我低估了老爸利用手边能搜罗到的一切材料去解决问题的强烈意愿。

老爸不太可能被赋予在太空时代进行技术创新的重任，比如创造出尤尼梅特那样的杰出之作。1920年（恰好是剧作家卡雷尔·恰佩克创造出"机器人"这个词的那一年），

1　花之子（flower children），"嬉皮士"的同义词，尤指20世纪60年代末在"爱之夏"期间聚集在美国旧金山及其附近区域的年轻人，因其经常佩花或手持鲜花宣扬和平与爱而得名。后来媒体用该词指称广义上的嬉皮士。

在意大利阿尔卑斯山区某个经常刮风的小地方，老爸诞生在一间还没有通上电的石屋里。后来他们家移民到了加拿大，由于当时正处在大萧条时期，老爸只断断续续地接受了一些教育。他通过函授学习电工课程，给他授课的学校是宾夕法尼亚州斯克兰顿市国际函授学校（ICS）。这所学校十分出名，它经常在漫画书和杂志的尾页上做广告，推广他们的技术培训课程。

当然，ICS 跟麻省理工学院不能比。ICS 给老爸寄了一套真皮封面的课本，出版于 1917 年，书名为《霍金斯电气指南》（*Hawkins Electrical Guide*）。1939 年，当老爸开始上 ICS 的函授课时，这套书早就过时了。《霍金斯电气指南》风格独特，在讲解半导体和交流电机的课文里杂糅着奇异的宗教腔。课本的第一卷庄重地放了一幅插图，画的是光芒四射的圣徒托马斯·爱迪生（老爸的偶像），还把电称为"造物的奥秘之一"，是造物主留在世上让人们去发现的。课本引用了《圣经》里的文字来支持这个论断："将事隐秘，乃神的荣耀；将事察清，乃君王（智者）的荣耀。"

老爸所受的教育基本上就是"虔诚"的《霍金斯电气指南》提供的那些了。他 18 岁开始工作，在一个工业磨坊负责摇手动曲柄打开水闸门。那时已是 20 世纪 40 年代，磨坊却仍在使用 19 世纪的水力发电技术。终于有一天，他解决问题的能力吸引了位于克利夫兰的汤普森 – 拉莫 – 伍尔德里奇公司（Thompson Ramo Wooldridge）的注意。这家公司更家喻户晓的名字是"TRW"，它是军工行业的骨干企业之一。老爸于 1947 年进入这家公司的尼亚加拉分厂——汤普森制品公司，从事电工的工作。他在 1962 年升入工程部，算是走上了管理岗位，尽管他没有学历。

1968 年，离老爸退休领公司养老金只差 12 年了。那一年，银光闪闪的尤尼梅特正忙着制造汽车转向柱，安静娴熟，夜以继日，老爸则在一旁深情仰慕。这对老爸而言是一个转折点，尤尼梅特为他开启了一片崭新而迷人的知识天地，恰似《2001：太空漫游》里的"黑石"（monolith），那块巨大的黑色石板引导人类学做一切事情，无论是使用原始工具还是飞向其他星球。这部不能不看的经典诞生于 1968 年，正好是尤尼梅特降临到老爸生命中的那一年。作为它的守护人，老爸拥有了此生最后一次放飞好奇心的宝贵机会。他沉溺在一个全新的世界中——在这里，自动化技术和计算机技术的影响开始渗透进当时仍在主导制造业的铁活塞和压铸机。

《2001：太空漫游》的导演斯坦利·库布里克曾经对科幻小说作家、"通信卫星之父"阿瑟·克拉克说："我想要的是神话般壮阔辉煌的主题。"他们从 1964 年开始合作，同时写作剧本和小说，书名为《太阳系征服史》，后改为《外星球旅行记》，最终定名为《2001：太空漫游》。1964 年，库布里克的黑色喜剧电影《奇爱博士》刚刚大获成功，这部电影反映出他相信人类难逃一场世界核大战。他找克拉克合作，不仅是希望克拉克能帮助他制作一部"真正优秀"的科幻电影，还出于他想呈现出人类未来充满希望的一面——在外星生物的帮助下，我们会逐渐意识到战争的无益，并选择摧毁所有核弹，正如"星孩"在《2001：太空漫游》小说和同名电影里所做的事情一样。但光看电影的话，可能无法完全领会到这一点。

克拉克在合作初期记的一些笔记，包括他与艾萨克·阿西莫夫之间关于机器人生物学的一次对话，显示出这部电影最初希望展现的风格似乎更接近蒸汽朋克而非科幻：

10 月 17 日。斯坦利想出了这个异想天开的点子……机器人创造了一个维多利亚风格的空间，好让我们的主角放松一下。

11 月 28 日。给艾萨克·阿西莫夫打了个电话，讨论怎么通过生物化学把素食者变成肉食者。

为了让观众产生敬畏之心，库布里克运用了在他那个时代能找得到的所有装置和道具，从未来风格（不过是从摇摆的 20 世纪 60 年代衍生出来的）的布景和服化道具，到《查拉图斯特拉如是说》的号角和定音鼓，再到令人目眩神迷的特效（让这部电影赢得了唯一的奥斯卡奖项）。在"飞往木星"（小说里是土星）这个主线故事的开头和结尾，均有黑石出现——黑石把智能赋予类人猿，让它们学会了使用工具，并将凯尔·杜拉饰演的宇航员戴夫·鲍曼转变为"纯洁的智能"，即我们所知的"星孩"。这一切都要归功于一个古老的文明，这个文明已经懂得如何把他们更高级的智能储存在机器人体内。[我乐于相信，正是这些内容吸引了当时已经成年的雷·库兹韦尔，让这个少年后来成了著书立说的未来学家，写出了《灵魂机器的时代》（*The Age of the Spiritual Machine*）、《奇点临近》等作品。这些作品主要描写如何把我们的意识转移到机器人身上，从而实现永生。在本书第八章中，我还会再谈到库兹韦尔。]

库布里克创作了一部在每个层面都充满开创性，令人眼界大开、心醉神迷的电影。也许是因为它实在过于标新立异，许多电影观众都不明白它究竟在讲什么；他们不得不去阅读在电影公映之后才出版的小说，以把握电影的主旨。《2001：太空漫游》很快就对大众文化产生了深刻影响：1968 年平安夜，"阿波罗 8 号"进入月球轨道飞行后（我父亲称之为"试驾"），宇航员们相互开玩笑说，是否应当向任务控制中心报告一下，月球的表面有一块巨大的"黑石"。

今天去重温《2001：太空漫游》，那趟飞往木星的旅程更像一次飞回 20 世纪 60 年代的怀旧之旅，可以品味一下那时人们对太空旅行过于乐观的态度：连埃隆·马斯克都认为要等到 2020 年之后人类才能飞到火星上去。电影里的迷幻视觉特效像是瘾君子画的黑光海报，浮夸的主题音乐也近乎荒诞。但这部电影依然能引起观众的共鸣，主要归功于谈吐温柔，会下国际象棋，还能谋杀宇航员的人工智能哈尔那长久不衰的影响力。哈尔那温和亲切的声音来自配音演员道格拉斯·雷恩。如果说曾有一个虚构的角色充分体现了我们对机器人爱恨交织的复杂情感，确非哈尔莫属。

"哈尔"真的是对 IBM 的影射吗？

关于"哈尔"（HAL）这个名字，有一个传闻说它是在影射IBM——如果你把H、A、L 三个字母后面紧跟的字母连在一起，就能发现是为什么了。哈尔在一步步消殒时，唱了一曲《黛西·贝尔》（又名《双人自行车》），这首歌是在 1961 年由一台 IBM 7094 计算机唱出来的[1]。如今我们已经有了像Siri 那样多嘴多舌的数字助理，所以很难想象，当时的人们在听到"让计算机开口说话"这个想法时，会有多么震惊，更别说让它们唱歌了。

克拉克否认了这个名字与 IBM 的关联。他曾在文章中写道，"HAL"是

---

1 此处的计算机型号存在两种广为流传的说法，一为 IBM 704，一为 IBM 7094。——编者注

"Heuristically programmed ALgorithmic computer" 的缩写，意为"启发式程序化演算计算机"。克拉克还为 HAL（或者如他在书里的写法，应当是 Hal）专门编写了关于其起源的故事：

> 人工大脑的生长方式也能与人类大脑的发育过程高度相似……无论它以什么方式工作，最终的结果是出现一个能再现（有些哲学家仍倾向于使用"模仿"这个词）人类大脑绝大部分活动的机器智能，而且其运转速度更快、可靠性更高……哈尔是否真的能思考，英国数学家艾伦·图灵早在 20 世纪 40 年代就已解答了这个问题。图灵指出，如果让人与一台机器展开长时间的对话，并且人无法分辨给予回应的是机器还是真人，那么这台机器就是在思考——无论如何理解"思考"（think）这个词的含义，都可做此判断。哈尔显然能毫不费力地通过图灵测试。

当然，我老爸的机器人不能与哈尔相比，而且尤尼梅特所使用的大多数技术也并不是很新。对它重达两吨的气动臂上的所有工作部件，老爸已了如指掌。真正的魔力在编程上——它能让尤尼梅特自己执行任务，无须人为干预。编程是通过装在基座里的磁鼓存储器实现的，存储器足有一台窗式空调那么大——在一个 UNIVAC（通用自动计算机）和 IBM 的主计算机能装满一间大房间的时代，这也很正常。这台机器人能按设定好的程序做出两百个不同的动作，包括焊接、抓取、钻孔和喷淋；其精度和速度也远超人类的水平。更厉害的是，它可以连续不断地工作 16 个小时，根本不需要停下来喝杯咖啡。

尤尼梅特是银白色的，光亮平滑堪比 V-2 火箭，工作时十分安静，与四周震耳欲聋、油腻不堪的机器形成鲜明对比，更不要说那些肮脏邋遢、臭汗淋漓、疲惫不堪、已经半聋的工人。尤尼梅特降临到工业安装车间，其意义堪比《2001：太空漫游》里那些启迪智能的黑石：无论工人们是否理解，在他们的有生之年，周遭原有的一切都将被淘汰。

父亲一定隐隐有过这样的感觉：一场机器人革命即将到来，它将会破坏整个制造业。他所不知道的是，尤尼梅特诞生的机缘始于 1956 年，恰好与他和老妈共同孕育我在同一年。那年，乔治·德沃尔和约瑟夫·恩格尔伯格在曼哈顿的一次鸡尾酒会上偶遇，两人一拍即合：乔治有创意，约瑟夫有抱负。他们一边摇晃（也可能是搅拌）手上的马天尼，一边互吐衷肠，山盟海誓。不过，他们之间的火花无关酒精，恩格尔伯格第二天从宿醉中醒来后，还在惦念德沃尔。后来，这个项目惨遭 47 位目光短浅的投资人拒绝——他们显然缺乏眼光，没能看出这个项目其实自带福缘，尽管它是在几次推杯换盏中成形的。不管怎么说，在那场似乎命中注定的鸡尾酒会之后不到一年，恩格尔伯格还是募足了资金，将德沃尔的原始设计变成了一台原型机，并成立了万能自动化公司。

如第一章所述，尤尼梅特的处女秀于 1961 年在通用汽车公司的工厂里上演，但绝大多数制造商对机器人这种招摇过市的新玩意还是充满了怀疑。为了赢得他们的青睐，百折不挠的恩格尔伯格在《今夜秀》（*Tonight Show*）[1] 节目里为尤尼梅特争取到一个当特邀嘉宾的机会。电视上，他的自动化宝贝成功表演了往酒杯里倒啤酒、指挥 NBC 管弦乐队、打高尔夫球等节目。这次的公关噱头确实大获成功——连约翰尼·卡森（Johnny Carson）都能迷住的机器人，谁又能抗拒得了它的魅力呢？

尤尼梅特开始在全美国的工厂里现身。在登月前一年，它终于来到了我长大成人的这个边境"锈带"[2] 小镇。

老爸给他的尤尼梅特起了一个不是很有原创性的爱称——"萝比"（Robbie）。这个名字并非来自《禁忌星球》中的机器人罗比，而是"萝贝塔"（Roberta）的昵称。跟汽车、船或任何其他美丽的机器一样，在老爸眼中，机器人也是女性化的——它的内在运行机制神秘迷人、奥妙无穷，很值得探索。《2001：太空漫游》的作者阿瑟·克拉克也怀有同样的情感："太空舱……通常以女性的名字命名，或许是因为在人们的认知中，它们的个性有时略微难以捉摸。'发现号'的三个太空舱就分别叫安娜、贝蒂和克拉拉。"

萝比偶尔也会陷入混乱。毫无疑问，这令每个人都惊讶不已。作为一个预先设定

1　NBC 电视台自 1954 年开始播出的深夜脱口秀节目，现已发展到第七代，称为《吉米·法伦今夜秀》。下文中的约翰尼·卡森曾任该节目的主持人。

2　锈带（Rust Belt，又译铁锈地带）：对美国部分地区的贬称，主要包括中西部和五大湖地区，但也可用于 1980 年左右开始工业衰退的任何地方。rust（铁锈）是指去工业化，或者由于曾经强大的工业部门萎缩而导致经济衰退、人口减少和城市衰退。

好程序的机器人，它可以连续不断地重复同一串动作：从模具里取出一个部件，转动，将之浸入容器。但是，一旦情况稍有异常，比如由于温度波动，从模具中脱出一块金属略显困难时，问题就出现了。

只要发生一点这样的事情，萝比就会中断那无比流畅的"拿起、转动、浸入"的连续动作，收起银光闪闪、重达 4000 磅的巨臂，把一块炽热的金属抛在车间地板上，将将擦过生产线工人的脑袋。这让老爸突然发现他的萝比体内也有个哈尔，而他自己正在扮演宇航员鲍曼。

他的解决办法便宜、简单、有效。既然机器人会乱扔部件，他就在它周围安了一圈棒球网，用来接住它抛出来的东西。这让我最早领略到，当一项新技术遇到一个创造性极强、想象力丰富的问题解决达人时会发生什么。

萝比牢牢地吸引住了我的注意力。老爸对它的描述总让我把它想成电视上常见的机器人的模样：一种嗡嗡作响的两足机械动物，像《迷失太空》里的 B-9 环境控制机器人（一般简单地称之为"机器人"）。想象一下，有这样一个神奇创造物在工厂里跟老爸一起工作，真叫人兴奋不已。但那个工厂我只能在每年由汤普森制品公司老员工联合会举办的圣诞派对上瞥一眼。圣诞派对非常好玩，到处光芒闪烁，到处是糖果和包装好的玩具，这些都是送给每个员工孩子的礼物，会依照性别和年龄派发。工厂外部装饰得富丽堂皇，宛如迪士尼的"神奇王国"（这是我的猜测，我其实没去过神奇王国）。第一分厂的上空有圣诞老人的雪橇和一队飞鹿在闪闪发光，那是管理办公室和自助餐厅的所在地。20 世纪 60 年代的一切都能在这里找到——进步，乐观主义，无穷无尽的奇迹，登陆月球，缤纷的彩灯，还有为所有小孩准备的名牌玩具。正是在那里，我得到了平生第一个，也是唯一的芭比娃娃。它是汤普森制品公司的礼物，装在一个亮闪闪的黑色与粉色相间的包装盒里，盒子上有一个银色的卡扣，打开后，你立刻就进入了一个不到十岁的小女孩梦想中的卧室，里面的衣架上挂着芭比娃娃时髦的衣服，还有好几双细高跟小鞋子。当年我得到这份礼物时，激动得差点叫出来。我的父母都不赞成小孩的玩具有高耸的乳房和淡金色的头发，或者会吃东西、走路、说话，或者像机器人一样行事。在家里的圣诞树下拆礼物时，我永远只能拆到可爱的小婴儿，穿着镶花边的婴儿装，看上去活像直接从"古老乡村"穿越过来的。而我在汤普森制品公司的圣诞派对上收到的礼物正好相反，它们总是那么新颖，那么时髦：那个代表老员工联合会采购玩具的人实在是太棒了，不亚于亚马逊的"如果你喜欢这件，你也会喜欢……"算法系统。

在圣诞派对的中途，有人会让我们列队穿过二分厂，也就是工厂车间，每年都是如此。我不明白，他们为什么要带着我们这群穿着节日盛装、被糖果和新塑料玩具散发出的聚合物气味撩得十分兴奋的孩子进厂。我们排着歪歪扭扭的队伍，目光所及之处都是威廉·布莱克（William Blake）笔下"工业地狱"般的景象：足有 1 英亩[1]那么大的场地，排列着沾满灰尘污垢的机器，它们在宽阔的、浸满了油垢的灰色混凝土地面上全力运转，震耳欲聋。在这趟短程徒步旅行中，我们这些孩子看到、听到和闻到的，是那些维持我们生活运转的钢铁转轮。我们宛如走进了《绿野仙踪》里神秘的奥兹国，看见闪光的幕布被拉开，露出了藏在后面的那个老江湖骗子。他正忙着转动旋钮，扳动拉杆，维持一个庞大机制的运转，让伟大的奥兹国生机勃勃。而我们的生活正仰赖于这样的机制——它把食物送上我们的餐桌，把巴斯特·布朗鞋[2]穿在我们的脚上，在每个圣诞节把 25 磅重的火鸡放进我们的烤炉里。夜班工人打卡下班，白班工人打卡上班，而机器的喧嚣从不停息，除了在每年夏天为期两周的停工检修期。汤普森制品公司 24 小时全天连续运转，不眠不休，为福特公司的旅行车和小汽车生产刹车片，至少这是该公司在我老家那一片的业务。它的母公司 TRW 则生产了美国第一枚洲际弹道导弹，而此时正在帮助 NASA 建造登月用的着陆器，这简直太激动人心了！从制造刹车片到助力登月，这是一个巨大的飞跃，我们所有人对这一切都有一种光荣的参与感。但是，工厂车间跟休斯敦的任务控制中心实在是天差地别——在休斯敦工作的人都是留着精干的平头、口袋里插着护笔袋、穿扣角领衬衣的科技人员。机器震耳欲聋的高分贝让我理解了为什么父亲有时根本不明白我们在说什么。很多年以后，工厂才开始要求工人佩戴护耳。20 世纪 60 年代，工人最后往往会丧失听力。我们小孩子在穿过二分厂的时候，总是用双手捂住耳朵抵抗噪声，还发出痛苦的尖叫。不过没人会注意，

1　1 英亩约为 0.40 公顷。——编者注

2　主要指低跟圆口系带鞋。巴斯特·布朗是美国著名漫画《布朗小子》里的主人公。布朗鞋业公司于 1904 年左右买下这一形象的使用权，用于推广鞋品。

因为机器的轰隆声早就把我们的叫声淹没了。

我去参加圣诞派对，年复一年，直到12岁为止。我最后一份礼物是一个迷你旅行套装，包括一个过夜包、一个化妆包和一个行李箱——似乎汤普森制品公司想祝愿我在少年的成长之路上"旅行愉快"。巧的是，"萝比"正是在那一年降临老爸的工厂，老爸则开始琢磨如何利用机器人知识解决他在家里碰到的问题。

他的首要任务是制造一台自动化装置，把我那困在轮椅里的老祖母挪出屋子。作为性情叛逆的机器人"萝比"的监护人，老爸轻而易举地向位于美国康涅狄格州的万能自动化公司总部订了一些备件，并偷偷把它们从厂里带回了家。

他所要做的不过是在一两张采购单上做点手脚而已。

老爸受尤尼梅特启发创造出来的东西，还不是他最早发明的自动化物件。早在少年时期，他就制造过一个帮他练习小提琴的装置，他还给箱式照相机设计过一只自动计时器，这样他就能从房间的另一头给自己拍照片。

再往后，就该说到他的葡萄酒自动装瓶系统了。我的祖父在1963年意外去世，留下了整整三年的家酿葡萄酒，全都装在大酒桶里。酒窖十分狭窄，没有窗户，天花板也极其低矮，老爸根本站不直身子，否则就会碰到头。爷爷习惯在需要的时候打开木桶上的龙头灌一两瓶酒出来，但老爸想一次性把所有巨无霸酒桶全部清空，这样他才能把我那孀居的老祖母搬到隔壁我们自己家里，而把老房子租出去。受工厂装配流水线的启发，他弄了一些软管接在一起，让它顺着地窖的楼梯蛇形而上，从爷爷家的前门蜿蜒而出，穿过草坪，再钻进我家地下室的窗口。我十岁的哥哥里克站在地下室里，等着把从软管里泵出来的葡萄酒灌进瓶子里。但是泵的动作太快了，里克跟不上，最终演变成电视剧《我爱露茜》(*I Love Lucy*)里露茜在一条移动得飞快的流水线上干活的场景。等老妈找到里克的时候，葡萄酒已没过他的脚踝，里克自己则被酒气熏得晕晕乎乎，因为地下室的通风很差。老妈气得冲到隔壁大骂了一通。从那以后，老爸的自动化美梦进入了休眠状态，一连沉睡了好几年，他碰都不想再碰了，直到这次"萝比"让他再次鼓起勇气，梦想干一番大事。

老爸悄悄地告诉我们要闭住小嘴，别说出他带回家的那些东西。当然，我们知道他准是要开始"搞事情"了。那是一只继电器，也是装在"萝比"身体里用于控制动作的开关（这可是绝顶机密）。为了防止"萝比"罢工，老爸特意多订购了几只，其中一只就跟着老爸从厂里回到了家。

老爸吹着口哨，是他工作时最爱的曲子《夕阳下的红帆》，从工具箱里拿出那只继电器、一个电机，还有一个看上去像个巨大螺钉的东西。哇，竟然还有一段华丽的金属栏杆，那是很久以前他修理屋前阳台时剩下的。用这些东西，他摆弄出了一个——我该怎么称呼它呢？——安装在我们屋后外部的"电梯"。它的运行高度有 10 英尺[1]左右，从晾衣服的后走廊一直延伸到地面。但它可不是那种用手操作的简单的运货升降机。老爸的电梯虽然是部裸机，部件清晰可见，但技术性很强，可以通过按钮操作，十分便捷。奶奶要做的就是把轮椅摇到电梯平台上，按下底部按钮，电梯便能缓缓地降到地面；按下顶部按钮，就能启动反向程序。为了保证人绝不会从电梯里跌出来，电梯只有在安全门关到位并锁死时才会启动。安全门就是用那段阳台装饰栏杆做的。里克和我承担了"试驾"任务，一边按照"阿波罗 8 号"的流程完成倒计时，一边抢着去当第一个按下按钮的人。

《杰森一家》：罗西（Rosey）、麦克（Mac）和尤尼布拉波（Uniblab）（1962—1963 年）

我相信老爸没看过《2001：太空漫游》，估计也没读过同名小说。（不过我疑心他读过诺伯特·维纳的《控制论》，因为老爸去世后，我在爸妈的图书室里看到过一本。）不过老爸跟我们一样，从来不会错过卡通片《杰森一家》。尽管杰森家的自动化程度特别高，甚至有一个虚拟现实练习屏帮乔治·杰森做健身操，但是他们还是得有一个机器人女仆罗西负责吸尘、扫除、清洗，说带布鲁克林口音的俏皮话逗他们开心。在今天，罗西作为一个社会服务机器人应该很容易找到工

1　1 英尺约为 0.30 米。——编者注

作——它会跟简聊天，照顾朱迪和埃罗伊，给在斯贝斯利太空飞轮公司（Spacely Sprockets）"筋疲力尽"地工作两小时后回到家的乔治倒上一杯咖啡。罗西甚至还和看门的机器人麦克坠入了爱河，导致它们俩都暂时失灵了。

忽然有一天，乔治在升职竞争中输给了机器人尤尼布拉波——这个家伙总是喋喋不休地催促人们"工作工作工作工作"；它会开除员工，把他们扔进垃圾桶；它还耍阴谋诡计，引诱乔治把钱投入它体内的老虎机。（这显然是在影射艾萨克·阿西莫夫父亲糖果店里的那台老虎机！）"尤尼布拉波"这个名字听上去与尤尼梅特有点类似，但它其实更像在影射 UNIVAC——20 世纪 60 年代初大型企业使用的数据存储和管理系统。如今，人工智能正从工厂车间进入管理者的办公室、医生办公室、投资公司、广告公司和新闻机构，而我们也对电视剧中乔治的处境有了更为切身的体会。

在确认那部电梯足以承载两个不停斗嘴打架的少年之后，老爸便立刻把奶奶推了出来。奶奶一边听老爸操着他们特有的意大利皮埃蒙特地区的口音解释怎么操作这个装置，一边用狐疑的眼神瞅着按钮。

实际上，早在奶奶搬过来与我们同住的那一年，她就已经拥有了一个逃生通道——老爸用木头搭建的一个陡坡，从后走廊通到院子里。问题在于，斜坡的倾角过大，奶奶坐着轮椅从斜坡滑下来时，无法控制速度，而家里唯一体力够强、能控制住沉重的轮椅斜行下滑速度的人只有老爸自己（当然里克长大后也可以）。老爸一直希望能找到一个自动化一点的解决方案，让奶奶能自己独立操作，就像按个按钮那么轻松。

你大可把一部电梯看成一个能把你装进肚子里的机器人，或者一辆垂直行驶的无人驾驶汽车。它是自动化交通运输的一个形式而已，在我们身边存在了很久，我们对它早已司空见惯。实际上，如果没有电梯，我们就不可能建摩天大楼。20 世纪 20 年代，当按钮操作开始逐步取代电梯操作工的时候，人们对电梯自行运转的疑虑，跟现在我们有些人对无人驾驶汽车的疑虑差不多：电梯怎么会知道在哪儿停下来呢？在那个时代，按钮操作技术似乎体现了某种形式的机器意识：你只需按下楼层数字，机器就会安静地滑行，准确而迅速地把你送到目的地，人类操作工也没法把它逼停。这太惊人了！

奶奶几乎没有使用过那部电梯。她情愿一动不动地坐在轮椅里，在电梯顶端眺望那个她已经辨认不出的世界。几十年之后，人们才想到让机器人去照料患有痴呆的老人，并造出机械义肢帮助残疾人重新站起来走路。

里克和我（还有我们的朋友、表兄弟姐妹，以及各种各样的宠物）却很爱开着这部"奶奶移动机"上上下下，乐此不疲。我那时还很小，总是假装它把我带去了一个月球殖民地——我一直确信自己有朝一日会在月亮上生活，在我看来，这是命中注定了的。

有一天，我正百无聊赖地玩着"奶奶移动机"，忽然注意到正在院子中央忙活的老爸，他的身旁放着一个巨大的木制线盘、一根长度惊人的金属电缆，还有我们的坐骑式割草机。老爸在工厂上班任务繁重，很难有时间料理从我祖父那里继承来的一英亩左右的葡萄园。他拔掉了绝大部分的葡萄藤，只留下少少几行，够自己酿些葡萄酒就行。空出来的土地全被他铺上了草皮，变成了一块有足球场那么大的草坪。

没过多久，老爸就意识到把一个小葡萄园改造成一片偌大的草坪是干了件多傻的事——你得不停地割草。那时候的坐骑式割草机全是些很不好对付的家伙，露在外面的电机很快就变得滚烫，皮肤一碰就起泡，我在轮班割草时倒霉过不止一次。更烦人的是，遇到草长得比较高或者地面坑洼不平时，它就很容易被卡住，一动也不动。

《宇宙静悄悄》(1972 年)：离经叛道的外太空植物学家

这部经典作品填补了从强大邪恶的哈尔到《星球大战》中仁慈友善的机器人之间人类想象空间的空白。弗里曼·罗威尔是个骨瘦如柴的太空船员，负责管理飘浮在木星附近的一座太阳能穹顶花园温房。有一天，他接到了命令，要求他摧毁这些保存着他心爱的植物的温房，并返回地球。他非但没有这么做，还杀死了愚蠢无知的宇航员伙伴，并重新设计了三个机器工人胡伊、杜威和路易的程序，让它们既会玩扑克牌，还能帮助他照料花园。这些矮墩墩的、走起路来像鸭子一样摇摇摆摆的小机器人由三位双腿截肢者扮演，他们套上机器人的服饰，用双手走路。

老爸很快就对割草机失去了耐心。他痛恨这种效率低下的工作——开着割草机转上好几个小时，只是为了把草剪齐。而他需要照管的地方还不止这片草坪，我们还有一个很大的菜园、一个果园，以及一处仙境般的景观——一条50英尺长、搭着格架的步道，上面爬满葡萄藤，给混凝土铺设的人行道投下阴凉。这条路始于爷爷老屋后门，延伸至我们开阔的草坪，却在草坪中央突兀地停了下来。这条不知通往何处的神秘走廊是爷爷当年打算送给奶奶的礼物：奶奶可以沿着这条长廊从自己家走到两户人家之外的教堂，而双脚不必沾到泥土，太阳也不会晒伤这位来自意大利北部的姑娘白嫩的肌肤。可是，奶奶自打从楼梯上摔下来跌伤髋骨后，就再也无法走路去做弥撒，也没法去别的地方了。爷爷只好难过地放弃了这项工程，留下这么一截童话般的阴凉小道，而在它的前方铺展开的是一片大得出奇的青青庭院。不停做梦，不断建造，这种无休无止的冲动在我们家代代相传。

老爸这次的目标是造出一台不需要人工驾驶的坐骑式割草机。他从一个简单的构想入手：将金属线缆接到能转动的机械装置上，卡在恰当的位置，让转向系统只能一直绕圆圈，这样割草机就会像上发条似的自己不停转动，直到它在草坪的一边割出个UFO"麦田怪圈"似的形状；然后再把这个奇妙的新装置挪到草坪另一边，让它割出另一个巨大的麦田怪圈。如此一来，老爸要做的就只剩修整边缘和散布其中的零星小块。

看着老爸倒腾他的割草机，不断摸索，反复试错，真是叫人兴味无穷。在那几天里，割草机时而会跑偏，屁股后面拖着电缆卷轴，老爸一路小跑跟在后面抢救；有时，松松垮垮的线缆又根本管不住割草机。我从老爸创造的神奇电梯顶上俯视着下面发生的一切，心里暗自琢磨，还是把这个自动化新发明直接丢进工具棚算了。

但是我错了。老爸不知怎么的，居然摸索出了设定控制点的方法，也就是用绷紧的线缆把割草机拽住，让割草机像个巨大的溜溜球一样反向回转。小孩子们站在我家院子后面的铁丝栅栏外，个个都嘴巴大张，不可思议地看着割草机自己在草坪上忙活，而老爸淡定自若，袖手旁观。

这还只是第一步。后来，在工作中学到的一项新技术让他想到了一个更棒的点子：传感器。

汤普森制品公司存在的诸多危险因素之一，是工厂车间里的所有东西几乎都得用叉车搬运。在工厂车间狭小的空间里，这些叉车很吵，又往往开得很快。即便如此，车间的工人还是听不见叉车的声音，他们当中有些人的听力已经受损，而车间里里外外那些机器和气锤响声震天，完全盖过了叉车的声音。结果自然是乒乒乓乓、磕碰不断，而更换被破坏了的设备（和人体）的成本也在逐渐升高。现在，连身价不菲的尤尼梅特也面临着被撞坏的风险，于是工程部就需要想出一个办法，发出让叉车司机既看得见也听得到的信号，好让他们知道自己正在接近某个物体或某个正在工作的人。他们最终确定的方案是：在重点区域的车间地面上栽一些混凝土柱子，并在柱子上安装传感器。于是，里克得到了一份暑期零工：挖用于栽柱子的坑。这给了他近距离观看尤尼梅特的机会。多年以后，他饱含诗意地向我形容尤尼梅特的模样：被一大群丑小鸭簇拥着的公主。

老爸的计划是弄一些传感器，把它们按网格状埋在院子地下，创建一条数字化路径，引导割草机来回移动，走遍草坪。这个想法接近于现在工厂和医院广泛使用的机器人传送系统。这其实也正是如今机器人割草机的工作原理。令人遗憾的是，尽管这项设计的逻辑原理已经浮现在老爸的脑海里，但他缺乏设备来将之变成现实。或许他也想到了，如果汤普森制品公司少了足够装备一英亩土地的传感器，他恐怕会被盯上的。况且这时他的发条版机器人割草机干得还不错，只是后来他厌倦了这款割草机，就把它丢到池塘里去了。

在 20 世纪 70 年代步入尾声之际，我拿到了汤普森制品公司的奖学金，离开家去上大学。于是我只能间接地从老妈那里听到老爸想把厨房进行自动化改造的计划。他是在当地的珠宝商店想到这个主意的，当时他正在挑选手链吊坠，作为送给我的礼物。那些吊坠都陈列在一个小小的摩天轮上，而摩天轮则被安装在一个底座上：只要按一下按钮，摩天轮就会转动。

老爸顿时想到，如果把转轮放大，安装在厨房墙壁的后面，老妈只要按一下按钮，就能随时取到储存在冷藏酒窖里的任何东西。酒窖里存着足够一整个冬季消耗的干果、果汁和番茄酱。这和"杰森一家"的生活实在太像了——按下写着"番茄酱"的按钮，番茄酱就能从地窖升到厨房的碗柜里，再也不用跑上跑下爬楼梯了。

　　那时候，奶奶差不多有一百岁了，住在养老院里。除了家庭聚会的日子，老妈只需要为她自己和老爸准备餐食。她告诉老爸，她真的不需要什么帮助。不过，我认为她其实是不想看到她的厨房变成一堆瓦砾。

　　有一次我和哥哥在 Skype 上追忆老爸的这段过往，我问他："为什么老爸总想把每一样东西都自动化呢？为什么他会这么有劲？"

　　透过 Mac 的显示器，我能看到里克正仔细琢磨我提出的问题。

　　"老爸的思想很有开创性。他享受创造，喜欢思考怎么把那个时代凡是他能够得着的技术全都用上。也许他只是想让生活更……"

　　哥哥又停顿了一下，他在想如何形容更贴切。最后他想到了："……有趣。"

　　就在老爸阔步向前，发明出发条型机器人割草机和"奶奶移动机"的同时，在距尼亚加拉大瀑布 2600 英里 [1] 的地方，一个机器人正在硅谷的斯坦福研究所（SRI），也就是现在的斯坦福国际研究院（SRI International）的一个实验室里蹒跚学步。它名叫"夏凯"（Shakey），意为"摇摇晃晃的"，倒也名副其实。它是最早能依照设定程序看见东西、走动，并自己解决问题的机器人。经过几年的研发，由人工智能先驱查理·罗森（Charlie Rosen）领导的夏凯发明团队终于认为他们的机器人是时候面世了。1969 年，他们拍了一部短片，还给它起了个很吸引眼球的名字——《夏凯：关于机器人计划与学习能力的一次实验》（Shakey: An Experiment in Robot Planning and Learning）[2]。视频展示了夏凯是如何在前进过程中识别出前方存在新的障碍物，并自己想办法把它们挪开或者选择绕行的。在戴夫·布鲁贝克（Dave Brubek）的爵士乐经典名曲 Take Five 的伴奏下，查理·罗森穿着吸血鬼斗篷扮成"小鬼"，时不时跳出来挪动一下箱子，捉弄机器人。长达 28 分钟的短片里，只有箱子一直在被挪来挪去，看起来居然还挺激动人心。不过，这恐怕都得归功于好听的背景音乐和罗森扮演的吸血鬼，还有夏凯那神秘的嘟嘟声。

1　1 英里约为 1.61 千米。——编者注

2　疑指该团队于 1972 年拍摄的视频短片《夏凯：关于机器人计划与学习能力的实验》（Shakey: Experiments in Robot Planning and Learning）。——编者注

研发人员通过一台电传打字机向夏凯发送简单的英文命令，比如"GoTo"（去）"GoThru"（通过）。这些词被相应地翻译成一种基于微积分的编程语言 STRIPS。夏凯不仅能用这个语言解决问题，还能记住解决方案，并将之添加到"行动指令表"（视频的画外音是这么称呼的）。在描述这台机器人正在做的事情时，夏凯的开发者使用了用来描述人类情绪状态的词，比如：没把握、意识到、记住、预言。

程序、摄像头和预设环境信息让夏凯拥有了视觉，可以穿过房门，出入各个房间；被称为"猫须"的传感器帮助它识别和挪开盒子，这使得它看起来很像那只热爱盒子的网红猫 Maru 的巨型机器版。夏凯会计算行进路线，从错误中吸取教训，并能将习得的内容储存起来以备日后参考，而整个过程都要通过它的"大脑"实现。"大脑"是一台足有一个房间大小的 1.35MB 容量的计算机。

SRI 的短片并没有说清楚，夏凯移动得有多缓慢，简直让人备感煎熬：它常常一站就是好几分钟，一动也不动，只是为了计算下一步该做什么。但是，机器人本身已经足以吸引《纽约时报》《国家地理杂志》和《生活》等报刊的关注。1970 年，《生活》上的一篇文章对机器人的才能极尽夸张之能事。在描述夏凯在月亮上（又是月球殖民地！）的行为时，该文作者甚至预言说："根本无须地球的指令，它自己就会收集岩石样本、钻孔、做调查、拍照，甚至在遇到岩石罅隙而它又决定要过去时，会自己铺设木板桥。"

夏凯并不只是早期人工智能的一次简单实验。政府为这个项目提供了资金，希望开发出一款能承担军队警戒任务，甚至可能探索太空的机器人。但在 1972 年实验结束时，很明显，创造一个具有独立决策能力的机器人所需要的时间比开发人员预计的和媒体报道的都要长得多。

科技记者约翰·马科夫写道，《生活》杂志的文章"把机器吹嘘得面目全非……SRI 的科研人员惊愕不已……因为他们读到一段描写，声称夏凯能在科研实验室的走廊里自由地转来转去，比人类走得还快，它只在需要观察门口的情况时才会停下来，还会用人类的思考方式推理周遭的世界……这种描述特别令人烦恼不安，（在《生活》杂志的记者伯纳德·达洛克去采访的那天）机器人根本还运转不起来"。

媒体对夏凯的吹捧太过夸张，夏凯并没有达到那么高的水平，这是机器人远未能达到夸张炒作所宣称的水平的早期案例之一。然而，这种浮夸的宣传对一个新时代的降临起到了推波助澜的作用。这个新时代，我指的是 20 世纪 80 年代的 "AI 之冬"。人工智能的缓慢进展使人们对它失去了兴趣，风险投资转向了更以人为中心的技术突破，即个人计算机（PC）行业。尽管如此，夏凯仍是有功之臣，它最先迈出了缓慢而笨拙的步伐，走向我们今天所看到的已经投入使用的人工智能和机器人，比如真空吸地机器人伦巴（Roomba vacuum）。

现在，夏凯在美国加利福尼亚州山景城的计算机历史博物馆展示厅里享受着舒适的退休生活。2004 年，它正式进入卡内基梅隆大学机器人名人堂（同时获此殊荣的还有《星球大战》中的 C-3PO 等），比尤尼梅特和《星球大战》里的 R2-D2 只晚了一年。

老爸在 1980 年退休。那时，尤尼梅特也已让位给新款机器人了。2014 年，TRW 将汤普森制品公司卖给了日本制造商蒂业技凯力知茂（THK Rhythm），TRW 自己则被一家生产无人驾驶汽车传感器的德国企业收购了。（研发机器人汽车，老爸如果还活着，肯定会很高兴参与其中的。）

老妈有句话说对了：机器人会从人类手中夺走工作。但老爸也没错，他说机器人能拯救工人的生命。自动化是消灭的工作岗位多，还是创造的新岗位多？对这个问题的激烈争论一直在不断升温，但有一点我们心知肚明：如今，是机器人而非人类在掌控制造业的工作节奏。

我们正目睹 "熄灯工厂" 不断涌现。之所以这样称呼，是因为机器能在黑暗中完成所有的工作（它们也不需要冷暖空调）。但这些工厂并不是百分百无人操作的，仍有少量的工人一直在厂里负责质量控制。

为什么不能把所有工厂都变成 "熄灯工厂" 呢？答案就在当年让尤尼梅特不时神经错乱的情况当中：在常规工作程序外，总有意外会发生。需是哈尔那个级别的人工智能才能在工厂车间里处理一切事务。而就算在今天，事情也难免会出差错。何况，即使是哈尔，它也没有能力应对任务指令优先级的相互冲突，这甚至导致了它对宇航员大开杀戒。

由此，我们能得出这样一个结论：人类仍然需要参与其中，提供帮助，以防工业机器人遇到意料之外的情况。当然，很可能它们需要我们的时间不会太长了。

1979 年，人工智能和机器人学暂时停下脚步，稍稍喘口气，等着摩尔定律发挥它的魔力——大幅提升计算机的运算性能。只有这样，它们才能兑现自己许下的诺言，比如老爸曾一心渴望制造的家务机器人。舞台已经搭好，恭候一个新时代的登场。在这个新时代，力量的天平会从 AI 倾向以人为中心的 IA。在 20 世纪 60 年代乃至 70 年代，计算机被大多数人所忽视，不过，它将摇身一变，成为日常工作生活的主导力量。它会在短短几年内席卷几乎所有产业，把相关职位一扫而光，并为我们带来全新的工作、创造和沟通方式。

随着个人计算机时代的到来，IBM 担心台式计算机会令人望而却步，除了技术人员和科技死忠粉之外没有人敢于尝试（即使当时个人计算机只针对企业客户，并不面向家庭用户）。正如从前有些工厂面对尤尼梅特时会犹豫不决，直到它成了约翰尼·卡森的节目嘉宾并进行了一番人性化表演之后才肯接受，在 20 世纪 80 年代初期，许多企业对计算机化也怀有同样的疑虑。

有一家广告公司建议 IBM 使用一个普通人的形象来表现幽默、质朴和人性。绰号为"蓝色巨人"的 IBM 正缺乏这样的特征。这则创意没有把个人计算机定位成一款高科技创新产品，而是把它定位成一个工具，用于帮助企业以超高的效率运行。这样，员工就能减少办公时间，省下更多的精力用于自身职业发展、业务搭建和娱乐休闲。个人计算机的销售宣传将它打造成能提升人们日常工作效率、让工作日不再难挨的产品，这与意在取代人类工作者的人工智能和机器人学大相径庭。个人计算机承诺了一个新的乌托邦——办公无纸化，工时大大缩短，工人幸福指数升高。如此这般，怀着对未来的殷切期望，IBM 开启了自己的"小流浪汉"时代。

人工智能由于没能实现它的承诺，即到 20 世纪 80 年代初造出能思考、能移动的机器人，终于靠边让路。台式计算机时代来临了。

第三章

"AI 之冬" 的流浪汉

1985

您准备好了吗？——向您的同胞学习（四百万美国人的共同选择岂能有错），带那么一丁点儿空闲时间回家，好在做完所有文字处理工作、存上盘以后，坐下来放松一下、重温一番昔日美梦。我们又要迎来一个"新世界"了，它正在计算机上向您招手呢！嗯，瞧，您看到了吗？主流信用卡我们都接受。

——罗杰·罗森布拉特（Roger Rosenblatt），《新世界的黎明》

刊于《时代周刊》1983 年 1 月 3 日

我坐在一张办公桌前，面对着银行负责小企业贷款的家伙。我看不出他的具体年龄，因为他看上去从五十岁到一百岁之间都有可能。这是一个尖酸、愤怒、沮丧、刻薄、厌女的男人，粗花呢西装上落满了头皮屑，活像一个患了精神病的会计员，也像一个英格兰寄宿学校的校长，而这种学校的课程包括在研读《圣经》之后进行轻度的鞭打。我需要这个家伙的批准才能拿到 5000 美元的银行贷款，好给自己买一台 Zenith PC——我平生第一台个人计算机。

那时我 28 岁，看上去比实际年龄要年轻一些。我从事自由职业已有一年时间，主要是为那些文案写作能力较弱的广告公司当付费写手。六个月之前，我放弃了在斯通 & 阿德勒直复营销公司（Stone & Adler Direct）多伦多分公司的工作。斯通 & 阿德勒是美国芝加哥的一家老牌直复营销公司，IBM 是它最大的客户。所有造访斯通 & 阿德勒多伦多办公室的人，都会在前台看到一个真人大小的纸板剪影，也就是查理·卓别林的默片中的角色，那个头戴圆顶礼帽、手执拐杖的"小流浪汉"。

IBM 为了让自己的品牌形象更亲民，从卓别林的遗产（卓别林本人已于 1977 年辞世）中买下了这个电影角色的使用权。IBM 聘请了一名哑剧演员在宣传片中进行角色模仿，同时也在纸质广告印刷品上印了小流浪汉的形象。小流浪汉的头顶上方是 IBM 的品牌标语——"摩登时代的工具"。这条标语是对卓别林 1936 年的默片《摩登时代》的致敬。《摩登时代》是一部滑稽喜剧，表现的是"小流浪汉"在工业化时代那种非人性化生存环境中的挣扎。对一个追求尖端业务技术的公司来说，选用这么个角色来代表自己的文化形象其实有点奇怪，但是 IBM 为"小流浪汉"的使用权支付了 3600 万美元。查理真是我们所有人的好男孩儿。[1]

在广告公司，我不分白天黑夜地创作关于计算机的文案，但我连计算机的边儿都还没摸到。公司计算机的保管人是秘书总管多琳，一个垫肩高耸、头发也蓬得高高的姑娘。她是名模谢丽尔·提格斯的超级迷妹，总是在午饭时间打短柄墙球，其余时间就在办公室晃来晃去，到处炫耀。她的衣服上别着一枚襟章，上面写着"快减肥，来问我"。凡她经过之处，必然弥漫着 CK 激情香水的熏人气味，里面添加的费洛蒙令人想入非非。

我的办公室与创意总监乔治的办公兼住宿区域只隔着一条走廊。办公室没有窗户，光线暗淡，里面只放着一张桌子、一张椅子、一个废纸篓、一个文件柜，不要说计算机了，连打字机都没有。

上班的第一天，我问乔治："我该在哪儿写字呢？"

话音未落，多琳款款而至，手里捧着一沓黄色拍纸簿和一盒圆珠笔。

1　该谐语，引自 1926 年喜剧短片《查理，我的男孩》（Charley, My Boy）的标题。此处的"查理"指查理·卓别林。

乔治解释："你就写在纸上，多琳会在文字处理机上帮你打字。"

我告诉乔治和多琳，这行不通。我从来不用手写字，即使是最初的草稿，我都是在键盘上敲出来的，而且我的手写字实在很糟糕，多琳根本没法识别。

多琳盯着我看，仿佛我是一坨粘在她细高跟鞋鞋底上的口香糖。她抓着拍纸簿和圆珠笔转身走了，再回来时，手里捏着一本 IBM 产品手册和一份采购订单。它们顺着她精心修理过又涂了亮粉色指甲油的纤纤玉指，滑到我仿木贴面的办公桌上。

"别选贵的就行。"她扔下这个忠告，扭身出门，留给我一阵香雾。

第二天，我去公司上班，避免与大堂里眼神放荡的纸板查理·卓别林有任何目光交织。经过乔治的办公室时，我看到他蓬头垢面，显然是熬了个通宵。我走进自己的办公室，看见一台 IBM 电动打字机放在办公桌上，旁边是一摞整齐光洁的白色 2 号纸，还有一盒修正液。我轻轻按了一下这台机器的开关，听到它发出稳定的电动嗡嗡声，发自内心的愉悦油然而生。

正当我把一张 2 号纸放入自动进纸器时，我忽然感到鼻子发痒，一股麝香味钻进鼻孔。我转头一看，多琳正站在办公室门口，抱着胳膊，脸上像糊着一层水泥。

"这回顺心了吧？"她问道。但是呢，口气听上去像在暗示：不管怎么样，她对此毫不在意。她丢下这句话，转身就往大厅走去。

上天保佑！直到我辞职的那一天为止，这可能是我跟多琳互动时间最长的一次了。

推销个人计算机的文案，只能在打字机上写，我总觉得这很讽刺，不过其他人似乎一点也没觉得有什么不对。个人计算机，至少 IBM 推出的那些"PC"是商用机器。在纸上打字这种事情并不是计算机的任务，而是由一种比它简单点的设备，即文字处理机负责。并且，即便是文字处理机，也只有专门接受过指法培训的职业秘书才有资格操作。

可是，由于多年以来我的手写体一直被人诟病像是出自少年犯之手，我在六年级时便自学了打字。现在放在我面前的 IBM 电动打字机堪称打字机中的凯迪拉克，只要取出机器内部的一个金属球，它甚至可以切换字体。

尽管我很喜欢 IBM 电动打字机，但还是难以抵挡个人计算机的诱惑。毕竟，我每天的工作时间长达十至十二个小时，每周得工作六到七天（取决于乔治的心情），而且写的都是关于个人计算机的内容。我在广告文案里信誓旦旦地保证计算机能帮我们缩短工作时间，这不免令我自己也浮想联翩。于是我去问乔治：

"为什么IBM不能给我们每个人都配一台工作计算机？"

乔治笑了："泰里，你知道这些宝贝疙瘩一台要多少钱吗？"

嗯，跟这个价格相比，把一位28岁的女写手日日夜夜困在办公桌前，还不用付加班工资，显然更符合成本效益的原则。

也不是每个人都受到广告的蛊惑。1982年，佐治亚州普莱恩斯的交通管理员杰克·罗巴给《PC：IBM个人计算机独立指导手册》（*PC: The Independent Guide to IBM Personal Computers*）的编辑写了一封信。他在信里抱怨说："我只想知道，是谁把这个大卫·邦奈尔（David Bunnell，*PC*杂志主编）从笼子里放出来的。他就是那个曾经帮Altair计算机吹大牛的小丑，夸口说Altair能'控制大城市的所有红绿灯'。我买了一台Altair，结果发现我唯一能改变的是它前面板上的灯。天知道他还能把IBM吹出什么花样来。"1983年1月，《时代周刊》一反其推选"年度人物"的常规，宣布将个人计算机评选为"年度机器"。对此，罗杰·罗森布拉特用江湖小贩的口吻写了一篇社论：

见过这些吗，先生？是的，说您呢！我跟您说，夫人，您用过这些吗？Commodores，还是Timex Sinclairs，要么Osborne Ⅰs，或者TRS-80 Ⅲs？苹果呢，喜不喜欢？开个玩笑，小伙子！无伤大雅，有益健康。您看上去心事重重，好像从密苏里州来的一样，所以我才要把这些尤物卖一台给您，因为您需要它，您想要它，不管您嘴上说什么。在您纯粹的美国心灵深处（您是美国人，对吧，老兄？），您对这小宝贝充满了渴望，它能帮您算账，为您保存资料，还能跟您谈话，说不定有一天，它还会亲吻您呢（无意冒犯，小姐）！

重点是，它能为您节省时间。时间时间时间！时间宝贵啊！我们要分秒必争！

《杰森一家》里的乔治·杰森每天工作两个小时，可惜这点并没有像广告里吹的那样成真,至少没能马上成为现实。电视广告里,"小流浪汉"只花了几秒钟就学会如何使用他的个人计算机,而真实的学习时间要比这个长得多。我在斯通＆阿德勒的一位同事为了设计报价表格和时间表,往往要在广告公司唯一的一台个人计算机上鏖战许多个小时,还只能在晚上加班——趁多琳不需要用计算机处理文字的时候。(同事说,迄今为止最能节约时间的是公司的第一台传真机,它很容易启动——插上电源就行!一插上电源,它立马就开始缩短周转时间。)

IBM PC的显示器模仿了其大型主机终端的外观和感觉:黑底绿字,令人头疼。它使用的命令很不直观,逼着人类说计算机的语言,而不是让计算机说人类的语言。更糟糕的是,你一次只能执行一项任务。打个比方,如果你想要从创建一个表格切换到写一个演示报告,你必须停下来,从你的"库"中检索到正确的"解决方案"。("多重任务"这个词直到Windows 95推出的时候才被人创造出来,那时,个人计算机刚能同时运行多个程序。)软件存在软盘里,软盘装在盒子里,盒子放在柜子里。尽管有"无纸办公"这样的承诺,许多人仍然会将文件打印出来,保存硬拷贝。所以,如果说有什么不一样的话,那就是WordStar和WordPerfect这样的文字处理软件反而导致了纸质文件大量堆积,甚至比以往还要多。而且,毫不客气地说,早期的许多软件实在很烂。

在2011年《连线》(*Wired*)杂志为纪念现代个人计算机推出十三周年而发行的专刊上,克里斯蒂娜·伯宁顿(Christina Bonnington)对第一代IBM PC进行了客观的分析:

它不太符合今天的标准,甚至也不符合昨天的标准。5150的配置仅仅是主频为4.77MHz的英特尔8088处理器,拥有16位元暂存器和8位元外部数据总线。它不如英特尔和摩托罗拉其他型号的处理器强大,但是人们都认为把那些处理器用在个人计算机上实属"大材小用"。IBM给5150配了全64KB的内存——可扩展到巨大的256KB,以及1个或2个软盘驱动器(依据个人选择)和1台单色显示器。5150是由一个12人团队用不到一年的时间开发出来的,采用的均是现成的元器件。一台5150的价格从1560美元到6000美元不等,取决于具体的配置如何。这相当于今天的4000

美元到 15 000 美元。

刚刚接触个人计算机的人会担心出现触电或爆炸事故，也担心自己在挣扎着学习怎么使用这个该死的东西时，会变成员工眼里的傻瓜。1982 年，出版商安德鲁·弗鲁吉尔曼（Andrew Fluegelman）在 *PC* 杂志上发表了一篇文章，声称他花了"两三百个小时"阅读关于软件的资料以后，才敢碰他的个人计算机：

我认为，95% 的人对计算机感到诡异的原因在于他们需要学习怎么启动机器——得搞懂怎么让这家伙运转起来。你坐在它面前，却不知道如何才能让它开始工作。你害怕一旦搞错，它要么会咬你一口或直接把你吞掉，要么忽然冒出烟来。我觉得还有一点也让人十分害怕……就是你好不容易把它启动之后，它会不会把你拖进某个黑洞，让你再也爬不出来。但当我上手以后，我就感觉它不再只是个为我干活的机器了，它几乎立刻摇身一变，成了我自身的外延。那感觉就好像往我自己的脑壳上嫁接了 2000 个外挂大脑。我真的有那种感觉——喏，就是这些外部大脑，它们还真的听我指挥！我能随心所欲地把它们串联或者搭建在一起。

同一期杂志上还刊登了一篇对比尔·盖茨的深度专访。比尔·盖茨提醒人们，不要过高估计个人计算机的易用性。他说："我们还没到那个阶段，可以随随便便对妈妈或其他对计算机一窍不通的人要求：去买一台那样的机器！"盖茨的老妈如果听到这个议论，恐怕不会觉得愉快。

要让疑虑重重、满怀畏惧的商务人员接受个人计算机（那些对个人计算机还一无所知的人就更不用谈了），个人计算机需要一张人性化的、充满亲和力的脸，以缓解人们对新科技的种种恐惧。

他们迎来了"小流浪汉"。

电视宣传片中，小流浪汉在美国小镇上沿街的店面里，用他的 IBM PC 出售糖衣蛋糕和花哨的帽子。当然，IBM 的广告并没有直接把查理变成女人，而是让嘴唇红嘟嘟的金发秘书们被查理的才华倾倒：他竟然能用 VisiCalc[1] 创建一张表格！

对于我们创作的每一个广告、直邮信件、手册乃至小幅宣传广告，艺术总监都必须找到合适的"ACI"，即"适用的查理形象"：查理在为他如火箭般飞升的销量制作一个电子表格；查理在一个不断加速的流水线上忙碌；查理在零售店里清理库存；查理埋首于一堆文书工作中；查理摆出他的经典造型，转动手中的拐杖，享受个人计算机给他带来的额外休闲时光……

说句真心话，小流浪汉看起来真像个傻瓜。但是广告透露出的信息是微妙的——如果一个戴着圆顶帽的滑稽演员都能做到，你为什么不能！

IBM 还依赖一个屡试不爽的市场营销策略，叫作"FUD"，这三个字母分别代表害怕（Fear）、不确定（Uncertainty）和怀疑（Doubt）。只要你选择任何其他品牌的计算机，你就会体验到这些情绪。"从来没有人因为购买了 IBM 的产品而被解雇"成了业界格言。

1983 年，也就是《时代周刊》选举"年度机器"的那一年，IBM 推出了一款专为家用而设计的小型个人计算机 PCjr。PCjr 从外观到使用感都像一个玩具，它的操作系统与人们在工作场合使用的 IBM 5150 不兼容，而且它配有一个空白键盘。也许设计 PCjr 的工程师还无从想象有人愿意把办公室里 5150 上的工作资料拷贝一点在软盘上带回家，好在晚饭后把软盘插入自家的 PCjr，以便完成某项任务。在 1983 年，文明人是不会把办公室工作和家务事混为一谈的。甚至，提到某人"在办公室工作到很晚"，人们容易想到这个人跟女秘书可能有点儿风流韵事。

PCjr 的销售十分惨淡。不过，它本来还没那么惨，直到斯通 & 阿德勒为了推销这个蹩脚的小玩意儿，绞尽脑汁，决定在电脑城设置体验站。

乔治递给我的指示上写着：邀请顾客来摸摸 PCjr 的键盘。

我抬眼看向乔治。他看起来又像是穿着西装睡了一晚上。

"摸"这个字听上去可真亲呢。也许 PCjr 应该先在屏幕上打一行字，邀请顾客靠近，

1　世界上第一套电子表格软件，由丹·布莱克林（Dan Bricklin）和鲍伯·法兰克斯顿（Bob Frankston）开发而成，1979 年 10 月随 Apple II 推出，是 Apple II 上的"杀手级应用软件"。在 Microsoft 的 Excel 出现之后，VisiCalc 已经被人淡忘。

让他们先触摸一个键（手感真好！）。一个键又一个键，很快他们就放松下来，越来越自在，尽情使用样式新奇的标点（当然，他们得先在空白键盘上找到那些标点符号）。说不定他们一激动，就买下了一台 PCjr，还点了蜡烛，开了香槟……

我把脚本写得像都市爱情故事里的一场邂逅，只不过不是男女主人公的邂逅，而是人和计算机的邂逅。

我走进乔治的办公室，给他看我写在纸上的东西。乔治边看边笑，伸手挠挠胡子："这太不像 IBM 了。管他呢！我发出去。不过，你还是先写个真正的文案，我一起发给他们。"

最后，乔治把两个版本都发给了我们的客户——符合 IBM 商务休闲风格的真文案，还有我那个肉麻版本（写在一张空白纸上，没有信头，没有公司名称或图标）。客户被逗乐了。浪漫的版本很快就被被扔进了碎纸机。真正的文案被客户采纳，进了体验站。

然而，市场毫无动静。

数万台 PCjr 继续被冷落在电脑城里，没人爱，没人碰，没人买。过了一年，IBM 终于将 PCjr 撤柜了。

IBM 忘记了广告界百试百灵的一个大招——别的招数统统不管用的时候，爱情肯定灵。

我终于厌倦了在那家广告公司的生活：熏人的香水味道，漫长的工作时间，一个永远在工作、从来不回家，并且认为我也不应该回家的创意总监。所有这些，我受够了。于是我给自己写了一份事业策划书（上面写着：去找其他广告公司，看看他们是否需要聘用写手）。我拜访了奥美的创意总监，他向我推销了一本他自己写的关于怎样做自由职业的书，并推荐我去联系他认识的另一家广告公司的某位先生，因为"那个人喜欢漂亮的腿"。好吧，想来这也是我的卖点之一，当然还要加上我的资历，简历里可是罗列了一些我得过奖的项目呢。

我就这样开始了我的"雇佣枪手"生涯。

我向一脸惊讶加一脸倦容的乔治递交了辞呈，从冷漠脸多琳手中接过最后一张薪水支票，向 IBM 租借了我自己的电动打字机，买了一只便宜的公文包和电话应答机，印了商务名片，从此再也不回头。

《春天不是读书天》（1986 年）

"我要的是一辆小汽车，却得到了一台计算机。"菲力斯·布埃勒（马修·布罗德里克饰）对他的个人计算机一肚子不高兴。后来他利用这台计算机当黑客，闯入了他的高中考勤记录。实在令人难以置信，一个十几岁的孩子卧室里竟然能有一台 IBM PC XT，而我还在奋力争取一笔银行贷款，好给自己买一台蹩脚的 Zenith。看看 IBM PC XT 高昂的价格，它实在不像是一个高中生应该拥有的东西。不过，从另一个角度来看，菲力斯算是个"有意思的纨绔子弟"，他的卧室就是一个满是高端电子设备的游戏场，而 IBM PC XT 正是 20 世纪 80 年代那些十多岁的小孩梦寐以求的机器。

虽然我在斯通 & 阿德勒从来没用过个人计算机，但我为 IBM 写广告文案的经验很能为我的技术才能一栏"增光添彩"。事实证明这十分管用，随着越来越多的科技产品被投入市场，我几乎不再需要主动寻找工作了。我做过的项目包括笔记本电脑、手机、传真机、影印机、电子银行服务、自动语音邮件——再也不需要电话应答机了！我为 Macintosh 写文案，帮助苹果把计算机推销给科学家和工程师。我熟练地掌握了技巧，知道该如何在紧张不安的顾客和新科技产品之间建立起一种舒适和信任的感觉。我赚的钱已足够为一个杂乱无章的单室套公寓支付一半租金。这套公寓是我和我的艺术家男友罗恩（Ron）合租的，位于多伦多波西米亚风格浓厚的皇后大街旁边的一条陋巷里，在一家商店的楼上。除此之外，我还能有一些剩余，用来买宽肩外套和牛仔裤，把自己打扮成极具创意的事业女性，因为我得跟那些一支接一支抽烟、大口猛灌威士忌的广告人开会，不能让他们从外表小瞧我。那时他们仍是这个行业的主宰，就像《广告狂人》第一季中那些资深的广告老手一样。

到了 1985 年，我已准备好迈出下一步：放弃我的 IBM 电动打字机，买一台个人计算机，再配一台针式打印机和 WordPerfect 文字处理软件。我在做自由职业时合作过的一两位平面设计师早已扔掉了他们的尺子和粘贴板，转而使用 Macintosh 的图形用户界面。这个系统比 IBM 贵得多，不过也更具魅力。

我的哥哥里克去掉了他原来名字"Ricky"的最后一个字母"Y"，改称"Rick"。他已经成了一家石油公司的工程师。里克建议我继续使用 IBM PC，或者比 IBM 便宜些的克隆机。Macintosh 听起来叫人怦然心动，看上去却落魄得很。它在 1984 年首次亮相时曾激起一阵骚动。当时，它在"超级碗"比赛期间推出了一个创意一流的广告。不过，它短暂的辉煌随着广告的落幕而告终，此后一直卖得很不好。Macintosh 存在一个问题：或许是乔布斯对他创造出来的对象爱得太痴，以至于 Mac 对他来说已不再是一个单纯的产品了，它是他的艺术作品，他甚至不愿意让别的人摆弄它。Macintosh 的图形用户界面操作系统（Mac OS）是一个封闭系统，软件设计人员给 Mac 写程序要比给 IBM PC 写程序难得多，结果自然是当时为 Mac 设计的应用软件大大减少。第一代 Mac 还存在其他技术问题。但是，苹果公司商战不利的主要原因，还是因为它的名字里没有"IBM"这三个字母，因而让人对它产生"FUD"——害怕、不确定和怀疑。对个人来说，最合理的选择当然是已被市场中八成以上的消费者充分尝试、认可并且踏踏实实使用的品牌。因此我最终选择了一台 IBM 克隆机。

很难让人相信，一台基本款的台式计算机竟然昂贵到我不得不去申请银行贷款。1985 年的 5000 美元可能比今天的 11 000 美元还多点，这还仅仅是为了满足一个穷姑娘的奢望：一台 Zenith 公司生产的 IBM 克隆机。Zenith 是诸多努力想在台式机市场分一小杯羹的电子公司之一。

Zenith 的口号是"质量先行，名必随之"，不过一般人只知道这是一家生产收音机和电视机的公司。他们的个人计算机虽没有 IBM 那么贵，但显然也不便宜，此外还得算上送针式打印机和软件的成本。我测算了一下我的现金流，发现我需要贷款，当然我也知道自己在一年内就能还清这笔钱。

1984 年苹果 Macintosh 的广告

乔治·奥威尔的反乌托邦小说《1984》让人们对 1984 这个年份印象深刻。乔布斯充分利用了这个时代思潮，以广告的形式将苹果打造成一个女武神瓦尔基里（Valkyrie）般的奔跑者，她狠狠砸烂了一个控制他人思想的独裁者的脸，其含义不言而喻：Macintosh 是为创造者和拒绝墨守成规者创造的。与之相反，IBM 是为工蜂一样的劳动者创造的。这则广告的文案出自广告公司 Chiat/Day 的文案创作人史蒂夫·海登（Steve Hayden）之手，广告片则由《银翼杀手》的导演雷德利·斯科特亲自执导。它只在第 18 届"超级碗"比赛期间播出过一次，就被《广告时代》（Advertising Age）杂志宣布为有史以来最好的电视商业广告。除了为 Macintosh 造势之外，这部"1984"电视广告片也为"超级碗"比赛带来了一个趋势，即在比赛期间推出史诗般宏伟而富有创意（并且极其昂贵）的商业广告，而且广告本身产生的吸引力能与橄榄球赛事本身媲美。

正是为了这笔钱，我才在 1985 年再次走进银行，被那个表情阴郁、眼睛泛红、眼神黏腻的贷款经理盯得额头冒汗。

他对着我的申请表研读了一番，再抬头看看我，不信任地摇摇头，在他的哈里斯花呢西装上又洒下一阵暴风雪般的头皮屑。

"你有抵押物吗？"他透过双光眼镜盯着我问道。

我艰难地咽了口唾沫，不太清楚"抵押物"指什么。

"比如说？"

"寿险？汽车？投资？"

我摇摇头。这三样东西，我一样也没有。我也不想承认我最值钱的家当只是一辆十速自行车。

他又扫了一眼我的申请表："你没有信用记录，没有抵押物，却想要本金融机构借给你 5000 美元。"

他鼻子哼了一声，手往申请表上一拍："你看，要我批准你的贷款，唯一的办法是找别人提供抵押物，为你做联名担保。"

父亲接到我的请求，开车行驶了一百多英里，到多伦多来帮我做担保，倒也没说什么。母亲的表现可就不一样了。虽然在我放弃斯通＆阿德勒公司的专职工作时，她也为我担过心，但她看到最小的女儿能像《玛丽·泰勒·摩尔秀》(*Mary Tyler Moore Show*)[1]里面的角色那样自立自强，还是满心骄傲的。我在电话里复述和贷款经理之间的谈话时，听到她平静地发出一声低沉的咆哮，就跟电动打字机开机时发出的声响一样。

老爸老妈按约定的时间出现在市中心那家分行。花呢西装头皮屑先生对他们相当礼貌，甚至有几分谄媚。他可能有些惊奇，我竟然真能找到为我做担保的人，而且我的担保人看上去一点也不像从后街黑巷子里临时拉出来的。

老爸的态度客气而疏离。老妈盯着花呢西装头皮屑先生，一言不发。直到她在我的申请表上老爸的名字后面签上自己的名字之后，她才站起身来，居高临下地看着花呢西装先生说："我女儿只是想要自己创业而已，你们到底是为什么要把她的生活搞得这么艰难？我很不喜欢你的态度。"

那人根本来不及搭腔，老妈紧接着又补了一句，还是用两种语言。我们离开办公室时，没有握手道别，也没听他说"一路顺利！"。

我在一年之内就还清了贷款。一年后，我重返那家分行，发现花呢西装头皮屑先生已经被一位年轻可爱的女士取代。她很热情地接待我，问我是否需要帮忙。但是，为时已晚。我早已把所有银行账户都转到了他们的竞争对手那里。（我后来一直在那家银行办理我的业务，包括进行投资、设置商业信用额度、为我的孩子们开立教育储蓄账户、申请按揭贷款等。）

我想，当初那个贷款经理哪怕是个机器人，也会对我好一点。1985 年的时候，虽然那位花呢西装头皮屑先生很可能只是在根据银行的规定行事，但我敢打赌，他还是

1　1970—1977 年在美国风靡一时的电视剧。它告诉女性如何在光怪陆离的大都市中发现自己、爱自己。

有一定的自主决定权，可以自行做一些判断。我有点疑心，如果你有足够的口才，或者碰巧跟贷款经理是大学校友，或者你兄弟的女朋友的父亲是他的高中足球教练，又或者你跟他打情骂俏地暗示，只要他在那些文件上签上字，你会很乐意跟他约会，来一点小小的"后信托"亲热，他说不定就肯屈尊批准这笔贷款，还会省略掉那些烦人的小细节，比如抵押物什么的。换个角度说，如果你让他想起了他那个叛逆的女儿，或者他正好宿醉未醒，或者他不相信一名二十多岁的女性能经营一个生意，或者他注意到你的名字竟然是元音结尾——彻底暴露出你的家庭很可能是从南欧某国移民来的，或者仅仅因为他看你不顺眼，他可能就会故意把过程弄得很不愉快。

而人工智能根本不会有诸如此类的偏见。作为一个"算法"，它会知道：（1）我才开始工作没多久；但是（2）我刚刚成立了自己的公司，拥有良好的资产负债表，还拥有一个大学文凭；并且（3）我无负债，连高额的学生贷款都没有。我唯一借过的钱就是我信用卡上的花销，但我每个月必定偿清。此外还有，（4）我是一名女性，这意味着，从统计学上看，我更不太可能破产，因为在开设（和运营）小企业方面，女性比男性的记录更好。综上所述，一个"算法"会很机智地得出结论：我可以开设自己的广告公司，启动一个投资方案，买一辆车——嗯，说不定哪天我就会向他们申请按揭贷款！总之，我是一个值得争取的、投资必能有回报的潜在对象，虽然我穿着化纤布料的裙子和莱格斯连裤袜。况且我当时申请的贷款金额，即使在1985年，对一家银行来说，也不过是很小的一笔钱。

如果当时接待我的是人工智能，它也许会把我的贷款利率提高那么一丁点，但免除提供抵押物的要求，当天就能把我打发到电脑城去，让我用5000美元的信用额度把它的远房表兄——台式计算机——请回家。

当然，它也可能不会这么做。"算法"也可能会跟花呢西装头皮屑先生站在一条战线上，判定我是一个高风险客户，要求我为贷款寻找联名担保人。但无论如何，它都不会对我的申请嗤之以鼻。人工智能了解客户忠诚度的价值，说不定还会免费送我一台烤面包机，以示银行对我这份业务的认可。

考虑到我还很年轻，人工智能也许会意识到，如果我在未来五十年内能变成他们的忠实客户，他们获得的收益至少是这笔贷款的百倍，可能还远远不止。

唉，可惜，当时并没有一个拥有哈尔那般迷人嗓音的银行机器人走过来拯救我，给我一个干脆痛快的批准和 / 或一片镇静剂。那是 1985 年，根本不可能发生这样的事。何况，人工智能的严冬即将到来。

大多数人从来没有听说过"AI 之冬"（the AI Winter），但如果你现在对某位人工智能科学家或机器人专家提及这个词，他们会叹口气，露出悲伤的表情，令你不禁回想起弗罗多和山姆穿越魔多时痛苦的面容。

《银翼杀手》（1982 年）

这部电影推出的时间恰好是在第一次"AI 之冬"行将结束、个人计算机开始普及的时候。它是导演雷德利·斯科特根据菲利普·K. 迪克的小说《仿生人会梦见电子羊吗？》（*Do Androids Dream of Electric Sheep?*）拍摄的一部黑色电影，能让我们一睹过去的人是如何展望我们现已抵达的"未来"的：2019 年，绝大多数人将生活在外太空殖民地，而被称为"复制人"的仿生人奴隶从外太空殖民地潜回地球，寻求办法延长它们被内部程序设定好的寿命。由鲁特格尔·哈尔和达丽尔·汉纳扮演的超级强大（却十分孩子气）的复制人看上去那么像人类，连沃特－康普（Voigt-Kampf）心理测试都无法将它们甄别出来。除了复制人之外，电影里还出现了个人计算机，很像 1981 年出售的机型，还有未来主义风格的飞行汽车，如同我们通常概念中的那种。哈里森·福特在被酸雨浇淋之下居然还在阅读印刷的报纸。电影里的洛杉矶没完没了地下雨，并且更具亚洲风情，而非拉丁世界。过去的人们对未来有那么多千奇百怪的误会，我们现在拍的未来主义电影毫无疑问也同样如此。当然，没有多少电影能如《银翼杀手》那样长久不衰，它被称为有史以来最伟大的科幻电影。（对《星球大战》真得说声抱歉！）

"AI 之冬"来而复去，去而又归，时间跨度长达 20 年，先是从 20 世纪 70 年代后半期横跨到 80 年代初，接着从 80 年代中期开始再次笼罩科技行业，直到 90 年代中期。

这些年里，人工智能研究实际上处于停滞状态。正因为此，我们到现在还没能拥有阿西莫夫曾预言的到 21 世纪初就该出现的机器人。关于为什么人们对机器人的热情会突然降到冰点这个问题，如果你想要一个简明扼要的解释，我会引用一句经常被人挂在嘴边的话来答复你。电影《谋杀绿脚趾》里面有言：一切跟钱走。

在机器人和人工智能研究领域，从一开始，私人和公募基金的投资方向就是致力于在自动化方面实现重大突破。美国国防高级研究计划局（DARPA）是最大的投资人，它是美国军方成立的研究机构——在"斯普特尼克号"让美国人大吃一惊之后。我在第二章讲述的那个移动机器人"夏凯"就得到了 DARPA 的赞助，因为他们看到了机器人的潜力，认为有望开发出高级机器人来担任军事哨兵或宇航员。然而到了 1975 年左右，风向突然变了，简单概括一下大概是这样：在投资了即便没有数十亿也有数百万美元之后，DARPA 和其他投资者终于对人工智能的发展潜力失去了信心，他们认为实在无望实现这个远大抱负，也没法获得足以改变局面的突破性进展（如今我们用"登月"这个词来形容这种重大突破）。在吹得天花乱坠的美好前景和令人蹙眉心碎的实际结果之间，是一条越来越宽的鸿沟，人工智能和机器人研究深陷其中，无法自拔。人们（包括一些大人物在内）普遍低估了创造出一个会走动、能思考、能视物、由人工智能驱动的机器人所需要的时间，他们在 20 世纪 60 年代末就声称能在十年之内实现这个目标。然而直到 20 世纪 70 年代中期，在解决问题的能力、视物或走动等方面，夏凯这样的机器人仍然未能展示出与人类相近的能力，于是人们对人工智能的信心开始崩塌。尽管科技界一直在稳步前进，投资人却没有了耐心，也失去了希望：既然很难指望在几十年内造出完全实用的机器人和足够智能的人工智能系统，对于这样的科研，他们不愿意再继续掏钱了。

美好承诺和实际收获之间能有这么大的差距，主要原因之一在于缺乏强大的运算性能的支持。人工智能的研究者借助摩尔定律做出了正确的推断：随着时间的推移，他们可以利用的运算性能会越来越强大。但是，直到 20 世纪 80 年代，计算机的运算性能仍然不足以让他们创造出像哈尔一样聪明的人工智能。

还有一个因素也许是时机不对。不知你是否同我一样清楚地记得 20 世纪 70 年代末经济上的那种"奄奄一息",或者你在《70 年代秀》(*That '70s Show*)[1]里刚刚听说过那段历史。那是一段需要勒紧裤腰带的时光,催生了一个新词叫"滞胀"(stagflation)——在经济停滞的同时疯狂地通货膨胀,还伴随着大面积失业,利润下跌,个人收入滞塞,利率猛涨。更糟糕的是,掩藏在经济的愁云惨雾之下的是石油危机和伊朗人质危机带来的政治震荡。20 世纪 70 年代是出产灾难影片的年代,这并非单纯的巧合——就像 20 世纪 50 年代的人们热衷于硕大的原子能辐射改良番茄一样,20 世纪 70 年代的大众文化里充斥着连续不断的轻度妄想狂。

捂紧钱袋的后果之一,便是那个十年成了太空项目大幅削减的十年。好吧,你已经登上月球好几次了,习惯了坐在沙滩车上兜兜风,打打高尔夫球,拍几张以深黑太空为背景的蓝色大理石般的地球的标志性照片,从月球上运回大量岩石……这一切之后,你还能弄点什么别的事情做做,取悦一下那些回到地球老家的家伙呢?

随着投资大幅削减和公众对登月的热情退潮,NASA 取消了第 18、19、20 号阿波罗登月任务,集中精力发射天空实验室(Skylab)的太空站。天空实验室自 1973 年发射上天之后,技术问题就层出不穷,最终如预计的那样,于 1979 年 7 月缓慢落回地球。虽然并非每天都会有太空站从天而降,但这次的坠落似乎透出某种不祥之兆。

跟建造金字塔一样,太空探索其实需要人们将其设定为超长期的目标,并为之投入大量的精力。人工智能和机器人研究也是如此。在短期思维占据人心的情况下,个人计算机看上去前景光明得多。

第一个"AI 之冬"自 1980 年开始解冻,这要部分归功于里根总统的"星球大战"战略防御计划。到 1986 年,美国已启动了 40 个项目,力求实现人工智能的商业化。计算语言学家杰瑞·卡普兰(他的人生轨迹是自他在 1968 年夏天把《2001:太空漫游》这部电影一口气看了 6 遍之后开始转变的)写了一个程序,让用户可以用人类的自然语言向人工智能提问。(在 1980 年的圣诞节假期,他在一台 Apple Ⅱ 个人计算机上捣鼓

1　美国福克斯广播公司(Fox)制作的一部情景喜剧,于 1998—2006 年播出。该剧也是福克斯广播公司迄今为止最为成功的情景喜剧之一。

出了这项丰功伟绩。）在此基础上，卡普兰与别人合作成立了 TeKnowledge 公司，其目标是提供能进行自主决策的人工智能系统，它具备人类业务专家那样的决策能力。他们的工作流程是：对不同领域的专家进行精细的高强度采访；建立数据库将他们的知识储存起来；完全参照专家处理专业问题的方式，写出一个以问题和逻辑为基础的计算机程序；最终创造出一个被称为"专家系统"的产品。你可以把他们的工作看成是在试图复制公司的 CEO 和财务专家的大脑。回想一下《飞出个未来》里那些装在瓶子里的脑袋，你就能有个大致的概念了。TeKnowledge 公司的 CEO 宣布，用户如果使用专家系统，就不必再高价聘用人才，从而能"每年节约 1 个亿"。

Teknowledge 的投资人绝大多数是财力雄厚的风险投资公司。专家系统赖以运转的工作站每台价值 1.7 万美元，整套安装成本则需 5 万 ~10 万美元。但是根据《纽约时报》的科技记者约翰·马科夫的报道，卡普兰心知肚明，这套昂贵的 TeKnowledge 软件很可能在一台个人计算机上就能运行得很好，而且他也确实写了一个可以在个人计算机上运行的专家知识程序，同样是在圣诞节假期完成的。（马科夫含蓄地指出，卡普兰"不占大股"。）仅在一两周的时间里，卡普兰就创造出了一个可以运行专家系统的产品——当然专家系统从来也没完全达到公司宣传的效果——其售价只要 80 美元，而不是均价显示的 8 万美元。尽管 TeKnowledge 看到了这个新产品的价值，但他们所不乐意的是，这个新产品从根本上破坏了公司的商业计划。于是卡普兰离开了。

随后，卡普兰加入了莲花公司（Lotus Development Corporation），在那儿他协助开发出了帮助个人计算机用户管理信息的数据库系统 Lotus Agenda。

在商业机会的诱惑下，许多像卡普兰这样的人工智能科学家都掉转船头，投身到计算机编程中，这个领域有时被称为智能增强。对某些人来说，这甚至意味着伦理上的抉择。

人工智能和智能增强各自真诚的信徒之间有一种近乎蔑视的敌意，这种敌意可以追溯到计算机时代到来之际诺伯特·维纳写的《控制论》。在智能增强的世界里，人类是掌控者，而计算机只是工具，用来帮助人类增长知识、精进技能，不会完全取代人类。这就像 PC 杂志的出版人所形容的那样，他感到个人计算机给他装上了"外挂大脑"。

另外，人工智能的研究者却坚持，真正了不起的创举是实现完全自动化的人工智能和技能，并把它们植入系统，代替人类工作。无论是送货无人机、工业机器人，还是无人驾驶汽车，莫不如此。（不过前面说过，今天的人工智能开发者强调他们的目标是让人工智能协助人类，和人类并肩工作，把人类从危险或重复的工作中解放出来。尽管人们有种种雄心抱负，比如在不用亮灯的工厂里生产产品，用无人驾驶的卡车把产品送入市场，用自动化的仓库储存产品，但原本存在分歧的人工智能和智能增强的研发目标在某种意义上正越来越趋向彼此交融。）

"SCMODS"：《福禄双霸天》(The Blues Brothers，1980 年)

当 Bluesmobile 因为闯红灯被命令靠边停车时，艾尔伍德（丹·阿克罗伊德饰）对杰克（约翰·贝鲁西饰）咕哝："我打赌这些条子查过 SCMODS——州郡市犯罪数据系统。"这个系统基于移动数据终端构建，它不是一台个人计算机，而是一个与警察局的主机相连的车载"哑终端"。SCMODS 确认艾尔伍德持有可疑驾照和 56 条违章驾驶记录，并在显示屏上闪烁指令**"逮捕司机—扣留车辆"**，于是引发了电影史上最伟大的飙车片段之一。

现代个人计算机的发展还有着童话般的色彩。IBM 在硅谷被公认是"白雪公主"，而比它小得多的竞争对手被称为"七个小矮人"。IBM 的成功至少部分归功于它一本正经、保守严肃的业务风格，因为这样能让客户感觉安全可靠。IBM 的员工必须遵守一套严苛的着装法则，永远是白衬衣、黑西装。他们甚至还有一本公司歌曲簿。

截至 1955 年，全世界大约有 250 台计算机，每台价值百万美元。这些庞然大物往往要占据一座小型房屋的整层楼面空间，还频繁死机，故障原因常常在于它们的内部凹槽成了飞蛾温暖舒服的小巢。这个问题还催生了一个新的术语：computer bug（计算机故障）。

　　到了 20 世纪 50 年代后期，计算机内部的各种电子管被晶体管取代。晶体管比电子管小很多，性能也更加可靠，因而计算机在运转速度大大加快的同时，更加稳定，体积也大大缩小了。只要你乐意，你就可以弄一台主机放在你家客房里。

　　依据摩尔定律的预言，计算机会随着时间的推移变得越来越小、越来越快，其性能也会越来越强大。果然不出所料，到 20 世纪 60 年代末，某些计算机已经缩到了冰箱大小，人们给它们起了个绰号——"迷你计算机"（或微型计算机）。这个称呼还带动时装界使用"迷你"和"微型迷你裙"这样的字眼。DEC 公司成了"迷你计算机界的IBM"，到 1974 年时，其年销售额已达 10 亿美元。他们继续研制越来越小的计算机。早在 1973 年，他们实际上已经开发出了接近个人计算机大小的计算机，但是他们没有意识到这些工作的重要性，也没想到投资它来赚大钱。后来还有另外一家公司重蹈覆辙。计算机科学家直到现在仍不时提起这家公司，语调中充满怀念之情，仿佛在追思亚瑟王的城堡或沉没在大西洋底的神秘岛屿亚特兰蒂斯。这家公司名叫施乐帕洛阿尔托研究中心（Xerox Palo Alto Research Centre），它还有个更广为人知的简称——Xerox PARC（施乐帕克研究中心）。它是一个科技孵化企业，那里聚满了天才、高手和极富远见者。他们不断构想出（或是优化）绝妙的，当然也是最富有吸引力的个人计算机理念，包括采用窗口和图标的图形用户界面（Graphical User Interface，GUI）[1]，以及一种叫作"鼠标"的装置。

　　1968 年，科技先驱道格拉斯·恩格尔巴特（Douglas Engelbart）在一次于旧金山举办的计算机会议上首次演示了他发明的这个装置——用一块木头抠出来的世界上第一只鼠标。他的演示震撼了全场，那次演示后来也被称为"演示之母"。恩格尔巴特使用鼠标从文档上的一个位置直接跳到另一个位置、在文档之间切换、展开和折叠文字菜单——要知道当时的科技水平还只限于用电动打字设备往计算机中输入命令！观众全都目瞪口呆。然而事后观众并没有冲进他们的实验室一探究竟，研究怎么使用鼠标，他们只是异口同声地惊叹了一声"哇！真酷！"，转头就把它忘掉了。只有一个人例外，他就是艾伦·凯（Alan Kay）。他见证了 1968 年的演示，后来成了施乐帕克的技术负责人。

———————————

[1] 也可称为"Gooey"，这是将 GUI 当成一个单词来读的音。

在 20 世纪 70 年代，作为计算机巨人 IBM 的竞争对手之一，施乐将自己定位在"七个小矮人"之列。施乐的总部位于纽约罗切斯特，不过公司的研发团队认为最好把新的研发基地建在离总部远远的地方，这样他们招募来的那些才华横溢的年轻极客和黑客就能充分发挥聪明才智，不用受那些烦人的经理压制。

说到这里，你可能会产生一个疑问，为什么最有名气的个人计算机不是"施乐牌"？答案很简单：施乐对开发商业化产品不感兴趣。他们创造出了传奇性的、很像笔记本电脑的个人计算机 Alto，他们也创造了计算机语言 Smalltalk。这两者都堪称天才佳作，却从来没有变成商业化产品。

此外还有一个未必真实的传闻：帕克与位于罗切斯特的母公司之间的距离实在太远，这意味着负责开支票的高管从未参与过这些伟大创意的审批过程。看来他们也从未理解这些创意的伟大意义，除非某个创意能直接对他们的复印机业务产生影响。

施乐帕克真正做到的事情，就是将一些种子孵化，催到半熟，便让它们随风飘走，撒遍硅谷。这些种子就在那里落地生根，长成像苹果那样的公司。

1979 年，史蒂夫·乔布斯访问了施乐帕克。作为接受施乐投资苹果 100 万美元的交换条件，乔布斯提出让他们"解开和服"，好让他一睹为快，领略一番那些科技尤物的美丽风情。根据乔布斯传记中所述，"乔布斯兴奋得蹦来蹦去，激动万分地挥舞着胳膊……（他）不停地唠叨，不敢相信施乐公司竟然没有把技术商业化。'你们坐在一个金矿上面！'他大声嚷嚷"，听上去像童话故事里一个聪明的主角一边絮絮叨叨，一边走进一个被严密把守的、装满了私密宝藏的城堡内室。故事里唯一缺少的就是一只独角兽了。最终，乔布斯把施乐帕克没能变成金钱的魔法尽可能多地融入了 Macintosh。

要想搞懂计算机的体积是怎么从冰箱大小缩小到只有电话簿那么大的，我们得拐个弯，先去英特尔溜一圈。1969 年，马西安·"台德"·霍夫（Marcian "Ted" Hoff）被要求为一款日本制造的便携式计算器开发芯片——计算器曾在高科技产品制造业占据重要地位，尽管只有短短几年。霍夫不愿意委屈他的微处理芯片，让它只能局限于帮人们做做算术，或是玩玩用数字构成的字母拼出"HELLO"这样的小把戏——那时候人们把计算器当成玩物，想出了许多有趣的玩法，这是其中之一。霍夫坚持要为计算机而不仅仅是为计算器开发微处理芯片，这非但令他的美国老板深感困惑，连他的日本客户也迷惑不解。幸运的是，他们都足够聪明，意识到霍夫正在做一件很棒的事。正是由于霍夫坚持要物超所值，1971年，Intel 4004计算机芯片诞生了。现在，计算机终于变成这么小，真的能放在书桌上使用了！

20世纪50年代军用计算机被回收用于影视场景设计

从20世纪60年代末开始，许多电影和电视节目里频繁出现一台体形硕大的退役军用计算机IBM AN/FSQ-7，它的任务是扮演通用计算机。IBM AN/FSQ-7最早是为跟踪并拦截敌方轰炸机而制造的，后来它陆续在《天堂执法者》（*Hawaii Five-0*，1969年）、《傻瓜大闹科学城》（1973年）、《神探科伦坡》（1975年）、《太空堡垒卡拉狄加》（1979年），以及许许多多其他影视中亮相，其中还包括在《王牌大贱谍3》（2002年）中充当邪恶博士（Dr. Evil）的潜艇巢穴。这台计算机频繁的"客串亮相"给人们留下了一个印象：计算机就应该长这个样子——足有一间房子大小的巨型金属箱，上面布满了仪表和闪烁的指示灯。实际上，和20世纪60年代末DEC公司的迷你计算机相比，或者和20世纪70年代初开始出现的早期个人计算机（比如Altair和Apple Ⅰ）相比，AN/FSQ-7简直就是一头恐龙。

第一台使用芯片的个人计算机Altair 8800不是"白雪公主"开发出来的，也不是"七个小矮人"开发出来的。这家公司非常小，名叫微仪系统家用电子公司（Micro Instrumentation Telemetry Systems，MITS），位于美国新墨西哥州的阿尔布开克。该公司的老板爱德华·罗伯茨（Edward Roberts）曾经是一名空军军官。MITS公司成立之初的主要业务是以邮购方式销售飞机模型上用的无线电发射器，后来又转向制造计算器。他借用一个关了门的饭馆开了一个路边店。饭馆的名字叫"魔力三明治商店"，这个店标直到现在还挂在商店正面的墙上。

通过研发Altair，罗伯茨把他公司的电子技术推上了一个新台阶。"Altair"是一颗行星的名字[1]，《星际迷航》里的"进取号"飞船就拜访过这颗行星。公司为 Altair 设定的使用场景并不是在商务场合，而是在家中供那些"发烧友"使用。1971 年的时候，"发烧友"指的并不是那些沉迷于用胶水拼凑老式飞机或建造极其复杂的铁路模型的家伙，而是我们现在所称的"黑客"。他们痴迷于计算机不为别的，就是单纯出于热爱。外形小巧、成本低廉的 Altair 提供给他们的运算性能与 20 世纪 50 年代的庞然大物等同，价格却不到 700 美元。那时候 Altair 还没有任何应用程序，不过，它其实根本不用配备，黑客们会操心这件事的。

西雅图有一位年轻的黑客，名叫比尔·盖茨。当他还是一个 16 岁的高中生时，DEC 就雇用他为公司的迷你计算机查找程序故障。根据一本科技史所述，盖茨"只要在一个终端上敲出 14 个字符，就能让整个 [DEC]TOPS-10 操作系统对他屈膝称臣"。盖茨和他的伙伴保罗·艾伦一起写出了可用于 Altair 的 BASIC 程序，这是他们两个人合伙成立公司后做成的第一单生意。他们把自己的公司命名为"微型软件"（Micro-Soft）[2]。

一群特殊的发烧友抓住了价格低廉、体积小巧，而功能强大的 Altair 带来的机会。从 1975 年起，他们聚在一起，交流互通关于迷你计算机的信息和创意，造出酷炫的玩物相互显摆。他们自称为"家酿计算机俱乐部"（Homebrew Computer Club）。这是一个松散的联盟，成员受 20 世纪 60 年代旧金山反主流文化的影响，自诩为颠覆分子，并且相信计算机业要民主化，或者，用他们自己的话说，要"为人民造计算机"。他们钻研计算机，无心追逐利润，而纯粹是为了乐趣。

根据俱乐部成员史蒂夫·沃兹尼亚克（Steve Wozniak）的说法，"俱乐部的主题是'助人为乐'。苹果的 Apple I 和 Apple II 都是严格基于业余爱好而设计的，只是为了满足兴趣，无意成为一家公司的产品。把它们变成实物，只是为了在俱乐部不定时的'体验期'把它们带过来，放在桌子上，显摆一番——看！它用的芯片特别少哦！它有一个显示

---

1 即牵牛星。

2 英文旧称有连字符，故中文译为全名，以区分后来的标准名称"微软"。

屏！你可以在上面打字！那时，个人计算机的键盘和显示屏还很不完善，所以我们对着俱乐部的其他成员大炫特炫。Apple I 的原理图被随意传看，我甚至还直接到别人家里去，帮他们组装一台自己的计算机"。

后来，俱乐部的成员从 30 名发展到 100 多名，他们中的绝大多数都是来自硅谷各大公司的技术人士。沃兹尼亚克在惠普公司任工程师，而另一个发烧友，也就是沃兹尼亚克的高中好友史蒂夫·乔布斯，当时在电子游戏公司雅达利（Atari）上班。这家公司是电子游戏《乓》（Pong）和《太空侵略者》（Space Invaders）的出品人。乔布斯经常在夜里把沃兹尼亚克偷偷带进雅达利的工厂，不需要投游戏币就能痛痛快快地玩游戏。他们从玩游戏的两台机器上渐渐领悟出个人计算机应当长什么模样。

沃兹尼亚克写过，就游戏而言，"你需要声音——球击中砖块的时候，'乓！'；丢球的时候，'呃——'……所以我加了一个扬声器……这些后来都成了个人计算机的基本配置，那个时候就琢磨出来了。我们并不是第一个给计算机配备键盘和视频输出的，不过我们紧随其后……我们做出了第一个内置盒式端口，这样你就能用便宜的盒式记录器装载和储存程序。实际上我们那时就已经开始为后来人们所知的低成本个人计算机配置奠定标准了"。

对于沃兹尼亚克和乔布斯来说，这种在 1975 年搞出来、一开始只为了在俱乐部里显摆给别人看的东西，很快变成了严肃认真的业务。乔布斯想要开一家和雅达利一样成功的公司，于是不断对着沃兹尼亚克唠叨，让他放弃在惠普的全职工作。苹果成立之初，曾有一家广告公司建议他们把公司名字改得高科技味儿浓一点，他们拒绝了。想想 IBM 后来花了多少广告费，借助"小流浪汉"来打造亲民的形象，苹果坚持采用这个被沃兹尼亚克评价为"友好、健康、有个性"的名称，这一举动实在太英明了。

从家酿计算机俱乐部成立起不到十年的时间里，乔布斯就让第一台苹果 Macintosh 诞生到了这个世界上。在发布会上，他用计算机图形拼出草书体的"insanely good computers"（"好得发疯的计算机"），震撼了全场观众。Mac 还用机械化的声音（现在听起来跟斯蒂芬·霍金的合成语音惊人相似）进一步介绍乔布斯是"那个对我来说如父亲一般的人"。

奇怪的是，尽管苹果和 IBM 5150 一样同属个人计算机，"PC"这个缩略语却很快成了IBM品牌的专属名词，后来又被用来称呼任何使用MS DOS操作系统的台式计算机。苹果的台式机从1984年第一台Macintosh面世起就以"Mac"为名，因而最终形成了"Mac vs PC"的阵势。

IBM PC是在1981年推出的。IBM当时组建了一支12人团队，火烧火燎又神神秘秘地忙碌了一阵子，终于以破纪录的速度推出了IBM品牌的个人计算机，加装的是比尔·盖茨的微软公司编写的操作系统PC DOS（在IBM以外的其他品牌计算机上则称为MS DOS）。微软那时已去掉了英文名称Micro–Soft中间的连字符，变成了Microsoft。根据盖茨的说法，开发一款新的IBM产品通常至少需要4年的时间，但由于市场上已经涌现出Apple Ⅱ，"七个小矮人"也在市场上推出了许多不同型号的个人计算机，IBM明白，自己必须迅速行动才能保持竞争力。有一本书名叫《硅谷之火：个人计算机的生与死》（ *Fire in the Valley: The Birth and Death of the Personal Computer* ），讲述了个人计算机的诞生和发展史。书中提到IBM当时推出的机器是这样的：

> ……立足于当时的行业来看，它平平无奇……（Sol和Osborne个人计算机的）发明者李·费尔森斯坦（Lee Felsenstein）弄到了一台IBM首批供货的个人计算机，在家酿计算机俱乐部的一次聚会上把它打开。"我很吃惊，因为我发现里面的芯片我都认识。"他说，"那里面没有我不认识的芯片……IBM一直固守自己的王国，然而这次他们竟然用一般人都能弄到的零部件来搭建产品。"

IBM推出的首批个人计算机虽然毫无创意可言，但它仍然颠覆了市场。原因很简单：它是IBM。这个品牌本身就象征着稳如磐石的可靠性。它一出现，那些不懂技术的普通消费者手上的产品选购目录立马就变了。它也为软件开发者们提供了机会，这些人写出了无数可以在新系统上运行的应用程序。苹果公司在1981年做了一个广告，打出大字标题："欢迎IBM。这可是认真的"。这仿佛是为了提醒那些想买个人计算机的消费者——别忘了，Apple Ⅱ才是头一个推向市场的产品哦！

在"AI之冬"出现的另外两项技术也值得一提。其中之一是不太起眼的银行自动取款机（ATM）。如今，人们几乎已经忘记了，ATM 是最先被计算机化的一种日用设备，并且绝大多数人都使用过。

现在提到 ATM，我们已经不会再把它看成什么高科技的突破性产品了，但在我自己列出的清单上，它是"1956—1986 年最伟大的发明"之一。如果你认为这太夸张了，我不妨邀请你和我一起乘上时光机，回到 1976 年前后，在某个银行的分行门口排一次漫无尽头的长队，只为兑现一张支票。整个午饭时间，你都得站在队伍里傻等。你说，要么下班后再来？祝你好运！ 20 世纪 70 年代的银行基本上都是上午 10 点才开门，下午 3 点就打烊了。在那个年代，银行里只有书写潦草的存款单、饱受挫折的顾客、暴躁而且任性的柜员——他们固执地拒绝兑现你的支票，仅仅因为他们有这个权利。那时的个人服务真的是太糟糕了，而且极不方便。

第一台 ATM 是于 1960 年推出的 Bankograph。不过，人们不信任它，哪怕它能吐出一张存款单的打印照片作为收条。按 Bankograph 的发明者卢瑟·西米扬（Luther Simjian）的说法："只有妓女和赌棍肯碰这种机器，因为他们不想与柜员面对面。可是他们人数又不够多，不足以让人看到这种机器的投资价值。"

ATM 一直没能引起人们的注意，直到 1977 年，纽约遭遇了一场"完美风暴"[1]。这场风暴确实"完美"。当时，花旗银行刚刚投资了 1 亿美元，在整个纽约市安装 ATM；与此同时，一场超大的暴风雪往纽约全城倾注了足有 17 英寸[2] 厚的雪，让整个城市（包括银行）关门停运了好几天。纽约人不得不鼓起勇气，顶风冒雪走上街头，从 ATM 里取钱。没想到，花旗银行的无心插柳竟成了一个相当绝妙的公关契机，因为它向人们凸显了一个事实：你现在随时都能取到钱，根本不用关心银行什么时候开门，也不用再去搭理那些态度恶劣的柜员了。银行的广告公司借势充分发挥，打出大幅广告标语："花旗从不睡觉"（Citi Never Sleeps），还配上了纽约人在暴风雪中艰难跋涉的照片。

1　完美风暴（the Perfect Storm），指 1991 年美国天气系统未能及时预报的一场大风暴，它曾在美国东北部引发了一场特大暴雨。后成为商界和金融市场常用的一个词，指由于不寻常的情况组合而导致的极端结果。

2　1 英寸为 2.54 厘米。——编者注另外一项新技术出现于 20 世纪 80 年代，几经进化，现已成为人工智能领域的一名主角，它就是移动电话。手持电话技术的出现距今已有几十年，原型机早在 1973 年就由摩托罗拉开发出来了。我们现在熟悉的"手机"，从前被叫作"蜂窝电话"，因为它使用蜂窝技术传输信号，最早于 1983 年在美国出现，当时只作为车载电话使用。

蜂窝电话在我的广告文案写手生涯中扮演过重要角色。我的第一单生意，就是为第一个在加拿大销售的蜂窝电话网络编制一套直邮方案。这是那个曾经对我的腿妄发议论的奥美公司创意总监给我的美差。尽管他是个搞性别歧视的混账，不过作为客户还算不错。

和个人计算机一样，我在真正拥有一部蜂窝电话之前，已经写了好几年关于蜂窝电话的广告。等到 iPhone 和其他智能手机大量涌现时，又已经过去了几十年。用卡内基梅隆大学的机器人学教授克里斯·阿特克森（Chris Atkeson）的话来说，"智能手机就相当于机器人的头，我们现在正试着给它装上胳膊和腿"。在本书的第七章中，我们还会提到这位教授。

在回到机器人和人工智能的世界之前，我们还是再去看一眼 1986 年的我。那次银行贷款到手以后，我去买下了属于自己的 Zenith PC，结果发现它完全是一颗酸柠檬 [1]。它频繁崩溃，逼得我一趟又一趟跑去店里送修，最后干脆换了一台。

过了不到一年，我又有了一台 Macintosh Plus。对我来说这是必需品，因为我要直接与平面设计师一起工作，而他们早已全部从手工设计转向了 Mac。那时，Mac 和 PC 尚不兼容，我得同时配备两个系统，以便应对不同的合作伙伴。

转而使用 Macintosh 的时候，我的生活也恰好发生了转折。我和男友罗恩结婚了，还有了一个宝宝，并且把家搬到了北极分水岭以北的一个淘金小镇，位于多伦多往北大约 500 英里的地方。但我继续做自由职业，我的主要客户分布在多伦多、蒙特利尔和旧金山。在那个时代，像我这样的普通人还没有机会接触互联网或电子邮件。我通

1　"柠檬"在英语俚语中指令人不满意的东西，尤其是机器或产品。

过一只"猫"（modem，调制解调器）向客户交付作品，还和安大略东北部唯一的理光传真机修理工建立了业务往来。安大略东北部是一片广袤的荒原，面积足有得克萨斯和蒙大拿两个州加一块儿那么大。我们镇上的苹果经销店给自己取名"银翼杀手"，因为店主还有一个副业是卖猎刀。1994 年，我们搬回了多伦多，恰好是在万维网、电子邮件和 Windows 95 操作系统已经或即将进入社会生活的时候。

那时，个人计算机已经成了普通商品，而 IBM 也只是市场上众多基于 Windows 操作系统的个人计算机品牌之一。消费者对技术本身已深感放心，不再依赖 IBM 品牌提供的踏实感。短短几年内，个人计算机不仅完全改变了人们的工作环境，也改变了办公室以外的世界。被台式计算机取代的工作岗位不胜枚举，包括打字员、印刷工、信差，还有多琳那样的秘书。《时代周刊》曾保证会来的新世界，终于到来了。

2005 年，IBM 将其笔记本品牌 ThinkPad 生产线卖给了一家中国计算机制造商——联想（Lenovo），把这个领域拱手让给竞争对手，自己则再次投身于企业级系统的研制。经过这么些年，虽然 IBM 已不再是家喻户晓的个人计算机品牌，我还是经常会发现自己处于一片亚光黑的 ThinkPad 丛林中，因为我的企业客户对它热忱依旧；而我俨然《欲望都市》里的凯莉·布拉德肖，带着我高贵典雅的银色 MacBook Pro 置身其中，卓然不群。会议桌的两边宛如"玩创意的"和"玩数字的"两大部落在上演品牌忠诚度对抗赛。IBM 的人工智能系统"沃森"（Watson）现在是一个能玩竞技游戏的隐形大脑，它的颠覆意义可能比第一代 IBM PC 还要大，因为它让我们离一个新的梦想——能思考和学习的真正意义上的智能机器——更近了一步。

"小流浪汉"不再行走在我们当中，而"一个摩登时代的工具"[1]很久以前就被一个单词取代，这就是"THINK"（思考）——又回到了 IBM 早在 20 世纪五六十年代就写下的箴言。

我的书桌上放着一个老式的 IBM THINK 标志牌。当我在 Mac 上处理文字和图形时，它会让我想起 Mac 的创始人在 30 年前提出的一个口号：非同凡想（Think Different）。[2]

1　此为 IBM 早期的个人电脑广告语。
2　这是苹果公司在 1997—2002 年使用的广告语，其含义之一是与 IBM 想得不一样。

电子音乐（Electronica）、合成器音乐（Synth）和
科技流行音乐（TechnoPop）

20世纪八九十年代，在像机器人一般发声的电子流行音乐中，围绕计算机这个主题创作的歌曲越来越多。德国乐队 Kraftwerk 在1981年录制了专辑《计算机世界》（*Computerwelt*），其中包括《口袋计算器》（*Taschenrechner*）、《数字》（*Nummern*）、《家中计算机》（*Heimcomputer*）以及《计算更有趣》（*It's More Fun to Compute*）等歌曲。1978年，穿着黄色连体衣的工业朋克乐队 Devo 现身《周六夜现场》（*Saturday Night Live*），用生硬的机械风格重新演绎了滚石乐队的名曲 *Satisfaction*，听上去就像是一台计算机（或一个机器人）在演唱。托马斯·杜比（Thomas Dolby）在1982年发行的专辑《无线的黄金时代》（*The Golden Age of Wireless*）里最火的一首歌是复古朋克风的《她用科学蒙蔽了我的眼》（*She Blinded Me with Science*）。

第四章

棋逢对手

2018

比如我，就挺欢迎这位新的计算机霸主。

——在《危险边缘》IBM 挑战赛最后一轮的决赛中

肯·詹宁斯匆匆书写的答案

我已经在脸书（Facebook）上消磨了两个多钟头了，一直在玩我最喜欢的单词游戏。经常跟我一起玩的对手桑德拉迟迟没接下一步。真搞不懂，她智能手机、平板电脑、笔记本电脑一应俱全，还有什么必要离线。还好这款游戏应用考虑周到，设置了一个机器人专门陪落单的人玩。她不在的时候，我只好找机器人过过瘾。于是我把难度等级设置为"10"，选择美语字典，宣布开战。

　　开局第一步，我填"peeve"，得 14 分。机器人回应"wedgy"，得 30 分。我用一个 14 分的"berm"反击。出乎我的意料，机器人只弱弱地回应了一个"wows"，得 17 分。发现机器人很不明智地漏了一个三倍单词分机会给我之后，我抓紧时机拼了个"six"，得 30 分。机器人回敬我一个高达 44 分的"quarto"。我不甘落后，投机取巧地利用"quarto"里的字母"u"和"a"拼出"me""um"和"ae"，得到 22 分。

　　机器人施展算法能拿得出的最大本领进行回击，抠出一个在人类当中只有最孤僻的书呆子才会知道的单词"thecae"，得 28 分。到了这时候，我的思路就开始滑坡了。两个回合之后，机器人给了我致命一击，拼出一个"pennate"，得 28 分，我崩溃了。机器人走完了它的最后一步，用高出 72 分的成绩狠狠地羞辱了我。我几乎能看到它虚拟的脸蛋上扬扬得意的笑容。

　　机器人能即时搜检到所有标准词典中的每一个英语（以及好几种其他语言）单词。而我能仰仗的只有一颗人类的大脑，尽管受过高等教育的磨炼和单词游戏的训练，但也已饱受磨损——无数个周末的夜晚，我一边呷着黑品诺葡萄酒，一边任由斯普林斯汀（Springsteen）通过我那对在 20 世纪 70 年代已属极品的梅萨立体声音箱尽情轰炸我的脑袋。就像过去 20 年中在我的地下室里堆积起来的那些过时的 iMacs 和 MacBooks 一样，我脑子里的操作系统早已老旧不堪，我勉强才能将之启动。

　　但机器人也不会一直赢，偶尔我也能打败它，而且比它高出足足 100 分。这是怎么做到的呢？因为机器人在每个回合中都一成不变地挑选那些能得最高分的词，而忽略一个事实：它有时会为我创造三倍单词分的机会，让我轻松获得高分。机器人没有策略，没有直觉，没有灵魂。

　　然而，偶尔得来的胜利让我萌生了一个疑问：究竟是我戏弄了机器人，还是机器人在故意耍弄我呢？也许它只是时不时地输上几回，好让我产生在和真人玩的错觉？它的程序会不会正是这样安排的：它有时必须表现得像是没睡好、紧张不安，或者因为心爱的西高地白梗不舒服而心神不宁，就像我的朋友桑德拉平时表现的那样？

　　机器人不只是在跟我玩游戏，它同时还在学习，以认知我在压力下拼词能有多快、我在下午获得的分数是否会因大脑疲倦而下降，以及它需要连续打击我多少次我才肯举手投降。之后，它就能把从我这儿学到的东西用在别人身上。这很重要，因为人工智能只是算法，无法感知人类的处境。它们不是玩着"扭扭乐"或纸牌游戏长大的，也没有在玩"大富翁"的时候被姐姐连赢十次而大发脾气的经历。如果人工智能驱动的机器人将来要和我们一起工作和娱乐，它们就需要理解人类智能存在的恶习、怪癖、差距乃至力量。（啊，是的，我们的头脑的确还是有点力量的。）现在，人工智能认知我们的唯一渠道，正是我们消耗时间日益增多的地方——网络。游戏应用、社交媒体、YouTube 视频，这些都成了教人工智能"如何理解人类"的"傻瓜教程"。

　　与孩子们"寓教于乐"的方式相似，人工智能通过玩游戏帮助机器人获得在我们这个疯狂且变幻莫测的世界里畅通无阻的方法。有一个绝佳的地方可以让你看到这一切都在成真——匹兹堡，一个遍地是吊桥、油炸泡菜、优步（Uber）无人驾驶汽车的城市。这里有世界顶尖的机器人研究中心，甚至连机场都有一个机器人修理店。

　　我和老公罗恩一起去过这个地方。罗恩堪称我的第二双眼睛和耳朵。他带我拜访了卡内基梅隆大学机器人名人堂，还观看了一个名叫"冷扑大师"（Libratus）的机器人如何学会从骗局中挖掘真相，一举击溃 4 名职业扑克玩家。我们还在路上碰到了一辆在匹兹堡大学附近游来荡去的福特 Fusion[1]，它车顶的激光雷达（LIDAR）不停旋转，很像高特和克拉图所乘飞碟顶上的圆泡泡。令人沮丧的是，我们一次也没能坐上无人驾驶汽车。我们招来的每一辆优步车都有司机，说得更精准一点，都有女司机。实际上，无人驾驶的优步车都是有司机的，该州法律要求车内必须配备"安全司机"，以防汽车出现意外——届时必然需要一个碳基生命体接管汽车并提供援助。我向一位优步司机询问，她对无人驾驶汽车的看法如何。她嗤之以鼻："我永远也不会去坐那玩意儿。有一次，优步的老板到匹兹堡来，正好坐我的车，我对他说：'我猜你正想着让我失业。'他说：'至少十年内不会。'"

　　我说："卡内基梅隆大学的一个机器人专家告诉我们，他们到这儿来，是为了研究自动驾驶汽车怎么过桥，这是一个大问题。"

　　女司机又嗤了一声："这个城市除了桥就没别的。"

1　福特公司的一款汽车。2018 年推出的最新款标配 Co-Pilot360 驾驶辅助系统，更有盲点检测、自动紧急制动、车道保持以及自适应巡航控制等功能。

这确实是优步把它的先进技术中心（Advanced Technology Center）放在匹兹堡的一大原因。这个城市一共有446座桥（包括一座明黄色的吊桥，以这个城市的宠儿安迪·沃霍尔的名字命名），它们优雅地横跨在三条主要河流和诸多山谷沟壑之上，托起川流不息的车流。对自动驾驶汽车来说，匹兹堡看上去一定像一盘巨大的吃豆子游戏，不过它们要学会的不是如何机智地吃掉樱桃和小鬼，而是学会如何在匹兹堡变化莫测的车流、施工现场和天气中顺利穿梭。

除了自动驾驶汽车，其他各种各样的人工智能机器人都得学习如何在一个变动不居、不合逻辑的世界里迅速做出决定。你和我随时随地都在承担经过精确计算的风险，包括是否要在红绿灯切换的当口抢时间通过繁忙的路口，是否应当对一个喋喋不休的陌生人冷漠地耸耸肩然后走开，或者是否应当信任一个声称我们穿红色"看起来棒极了"的销售员。不管是什么，我们都要使用大量的脑力，在我们自己都可能没意识到的某些线索基础上，分分钟做出决定，这是一种被称为"执行功能"的智能。在我们的头脑深处，我们其实非常清楚：汽车可能会闯红灯，陌生人会是危险的，销售人员有时要说谎。我们知道不能只相信自己在表面上看到的和听到的。要在真实的（与虚拟相对的）世界里发挥功用，人工智能就要有能力采取与我们相同的思维方式，从而能在没有足够数据支撑、没有完全把握的情况下，做出抉择。这种决策可以用另外一个词来表示——"博弈"（gambling）。要想让一个人工智能学会如何排除干扰、出奇制胜，就让它实打实地面对4名专业玩家，真金实银地玩上12万手一对一无限注德州扑克。还有比这更好的办法吗？

今天是人脑对人工智能竞赛的开场第一天，比赛地点在大河赌场（Rivers Casino），就在卡内基梅隆博物馆的隔壁。"机器人世界"（Roboworld）和"机器人名人堂"都在这个博物馆里，对我这样的机器人迷来说，当然非去不可。我不仅在这里见到了高特，还见到了《禁忌星球》里的罗比、《迷失太空》里威尔·罗宾逊的机器人B-9，以及R2-D2和C-3PO。哈尔令人深感失落，因为它看上去活像一台廉价汽车旅馆里的空调。不过，你在想到它的时候，恐怕也没法给它赋予一个具体的模样吧？人类已经习惯了通过Siri、Alexa或其他没有具体形象的数字助理的声音与人工智能交互。这样一来，要展示哈尔，更好的办法也许是循环播放由道格拉斯·雷恩配音的哈尔最佳台词片段，或者播放它含含糊糊唱的《黛西·贝尔》。

大众文化里的机器人都被按其实际尺寸制作出来，放在各自的展示间里，而那些真实的机器人，包括老爸的朋友尤尼梅特，却只在"名人墙"上用复制品展示一下。"机器人世界"的剩余空间里摆满了正在工作的机器人（嗯，大多数在工作，有一些因故障而停止工作了）。这儿有能填写处方的机器人、能绘制抽象画的机器人、能跟着你的面部表情做出感情反应的机器人，还有一旦发现你堵了它的路，会厉声要求你让路的机器人。我最喜欢的是打篮球的机器人"霍普斯"（Hoops）。它是一个工业机器人，通体亮橙色，有叉车一样的手臂，显然是尤尼梅特的后代。它的周围装有一圈隔离网，以防观众被它撞倒，或者被它铲起扔到篮筐里去。

霍普斯曾经在厂里工作，负责焊接车身。现在它已经被重新编程，投篮命中率达到了98%。霍普斯没有那些更先进的机器人才具备的传感器，所以它要用钳子般的手臂在四周触摸试探，定位地板上或掉进槽沟里的篮球。它每找到一个球，就会把它铲起来，举过头顶（在我的想象中，假如霍普斯有头的话，那儿该是头的位置），投球进网。然后它的手臂会旋转、倾斜，做出一连串动作，看上去很像胜利者的庆祝舞蹈。创制霍普斯的部分用意（除了娱乐价值以外）是展示制造业机器人多么擅长重复性工作。在观看了几分钟霍普斯的精准投篮和表示开心的手舞足蹈之后，你不可能忽略这个笨重的橙色大家伙身上那股诡异的可爱劲儿。霍普斯自1996年起就在"机器人世界"和博物馆的路演中表演投篮了。按2018年的标准来看，它只是一个十分简单的、被设定好程序的机器人，只会玩一种游戏，而且有明确的输赢结果，剩下的只是一遍遍的重复。但是，你稍加思索就会发现，NBA的天价奇才所做的事也不过如此。要研究机器人是如何学习的，这也是一个很不错的方式。人们通过编程让霍普斯去做它该做的事，这和你给计算机编程一样。虽然霍普斯的动作看上去很像一个真人在篮球场上运动，但机器人并没有思想。更先进的机器人确实能通过模仿进行学习，尽管听起来有点诡异。这是在"AI之冬"之后出现的一个事实。我们当中有些人因而相信，机器人正在变成体形硕大而不服管教的硅基少年，最终将背叛它们的人类父母，偷他们的汽车钥匙，并把他们变成生物电池，就像《黑客帝国》里发生的那样。不过，我们还不用担心霍普斯这类思维单一的老式机器人。

我在博物馆的纪念品商店里搜寻，想买一件印有霍普斯的 T 恤，但是没找着。（博物馆很棒，商品却令人失望。）既然口袋里的钱没花掉，我们便顺着俄亥俄河岸边的小路信步向前，跨越三座优步汽车不知道该怎么通过的桥，去名副其实的大河赌场。这趟徒步行程不长，却把我们带入了一个与温馨友好、适宜家人同乐的"机器人世界"截然不同的场所。

赌场内乌烟瘴气，恍如另一个世界。它像一个霓虹闪耀的大教堂，里面满是身着休闲装的"祷告者"，正鬼鬼祟祟、躬身缩背地趴在圣龛似的老虎机上。老虎机数量极多，上面印的花样也五花八门，从《泰坦尼克号》里的凯特·温斯莱特到《哈利·波特》和《小马宝莉》里的各种角色。连横贯赌场中央的长长吧台，也在每张高脚凳前放着一台游戏机。赌场里到处都贴着告示，上面写着：如有赌博问题，请致电 I-800-Gambling。

要是你在一月上旬的某个星期三下午的正点儿出现在赌场里，恐怕很难让人相信你这人没有"赌博问题"。眼神空洞的赌客趴在"独臂大盗"的阴影里埋头苦干，他们看上去也不像是来找乐子的。这些人是不是有问题，答案其实一目了然。

"要不我们也玩几把？"我对罗恩建议。我主要是想起了钱包里那些本来准备买机器人纪念品却没花出去的现金，也想起了我俩度蜜月时，我曾在萨尔兹堡的赌场里赢了一大堆钱（后来又输掉了）。我的人类大脑只记得赢到过巨款，那为什么不再试试运气呢？

不过，罗恩运用他那颗大脑的执行功能对我们银行账户的风险进行了一番计算，然后温柔地把我从老虎机旁边拉走了："我们去找玩扑克的房间吧，好不好？"

我们找到玩扑克的房间时，发现人类大脑对战人工智能的比赛已经开始了。比赛对阵双方是 4 位人类冠军和 1 个婴儿（姑且称之）——名叫"冷扑大师"的人工智能。和霍普斯一样，人们设计冷扑大师的目的也十分单纯：在一对一无限注德州扑克竞技中胜出。冷扑大师之前还从来没有跟真人打过牌，更别说同时对阵 4 名真人了。它没有模仿人类专家的实战经验（20 世纪 80 年代 Teknowledge 的专家系统是那么做的）去玩扑克，而是运用自身算法去分析人类对手是怎么玩这种游戏的。它甚至懂得如何虚张声势。冷扑大师还有一点跟人类玩家一样：它会在夜间养精蓄锐，恢复精神，顺便分析一下白天的牌局，以提高玩牌技巧，而它的对手们在那时全然处于离线状态（也可称之为"睡眠中"）。

一个会玩德州扑克的人工智能长什么样？它会观察对手的眼睛寻找"泄露的天机"吗？它会出虚招玩骗术吗？我们期待看到的是 ESPN 的《扑克之星》里的那种场景——玩家头戴棒球帽，眼神坚毅冷峻，坐在一张用科林斯皮革制成的奢华的俱乐部椅子上，旁边是铺着绿毛毡的牌桌，还是电影《两杆大烟枪》里那种高赌注牌局——一帮英国恶棍聚在拳击场中间的一张桌子边，喝着苏格兰威士忌，抽着雪茄，豪赌五十万美元，场内回响着 The Castaways 乐队的老歌。

这次人脑对人工智能的比赛根本没有那么激动人心的场面。冷扑大师和它的四个真人对手在个人计算机上玩牌，他们的牌被投影到他们身后的屏幕上，一群观众正围着看。不远处，赌场的常客们一如既往地玩着扑克，对他们身边正在发生的这场将被载入史册的人机大赛漠然置之。整场比赛要持续二十天。

在 2015 年举办的首场人脑对人工智能比赛中，卡内基梅隆大学的人工智能"克劳迪科"（Claudico）输给了真人玩家——尽管从统计学角度上说，比赛实际打成了平局。不管怎么说，克劳迪科那次没能一炮打响，因而这次的比赛暗藏个人雄心：CMU 的计算机科学家下定决心要抢先造出一台能打败四个无限注德州扑克职业玩家的超级计算机。极客和赌徒都嗅到了赛场上实实在在的紧张气氛，以及从赌场另一边飘来的浓浓香烟味儿。

冷扑大师的渊源可以追溯到 IBM 的国际象棋超级计算机玩家"深蓝"（DeepBlue）。1996 年，深蓝曾在费城与国际象棋大师加里·卡斯帕罗夫（Garry Kasparov）对弈，一年后双方又在纽约再次对阵。自那次著名比赛以来，以国际象棋为代表的游戏成了人们拿来衡量人工智能是否能匹敌人类智能水平的基本测试手段。如今，超级计算机能够在国际象棋比赛上战胜真人，这似乎已经成了一个无可辩驳的事实。不过，在 20 年之前，这还没有那么显而易见。

《战争游戏》（1983 年）

由马修·布罗德里克扮演的一名中学生为了修改考试成绩，通过一台拨号上网的调制解调器黑进了一台计算机（类似他五年后在另一部电影《春天不是读书天》里扮演的角色），结果竟与一台军用超级计算机展开了一场真实世界中的核死亡竞赛，导致近乎灾难的结果。如果有一台计算机问你："我们来玩个游戏？"你不要提议玩"全球热核大战"，千万不要。

当时人们普遍看好 IBM。IBM 在人工智能领域做了开创性的工作，却一度在 1959 年放弃了对人工智能的研究。这可能是出于一种担心——如果人工智能被归为破坏就业机会的技术的话，公司的声誉将受到损害。然而，到了 20 世纪 80 年代后期，当时还是新生事物的互联网日渐强大，带来的业务机会与日俱增，这一形势越发明朗。于是，IBM 又想反身入局。他们创造了深蓝，用于证明人工智能可以使"像真人一样的机器智能"成为现实，而 IBM 能够提供人工智能。现在他们只差一个聪明到能跟一台超级计算机进行智力竞赛的人类对手了。

若问有谁能满足这个要求，自然非加里·卡斯帕罗夫莫属。他不单单被视为他本人所处时代最伟大的国际象棋大师，更被视为有史以来最伟大的国际象棋大师。大师心情愉悦地接受了 IBM 的挑战，显然是把那次比赛当成了一场友谊赛，旨在助推计算机科学研究。换句话说，他并没有把深蓝看作一个严肃的对手。

卡斯帕罗夫赢了费城的比赛，应验了他之前自信满满的预言。他在为《时代周刊》写的一篇文章里解释道，深蓝缺乏一种或许应被称为"直觉"的能力，而这个缺陷抵消了它强大的运算性能。在深蓝"毫无瑕疵地"走棋并赢得了第一场比赛后，卡斯帕罗夫利用计算机本身的僵化定势战胜了它：

……在后面五局比赛中，我全神贯注，力求避免给计算机提供任何可进行计算的具体目标；如果它找不到办法来得子，比如进攻'国王'或实施程序既定的某个优先着数，计算机就会变得飘忽不定，陷入困局。说到底，这或许才是我最大的优势：我能察觉它的优先棋着并调整我的走棋，它却没法用同样手段对付我。因此我认为，虽然我确实看到了某些智能的迹象，但这种智能仍是奇怪的，既不充分也不灵活。这让我相信，我还有几年好混。

事实上还不到一年，卡斯帕罗夫就和深蓝的升级版面对面了。这一版本的官方名称叫"更深的蓝"（Deeper Blue）。IBM 几经寻求，得到一位曾与卡斯帕罗夫打成平手的美国大师的帮助。他们对计算机进行了编程，让它的行为更接近真人棋手，能够根据对手的走棋调整自己的策略。卡斯帕罗夫同意于 1997 年 5 月在纽约与之再战，但否决了 IBM 提出的 70 万美元奖金可以赢家和输家六四分成的提议。他坚持赢的一方应该得到全额奖金。对于这次对弈，人们不再抱有"友谊赛"的幻想。相反，它被夸张成如拳击赛一般紧张激烈。IBM 的"小流浪汉"那张友善的人类面孔早已消失得无影无踪。纽约城里四处张贴着海报，上面的图片是对卡斯帕罗夫犀利的眼神的特写，下方是一行大字标题："怎么才能让计算机眨一下眼睛？"

我对这场对弈记忆犹新。那是当年的媒体大事件，在新旧世纪之交的那两三年里，一直在科技新闻版面占有一席之地。"千禧年"（Y2K）的焦虑情绪蔓延甚广。社会上还出现了这样的预言，宛如 20 世纪 50 年代核恐惧的回音：在短短三年之内，所谓的"千禧年问题"会终结这个世界，正如我们所知道的那样。这个问题其实特别简单，甚至称得上愚蠢：自计算机时代到来之初，计算机中的年份就是用两位数表达的，而不是四位数（例如：1999 年用"99"表示，而非"1999"），这意味着 2000 年会被显示为"00"，从而变成了 1900 年。对计算机来说，时间似乎往回跳了一个世纪，这会让它们基于逻辑的处理器陷入哈尔式的混乱。所有的计算机（从个人台式机，到银行和政府的系统，再到控制电、水、军事防御的网络）都会在午夜时分同时崩溃。电网会停电，城市将陷入黑暗，电子邮件和电话将无法接收，飞机会从天上掉下来。一夜之间，我们将发现自己在一场数字化世界末日大决战的废墟里无助地爬行。这些末日预言不仅导致成群结队的活命主义者大量囤积水、食品和黄金，还给程序员造成了大量的工作。

他们为了修复问题和时间展开了赛跑。随着时钟"嘀嗒、嘀嗒"地走向 2000 年，很多技术员都成功致富了。

我本人其实也从千禧年焦虑症中获得了收益，我接到了有史以来最愉快的业务——为某个大企业客户编写漫画书。他们想用一个简明易懂的方式唤起下属分支机构对总部要求的关注：必须采用标准化的、符合千禧年要求的计算机平台。我的漫画书与另一本措辞严厉的备忘录截然不同，它讲述了一个名叫"标准小伙"的超级英雄和他有趣的冒险经历。他能飞进你的部门，为你解决与千禧年相关的问题，使用的正是那时被普遍忽视了的令人厌烦的程序步骤。（漫画书推出得十分及时，反响热烈。感谢这本书，让我的客户平稳渡过了千禧年难关。）

在这些技术新闻的愁云惨雾当中，卡斯帕罗夫与深蓝的对弈对人类而言真像一个救生圈。千禧年问题已经显示出计算机根本没有那么聪明——没有人类的干预，它们自己连一个日期都更改不了！那时，根本没有几个人相信深蓝能战胜才华绝顶的卡斯帕罗夫。

为了重温 20 世纪 90 年代后期的时代精神，我打开谷歌和 YouTube——二十年前做梦也想不到的时光机器般的工具——浏览了有关这场比赛的媒体报道。我最喜欢的一张照片，是 34 岁的卡斯帕罗夫穿着一身时髦的三件套，一只手托着腮帮，眼睛紧紧盯着棋盘；他的身后是木制书柜，里面有成排真皮装订的书籍和鸭子摆件，比赛看上去似乎是在一家高档男子竞技俱乐部里进行的。而事实上，当时他们正位于曼哈顿中心区的公平保险中心大楼的第 35 层。底楼的演播厅里，数百名观众通过视频观看比赛，还有更多的人通过互联网跟进战况。IBM 的网站因为流量超负荷而崩溃。

在卡斯帕罗夫的对面坐着一位 IBM 的程序员，他盯着一台笔记本电脑，这是他与放在六楼的两台深蓝超级计算机进行沟通的媒介。在他们二人之间，放着一个计时器和两面小旗，深蓝这边是星条旗，卡斯帕罗夫这边是亚美尼亚三色旗——他虽是俄国籍，却是犹太人和亚美尼亚人的后裔。深蓝的先祖可追溯到卡内基梅隆大学。1985 年，该校的两名研究生制造了一台会下国际象棋的计算机，起名叫"芯片测试"（ChipTest），后来改名为"深思"（Deep Thought）。"深思"本是《银河系漫游指南》里一台计算机的名字。1989 年，这两位计算机科学家都被 IBM 聘请，后与深蓝的开发团队一起工作了七年多。

实际上，深蓝并不是一台超级计算机，而是两台，每一台的体积都如同一台大冰箱，形状也差不多。IBM 的研发人员扮演计算机的眼和手，将卡斯帕罗夫的走棋输入笔记本电脑，并按深蓝的指令在棋盘上走出相应的棋步。卡斯帕罗夫从来没有见过真正的深蓝。他抱怨说："我对自己的对手一无所知。"

首场比赛卡斯帕罗夫赢得十分轻松。但在第二回合中，深蓝开局便牺牲了一个兵。这步棋让卡斯帕罗夫大吃一惊：对一台计算机来说，这看上去太"精明"、太"像人"了，之前他从未见过深蓝这样走棋。深蓝这一边的走棋都是私下进行的，卡斯帕罗夫越来越怀疑他是否被人以某种方式蒙骗了。挖掘对手的怪癖、弱点和迷信都是高级棋赛的组成部分，卡斯帕罗夫的团队相信，IBM 是在进行一场心理博弈。计算机走的某一步棋甚至让卡斯帕罗夫想起他的宿敌阿纳托利·卡尔波夫（Anatoly Karpov）。卡斯帕罗夫在比赛中一度深信，深蓝在比赛的间隙被切换到了另一台计算机。

实际上，与卡斯帕罗夫对阵的是"蛮力算法"[1]。深蓝的 256 个处理器每秒钟能搜检 2 亿个可能的棋步，而另一边的卡斯帕罗夫只能依赖他过去的经验去推测下一步可能是什么。深蓝能考虑到的走棋步数，他根本不可能预见到。

但是，一场棋赛的输赢并不仅仅取决于冷漠的走棋计算，它还涉及从心理上击溃对手，并把他拖到疲惫不堪，而这是卡斯帕罗夫永远没法对一台机器使用的招数。深蓝和卡斯帕罗夫不同，它不可能感到疲倦或因受挫而沮丧。

随着比赛的推进，卡斯帕罗夫改变了超级计算机被切换过的想法。相反，他开始相信深蓝这一边的执棋者实际上是一个真人，而且很可能是一位大师，只是在超级计算机的协助下走棋而已。在第二场赛事之后的新闻发布会上，卡斯帕罗夫使用了"上帝之手"这个词来解释他的失败，其实是在婉转地表示对方在"使诈"。

第三、四、五场比赛均以和棋告终，尽管卡斯帕罗夫差点中途退出。他那时已经太累了，几乎无法继续。在第六场比赛和决赛中，卡斯帕罗夫一败涂地。他不无苦涩地解释说，他"和一台毫无情绪的机器下了一场情绪激动的棋"。

---

1 这是一种简单直接的算法设计策略，常常基于问题的描述和所涉及的概念、定义直接求解，通过逐一列举并且处理问题涉及的所有情形，得到问题的答案。

　　比赛结束后，卡斯帕罗夫的团队指责 IBM 蓄意破坏和使用高压强制策略。在最后的新闻发布会上，卡斯帕罗夫的发言听起来十分沮丧，而 IBM 团队似乎有点沾沾自喜。不过大家看上去状态都不太好，除了 IBM 公司本身：深蓝胜出的那一天，公司的股价飞涨了 15 个点。尽管卡斯帕罗夫要求再次对弈，但超级计算机深蓝后来再也没下过棋。现在，深蓝有一半保存在史密森尼学会（Smithsonian）[1] 里。

　　卡斯帕罗夫团队似乎没说错，比赛的重点的确是从心理上击垮他。但是 IBM 为什么要投入如此之多的时间和金钱去开发一台超级计算机呢？难道唯一的目的就是在国际象棋比赛上打败一个真人？

　　这是因为，卡斯帕罗夫不是一个普通人，而是天赋异禀、才华绝顶的大师。深蓝击败的对手如果弱一点的话，便不足以证明它真的能够与人类的最强大脑对抗（并取得胜利）。这个观念直到今日仍然在科研界占据主流地位，人工智能总是会被安排与"强手中的强手"对抗。

　　IBM 也许将卡斯帕罗夫与深蓝的对弈当作一次图灵测试，以证明超级计算机能够以真人的方式行事，即在事先通过编程输入给它的一系列规则基础之上，运用常识做出决策。在人工智能领域，这被称作"有效的老式人工智能"（Good Old-Fashioned Artificial Intelligence，GOFAI）[2]。它在受控的场景下可以运行得很好，比如下棋，只要执行高度规范和严格的逻辑就行。但在乱哄哄的真实世界中，它就不太行得通了。2018 年的机器人需要一种能突破 GOFAI 限制的东西，即一种新型的人工智能，不仅能遵守其内部程序定下的规则，还能从自身的经验中学习以及向人类学习。

　　卡斯帕罗夫，似乎也只是长达数十年的人脑对抗人工智能竞赛中被牺牲掉的一枚小卒而已。不过，他可一点也没崩溃。这位大师的首次败绩为他开启了人生的新篇章。他受此启发，转而寻求如何让人类和计算机进行良好合作。（后文我们会详细说。）

1　美国一系列博物馆和研究机构的集合组织，也是美国唯一一所由政府资助、半官方性质的第三方博物馆机构，同时也拥有世界最大的博物馆系统和研究联合体。该机构于 1846 年成立。
2　或译为"好的旧人工智能"，由人工智能哲学家约翰·豪奇兰德（John Haugeland）提出，指以物理符号系统假设（Physical Symbol System Hypothesis，PSSH）为核心的符号人工智能，建立在一个人类可以理解的符号系统之上，是一种不能进行机器学习的人工智能。——编者注

　　IBM 继续研发速度更快、性能更强大的国际象棋计算机，让它们与大师对弈。但这些比赛后来再也没有如卡斯帕罗夫与深蓝的对弈那样让人浮想联翩，就像登月一样，一旦梦想成真，人们的激动情绪便逐渐平静下来。好吧，计算机确实能够玩国际象棋那样有逻辑和定式的游戏，但是它能像人类那样凭直觉行动吗？它能否摆脱逐字逐句理解语言的方式？为什么计算机无法与人类对手直接对弈，得有一名程序员来充当中间人呢？要实现这种种技能，需要某种东西的支持，而这种东西彼时还没有开发出来——一台既能不只基于事实和逻辑做决定，又能用自然的方式与人沟通的计算机。这种沟通的典型例子就是"木星一号"上哈尔与宇航员那样的交流，或是当"进取号"上的柯克船长咆哮"电脑！"时，计算机所做的回应。

"卡斯帕罗夫 vs 机器"，第 35 届超级碗比赛中
百事可乐的商业广告（2001 年）

　　在输给深蓝四年后，卡斯帕罗夫在商业广告里把自己恶搞了一下：他在棋赛中大胜超级计算机，并且轻蔑地宣布："所有的机器都只不过是用电线和螺栓螺母拼起来的——它们天生注定是傻瓜！"结束比赛后，他路过的每一台机器（安保监控摄像机、电梯、吸尘器和饮料自动贩卖机）都串通一气给他使绊子。最后一幕是卡斯帕罗夫（在饮料自动贩卖机上按键买百事可乐时，忽然像触了电一样）吓得倒着飞了出去，直接穿过开着的电梯门，被电梯不怀好意地关在了里面，而饮料机则在数字显示屏上打出一个笑脸表情符号和一行字："轮到你了。"

　　1999 年的最后一夜，时钟终于走到了 0 点。灯依然亮着。水龙头里依然能放出水来。飞机也没爆炸。全世界都长吁一口气，继续往互联网驱动下的世界迈进。21 世纪的头十年，搜索引擎的性能飞速提升，脸书上线（2004 年），YouTube 上线（2005 年），Twitter 紧随其后（2006 年），其他社交网站也不甘落后。"谷歌"变成了一个动词。人们对计算机的期望越来越高。IBM 摩拳擦掌，准备迎接一次重大挑战以俘获全球的注

意力。这是主管查尔斯·利可（Charles Lickel）在纽约菲什基尔的一家餐馆里捕捉到的灵感。那是 2005 年的一天晚上，一群就餐者突然涌出餐馆，奔去隔壁的酒吧。利可回忆说："我很纳闷，转身看看我的同事，问他们'发生什么事了？'那时我本人并没有关注《危险边缘》。最后我发现，由于肯·詹宁斯一直在赢，每个人都想知道那天晚上他是不是还能接着赢，所以他们全都冲到酒吧去看电视了。"

他在观看节目时，忽然领悟到：在《危险边缘》这种比赛中取胜所需要的技能——像真人一样思考并用自然语言来攻克这种"抓着答案找问题"式的难关，而非使用搜索引擎——正是 IBM 应当尝试的那种挑战。他在 IBM 研究中心推销这个创意，但人们都心存疑虑，因为游戏的难度大大超过了国际象棋，需要人工智能达到一种前所未有的水平。更何况，让一台超级计算机参加电视上的智力竞赛节目，未免有点玩弄噱头的嫌疑。

《危险边缘》从 1964 年起开始播出。如果你错过了，又对它不太了解的话，不妨先听我大致介绍一下。这是一档相当绕人的智力竞赛节目。节目出示给参赛者的其实是答案，而参赛者要先跟对手抢铃，抢到铃后提出符合这个答案的问题，才能取胜。表示题目类别的小标题听起来颇有些神秘。例如，在《危险边缘》2017 年 3 月 7 日的题目类别中，有"一头秀发的贝基""午餐便当""基本词语"和"水之边界"。有些问题很直接，只考事实，但涉及领域极其广泛，历史、地理、大众文化、科技、政治等，五花八门，无所不包。还有些题目则七弯八绕，逼着参赛者跟破解密码似的玩文字游戏和双关语。如果参赛者抢到了铃却答错了题目（提错了问题），其他两位对手可继续抢答，不过他们得在三秒内完成。每次抢答结束时，参赛者要为下一道题投注，投注金额可以很高也可以很低，尽管除了最终谜底所属类别之外他们一无所知。最终谜底亮出来后，在闹哄哄的主题音乐干扰中，他们有 30 秒的时间提出正确的问题。《危险边缘》不单单是一个通识竞赛，还要计算答题的赔率。速度也是一个重要因素——你可以答错很多次，但只要抢铃成功且给出正确问题的次数足够多，你仍然能在游戏中胜出。

参赛者们都散发着一股书卷气，其实更偏向于……怎么说呢……书呆子气。《危险边缘》的超级明星肯·詹宁斯就 IBM 的人工智能写过一篇文章，文中不无自嘲地写道：

"它和《危险边缘》的真人顶级赛手有许多共通之处——极其聪明、反应极快、说话时语速不匀、腔调呆板，而且没有女人缘。"

要让一个人工智能抗衡"智力竞赛界的卡斯帕罗夫"，意味着它的能力得远超深蓝的蛮力算法，甚至要远超谷歌这样的搜索引擎。在《危险边缘》中取胜，不仅仅意味着人工智能得在以百万计的事件中爬梳剔抉，找出正确的一项，它还要能找出符合双关语或文字游戏的答案，这也是竞赛的一部分。无论用什么办法，人工智能都必须具备我们人类这种识别双关语的能力，比如格鲁乔·马克斯（Groucho Marx）那句著名的俏皮话："一天早上我在我的睡衣里射杀了一只大象。不过，它是怎么跑到我睡衣里来的，我恐怕永远也没法知道了。"[1]但最为重要的是，人工智能必须像真人一样说话。

研发团队花了整整四年时间，举行了数十场练习赛，进行了两次试镜，才最终把他们的人工智能推上《危险边缘》的舞台。他们给它（如按阿历克斯·特雷贝克的偏好，则该称之为"他"）起名为沃森（Watson），这是 IBM 在 1914—1956 年的总裁托马斯·J. 沃森（Thomas J. Watson）的名字。

GOFAI 合乎逻辑和常识的工作方法显然不足以让一台计算机在《危险边缘》节目中夺冠。沃森不能只调取现成事实，它必须比这强大得多。它必须学习，通过不断尝试、犯错，以及观看其他游戏节目提高竞技水平，这与真人参赛者学习的方式非常相似。配有 2800 个处理器的沃森足有 10 台电冰箱那么大，研发人员给它输入了从百科全书、维基百科、纽约时报存档处下载下来的上千万份文件，还有完整的 IMDB 电影数据库（这还只是随意列举的一小部分信息源）。沃森在参加《危险边缘》节目的过程中并不会联入互联网，因此它只能读取自己数据库里的内容，无法"谷歌"一个答案出来。IBM 也给沃森提供了数千个《危险边缘》中答案和提问的范例，以训练这个人工智能如何从过去的竞赛真题中获取答题规律，从而让自己的答案更精准。

1　原文为 One morning I shot an elephant in my pajamas. How he got into my pajamas, I'll never know. 这是一个著名的俏皮话，因为第一句话在英文中可以有两种解读：其一，我穿着睡衣（英文表达为"我在我的睡衣里"）射击了一头大象（正常）；其二，我射击了一头钻到我睡衣里的大象（荒谬）。说话者添上第二句话，将读者（听者）的想象扭转到荒谬的意思上，从而制造幽默效果。

雅达利"打砖块"游戏（*Breakout*，1975 年）和
DeepMind（2015 年）

史蒂夫·沃兹尼亚克和史蒂夫·乔布斯为雅达利公司创作了"打砖块"游戏，这是《乓》的一个衍生版本，它不再需要两个玩家同时对着一个球来回推挡，单机玩家可以操纵光标对着一堵砖墙弹来弹去，直到它最终突围。三十年后，谷歌的人工智能 DeepMind **自己学会了**玩"打砖块"。研发人员没有对系统进行任何预编程，提供给 DeepMind 的唯一信息是它的得分，这样它能够自行判断它的成绩如何。一开始，人工智能对着游戏完全不知所措，错过了绝大部分击球；但是仅仅过了一夜，它就学会了，把游戏玩得无懈可击。从那时起，DeepMind 就被证明是一个学习高手。它学得飞快，把雅达利的另外五十个经典游戏统统学会了。这种教授人工智能如何自己学习的方法称为"**机器学习**"，它听上去很像在一个漫无尽头的下着雨的周末，一群聪明的孩子在海滨木屋里尽情地自娱自乐。而且一周 7 天，一天 24 小时，都没有父母过来干涉，喊他们滚上床睡觉。

尽管沃森完成了所有这些机器学习过程，但它当时仍然做不到百分百正确。举例来说，节目中总是会出现双关语或其他不合逻辑的措辞，这些就会难倒它。于是，沃森学习了怎么计算赔率。如果沃森对它的答案十分确定，它下的赌注就会比较高；如果没什么把握，它下的注就会低一些。

谁在读你的邮件

用在沃森身上的"机器学习"技术也被美国邮政总局采纳，用于训练一个负责邮件分选的人工智能，让它学会识读信封上的地址。他们的训练方式与沃森学

习攻克"当日翻双倍奖金"竞赛题的方式相似,过程是这样的:研发人员按字母表上的每个字母和每种字体,给邮政人工智能输入海量的范例和多种不同的手写样本。人工智能最终能领会字母的构成规律——"A"的顶部尖尖,有两条腿支开,形如一个帐篷,而且(只是有时,并不一定)中间有一条横杠。最终,它学会了辨识字母表中每一个字母的各种形状。

虽然沃森能够用一种语调柔和、略显低沉的男性声音说话,听上去很像哈尔的声音,但实际上它既看不见也听不到。《危险边缘》的答案和其他参赛者的提问都是用文本传输给沃森的。和深蓝一样,运行沃森的超级计算机与它的人类对手是隔离的,没有人受得了它整整 10 台 Power 750 服务器机柜的冷却系统发出的轰鸣。于是,为了让沃森能够以实物的形态出现,IBM 为它设计了一个化身———一个蓝色的球,外面缠绕着 42 根"思想"之线。"42"这个数字来自《银河系漫游指南》里的超级计算机"深思"。它在进行了 750 万年的计算之后,终于得出了这个数字,作为对有关"生命、宇宙,以及其他任何事情"的终极问题的回答。然而遗憾的是,已经没人记得那个问题是什么了。

2011 年 2 月,《危险边缘》的制片人安排沃森与他们最厉害的两名参赛者同场竞技。一位是布拉德·鲁特尔(Brad Rutter),那时他已在节目中赢得 300 万美元的奖金,是节目有史以来最大的赢家;另一位就是肯·詹宁斯,他连赢 74 场的纪录还无人能破。

在节目的长任主持人阿历克斯·特雷贝克的指挥下,《危险边缘》为 IBM 挑战赛准备了专门的场地。布拉德·鲁特尔说:"我感觉自己有点像约翰·亨利[1]。不过,我挺喜欢这个与机器对抗的主意,这能展示出人类总有一些东西是没法用数字复制的,至少现在还不能。"詹宁斯则在事后写道:"沃森有一点和我们不同——它不会有受到惊吓的感觉,也永远不会骄傲自满或者灰心丧气。它在竞赛过程中一直都很冷静、执拗。只要它对某个答案有把握,它永远都能完美地抢到计时按铃。《危险边缘》的忠实观众

---

1 约翰·亨利(John Henry),美国民谣和传奇故事中的英雄人物。据传他是一名黑人,曾在 1870 年从乞沙比克到俄亥俄的铁道线穿隧道工程中奋力与自动气钻机比赛打扎眼,最后赢得了胜利,但也把自己给累死了。《约翰·亨利之歌》成了美国传奇颂歌中的一个固定主题,表现他宁死也不向机器屈服的精神。

都知道，按铃技巧特别关键。真人之间的比赛，拼的不是谁大脑快，而是谁的大拇指快。当我们之中有一个'大拇指'变成了一个由精确到微秒的电流冲击触发的电磁开关时，这个优势就被扩大了。"经过为期三天，连续三场的激烈战斗，鲁特尔获得了第三名，赢得 21 600 美元；詹宁斯位居第二，赢得 24 000 美元；而沃森高居榜首，赢得 77 147 美元。詹宁斯对这次比赛进行了总结，他的话勾起了人们对卡斯帕罗夫的回忆，一时滋味难言："对人类来说，游戏结束了。"

但是，沃森并不完美。在第二场比赛中，最终回合亮出的答案是："它最大的机场以一位'二战'英雄的名字命名，第二大的机场以'二战'中一场战役的名字命名。"针对这个答案，沃森给出的问题是："多伦多是什么？"这并不正确。在我的家乡多伦多，小一点的机场是以"一战"中的王牌飞行员比利·毕肖普（Billy Bishop）的名字命名的，大一点的机场的名字则来自获得诺贝尔奖的那位总理[1]。所以，很难理解沃森是怎么得出这个结论的。而鲁特尔和詹宁斯都回答正确："芝加哥是什么？"不过，由于沃森对它自己的答案并不自信，它给这道题下的赌注非常少。

谜语和双关语依旧让沃森十分困扰。在"计算机按键"（Computer Keys）一栏下面，有一题给的描述是"如谚语所说，心在哪里，它就在哪里。"沃森被难住了，而鲁特尔答对了："家（Home）是什么？"这道题考的是计算机上的 Home 键和谚语"心在哪里，家就在哪里"之间的联想。尽管沃森对双关语的理解存在障碍，但这并没能阻止人工智能赢得比赛。只要不确定节目给出的答案意思，它在下赌注时就会相当保守。

与深蓝不同的是，这次的胜利并不是沃森的终点，而是一个开端。人们为这台人工智能编写了众多商业应用程序。沃森既能解决问题，又能用自然语言进行沟通，这两者的结合让人工智能从此变成了医疗诊断和市场数据分析（兜售东西给你的新方式）的利器。当然，它的职业生涯才刚刚开了个头。如今 IBM 正在训练沃森，让它可以胜任教育、金融和物联网领域的工作。

加里·卡斯帕罗夫和肯·詹宁斯都提过与机器同台竞技的感受很奇异。不只因为它"脑力"强大，更因为一台机器在身体上所具有的优势：它永远不会感到疲倦，也

1　指莱斯特·伯勒斯·皮尔森（Lester Boules Pearson，1897—1972），曾任加拿大外交部部长、总理（1963—1968 年），因主张派遣联合国紧急部队（UNEF）解决苏伊士运河危机而获 1957 年诺贝尔和平奖。

不会沮丧泄气，或者如卡斯帕罗夫所说的那样，"不会在心理上被击垮"。

与人工智能对阵，并不像与一个非常聪明的人比拼那么简单，而像与一个极其特殊的天才斗法。这个天才永远不会饿、不会渴、不会累，也不会因为关注自己在镜头里的形象而感到紧张，更不会因为内急而想上厕所。这么多年来，我一直都注意到，这种"24小时连轴转，周末也无休"的要求被当作职场基本素质应用在人类这种脆弱的生物身上。我们被指望永远精力充沛，随时能联系上，即使在所谓的"下班"时间也得随时随地投入工作。这个残酷的现实或许并不能简单地归咎于电子邮件和智能手机的出现，也要归罪于那些永远不知疲倦的机器。

征服了国际象棋和《危险边缘》之后，人工智能的下一个挑战目标是一种古老的棋类游戏——围棋。资深科技撰稿人凯德·梅茨（Cade Metz）在《连线》杂志上写道："围棋有着史诗级的复杂性。国际象棋中平均每一步约有35种下法，围棋则多达250种。而在每一种下法之后，又跟着250种可能的走棋，以此类推，无穷无尽。也就是说，即使是最大的超级计算机，也无法预测每一步可能的走子会导向的结果……想在这个棋类游戏中取胜，人工智能需要具备的能力可不仅仅是计算，它还要能在某种程度上模拟人类的洞察力，甚至是人类的直觉。它必须学习。"

在谷歌推出阿尔法狗（AlphaGo）之前，如果你问一个精通科技的围棋选手，需要多长时间才能研制出一个可以在围棋上打败人类顶级大师的人工智能，他的答案或许是十年。然而，实际上只花了两年。

2016年1月，阿尔法狗在DeepMind挑战赛上打败了三位围棋大师。谷歌将这个结果封锁了一两个星期，可能只是为了给我们人类留点服镇静剂的时间，同时他们也好享受一下这枚刚刚摘下的硕果。他们为何能取得这么大的成功呢？与深蓝不同，阿尔法狗没有采用蛮力算法去检视每一步可能的走棋，因为一局围棋平均要走150步，这150步在棋盘上能构成的组合数量比宇宙中的原子数量还要多。阿尔法狗更像沃森，它得在游戏中表现得更像一个真人。它必须从它犯过的错误中学习。根据项目经理大卫·席尔瓦（David Silver）所述，阿尔法狗的神经网络能研究真人棋手应对特定情况的模型，同时它也要接受训练，学习研究"可能性不大的走法……进行更深层次的搜索，并用一种内省的方式进行分析"。谷歌的工作人员称，他们给DeepMind设定的目标是，让它成为一个"通用化人工智能系统，建立在自己的知识基础之上，还能对一切事物进行学习"。我不妨翻译一下这句话的意思：阿尔法狗能学会对一些问题做出决策，而这些问题需要七位数的薪水才能养活的整个办公室员工完成。医生、律师、CEO……有朝一日，阿尔法狗是会将他们统统取代，还是像沃森一样成为他们的终极执行助理呢？这点只有谷歌心知肚明。

在科技圈之外，绝大多数人对人工智能在棋类大赛中获胜的新闻，一点也不会感到惊奇：当然，人工智能一直在赢的嘛！这回只不过是又多了一个昭示人类在劫难逃的信号。自从深蓝取胜之后，我们似乎主动放弃了统治世界的能力，因为在这个世界上，机器比我们思考得更好。我们悲观地等待着被人工智能取代或剥削的那一天。但是，这样的事情真的会发生吗？

后来，我接触了一位"深度学习"（让人工智能学会学习的最新方式）领域的专家。我从他那儿了解到，人工智能虽然令人惊奇，但它们也有弱点（很大程度上是因为它们所有的东西都是从我们这儿学的）。而且，如卡斯帕罗夫之后证明的那样，未来真正的机会也许在于与人工智能建立伙伴关系，我们不能简单认定人工智能会彻底取代我们。

你或许会认为，已经没有人工智能不能玩的游戏了。但是在 2011 年，一名技术分析员自信满满地称，像沃森那样的人工智能肯定不可能在扑克这种以随机性和虚张声势为特点的游戏上成为赢家。为什么扑克比国际象棋或《危险边缘》的难度还要大很多呢？因为玩扑克的人工智能得有能力利用人类的弱点。它必须知己知彼，思考对手怎样出牌可能性最大，并据此打出自己的牌，而这一切并不总是符合逻辑的。参与游戏的玩家越多，人工智能的表现就越差。

这让我们想起了曾在匹兹堡举行的人脑对阵人工智能的比赛。在经历了为期 20 天，总计 12 万手一对一无限注德州扑克之后，冷扑大师把 4 名人类职业玩家统统打败了，这是它第一次取得如此辉煌的战绩。为了确保这些扑克玩家都能发挥出最高水平，组织者为人类玩家设置了金钱诱惑。（冷扑大师正好相反，它只为荣誉而拼搏。）

与沃森和 DeepMind 一样，冷扑大师能学会学习，并能发现一些可以让自己精确预估结果的模式。这种技能可以应用到医疗诊断、网络安全和业务谈判中。不过，就目前来说，冷扑大师仍致力于打磨技艺，以战胜其他玩扑克的计算机。让人工智能相互比拼，而不是与人类竞技，这已经成为一种新常态。

人工智能"阿诺德"和《毁灭战士》（*DOOM*）

第一人称射击游戏《毁灭战士》提供给玩家的挑战是与从地狱里跑出来的 3D 魔鬼作战——"要么干掉它，要么被干掉"。玩家必须追赶敌人，逃脱敌人的追赶，查阅地图，并运用各种计谋死里逃生。2016 年，卡内基梅隆大学的计算机科学专业研究生戴文德拉·查普洛特（Devendra Chaplot）和纪尧姆·朗普勒（Guillaume Lample）运用与 DeepMind 相似的学习技术训练他们的人工智能"阿诺德"，让它在游戏中战胜真人对手。后来，阿诺德在《毁灭战士》游戏中与来自脸书和英特尔的人工智能对垒。像阿诺德那样足智多谋、思维敏捷的人工智能或许有朝一日能应用于无人驾驶汽车，帮助汽车应对天气、交通和路面的突发情况。

游戏能帮助人工智能学习如何应对人类生活中的不确定性。由人工智能驱动的机器人正处于开发之中，它们能够识别人脸，用名字称呼不同的人，还能给予人类个性化的关怀——让我们每一个人有别于动物、无生命物体和其他人。然而，我开始好奇：机器人是如何认知和区分人类个体的呢？它们也具有人类的弱点吗？为了寻求答案，我约了计算机科学家兼深度学习专家泽维尔·斯奈尔格罗夫（Xavier Snelgrove）在多伦多肯辛顿市场里的一家咖啡馆见面。泽维尔才二十多岁，是 Whirlscape 公司的首席技术官和联合创始人，也是"团子"（Dango）的创造者。"团子"是一款人工智能驱动的表情包产品，其设计目的是让数字化通信更富有表现力。想想你有多少次在一封电子邮件里添加表示微笑或难过的表情符号，用来传达你无法用身体语言或语音语调传递的情绪，你就会理解"团子"为什么广受欢迎了。泽维尔解释说，这款产品主要针对的是青少年市场。不过我却想到了我自己——我总是会浪费好几分钟的时间在表情包里翻来翻去，只为给一封电子邮件或一条短信添加一个恰如其分的结语！

　　泽维尔的女朋友谢丽尔也在咖啡店里，她正抱着笔记本电脑干活。我问她的工作是什么，她告诉我，她是一名设计师。"哪方面的设计？"我一边问，一边暗自猜想她可能会回答什么——平面设计？时尚设计？或者工业设计？

　　"我设计医疗保健经验。"她答道。她的话又一次提醒了我，我们俩不是一类人，她是数字时代的原住民。我们对工作岗位的描述都存在着巨大差异。

　　泽维尔解释说，人工智能行业一直是用游戏来设置基准线和标记突破性进展的，因为这能很容易地判断出他们是否走在通向成功的道路上。他解释道："总得有一个信号告诉我们是成功了还是失败了，游戏里的输赢就是给人工智能提供的信号。"

　　为了回答我提出的关于"机器如何学习识别人类个体及其所处环境"的问题，泽维尔打开他的手机，滑动触摸屏，给我看由人工智能设计的房间。所有的图片都有点失焦，仿佛是在一次旅行婚礼的派对上，某个醉醺醺的客人沿着酒店长廊一路东倒西歪，随随便便拍出来的。它们没什么风格，也没什么特色，看上去像凌乱的酒店房间：床单皱皱巴巴，窗帘顶天立地，室内布置乱七八糟。也有一些设计看上去更具私密感，甚至有些浪漫：维多利亚时代的化妆台，上面放着水晶瓶，还铺着带蕾丝花边的装饰。至少在我眼中，每一样东西都有点朦朦胧胧。这些房间很像我在梦境中瞥见的那些我实际上从没进去过的房间，是我童年的记忆和在理发店里随手翻阅的家装杂志在潜意识里混合而成的产物。就这些房间而言，这大概是个极佳的隐喻——梦境之所，想象之物。除了在人工智能混杂的意识里，它们没有容身之所。人工智能很像小孩子，在翻看了一堆往年的家装杂志后，一幅接一幅地画出它们自己设计的房间，一边画一边大声叫着："房间！房间！房间！"然而，它们从哪里获得这些由数据主导的、有关"房间"的想法的呢？实际上，这些信息全都来自你和我，来自每一个人往脸书、Instagram，以及人工智能的蜂巢思维[1]能爬得到的任何地方上传的照片，无论这些照片是为了展示房间，还是为了展示我们在房间里的生活。

　　"这些设计现在还有点简单，有点模糊，但是一直在进步。"泽维尔说道。他的口

---

[1] 蜂巢思维（hive mind）一词源自凯文·凯利（Kevin Kelly）的经典作品《失控》（1994 年）。简单来说，蜂巢思维也就是指"群体思维"（collective consciousness）。蜂巢就像是一个超级有机体，汇集了每个蜜蜂个体的思维。凯文·凯利用蜂巢思维比喻人类协作带来的群体智慧。

气听上去像一个骄傲的父亲，嘴上的谦虚低调也难掩对自家宝贝天才的扬扬得意。

正如泽维尔所说，这些室内设计都来自"非具身算法"（non-embodied algorithms）[1]。换句话说，这是像哈尔那样的人工智能通过我们的设备（电话、汽车、家用供暖系统、智能家电……天知道还有什么）与我们互动的成果。也许有一天，像 R2-D2 那样的移动机器人会降临人间，它们同样具有这种类型的洞察力。刚开始，它们在看到一间房间时，也许只能想到"这是房间"；终有一天，它们在看到这间房间时，会知道"这是泰里的房间"，原因其实很简单，看到成沓废弃的复印纸和粉红葡萄酒空瓶子就明白了。

"机器学习、深度学习和 GOFAI 之间的区别是什么？"我问道。

泽维尔咧嘴笑了。他最喜欢谈论的是什么？绝对是人工智能的学习系统啊！

"GOFAI 是一个基于规则的系统，通过常识途径解决问题。对此，我们可以做的是什么呢？"他意味深长，"是假定我们对自身十分了解，假定我们能给人工智能提供一整套建立在常识基础上的规则。'机器学习'就不一样了，它意味着由我们提供许多范例，而让机器自己去总结归纳其中的规则。'深度学习'则以神经科学为基础，把人类大脑当成一个隐喻，把它看作灵感的源泉，而不是直接复制一个大脑。我们不会给人工智能设定原则，只是把范例展示给它，让它自行建立原则。"

泽维尔继续解释说，他训练人工智能的方法是让它在指导下学习："它会随机地给你答案，如果答案不对，你就告诉它不对。这是一种特别简单的学习算法。我们自己的网络只需要一周的训练时间。"

在这间时髦而舒适的咖啡吧里，谢丽尔在我俩身旁做着"经验设计"，泽维尔在谈论如何"训练"非具身算法，我一时感到自己正毗邻某种广大无边又不可预测的事物——它可能自成秩序，它定能引发混乱，它还具有一种无声的诱惑。人工智能似乎……呃……有了生命。这些成绩优异、智能超常的虚拟儿童也许还在上幼儿园，但它们确实学得飞快。

1　这是基于认知科学的概念。"非具身认知"又称"离身认知"，即所有的认知仅仅是输入信息后反馈输出，信息本身与计算机是没有关系的。

"那么，玩游戏——得到答案，判出对错——就是人工智能的学习方式喽？"我问他，"它们有没有不从错误中学习的时候呢？"

泽维尔点点头："有时候，人工智能会开始想当然——仅凭从前得到的特定结论判断新的问题也应该有同样的答案。这叫作过拟合[1]（over-fitting）。'哦，我记得呢，上次我是那么做的，结果输了。'因此……我们得使用海量数据集，并提供大量范例。数据量可能会多到连人工智能也没法完全记住，这就迫使它去学习规律。"

"过拟合听起来很像人类的行为。你会把从一次经历中学习到的东西套用到所有的经历上，这是不对的。"我一边说一边想到我自己，只因为蜜月期间玩轮盘赢了钱，就盲目相信自己能在匹兹堡的赌场里继续走运。

泽维尔点了点头："正确！过拟合对无人驾驶汽车来说是个挑战，特别是在它们遇到以前从未碰到过的问题的时候。"

我想起那些被"安迪·沃霍尔桥"挡住了去路的优步无人驾驶汽车。如此说来，教人工智能学会避免上当受骗是很重要的。如果有人蓄意破坏汽车，比如竖起虚假标志牌误导它们，这该如何防范？如何保证无人驾驶汽车能识别出有人试图引诱它往错误的方向上开？

"换句话说，无人驾驶汽车需要一整套原则去应对无法预知的环境，而不是一味依赖自己过去的经验？"

"对！"泽维尔答道，"这个领域的研究进展很快，你根本无法想象五年内它能发展到何种程度。现在有一项全新的技术叫作'生成技术'（generative techniques）。如果你要求一个人工智能画一辆卡车，它会给你一个卡车的抽象概念，这是它基于社交媒体和网络上所有卡车的图片得出来的。但是现在我们也能运用'生成对抗网络'（generative adversarial networks）做这件事。比如说，我想生成一张人脸图片，我可以训练两个神经网络来做，但我会把其中一个训练得特别善于判断另外一个是不是在愚弄它。"

我直直地瞪着泽维尔。其实我在试图掩饰，不让他看出来我已经完全被这个想法雷到了。一个人工智能试图愚弄另一个人工智能？它们现在听上去不太像幼儿园的小

1　又称"过度拟合"或"过度学习"，是指为了得到一致假设而使假设变得过度严格。避免过拟合是分类器设计中的一个核心任务，通常采用增大数据量和测试样本集的方法对分类器性能进行评价。

孩了，更像喜欢玩大钱的赌徒在钩心斗角。我几乎能闻到威士忌和香烟的气味。

"你在训练一个神经网络，让它尝试去欺骗另一个神经网络！"

他开心地点点头："是啊，这就是对抗的过程。它们你来我往，斗智斗勇，一起努力开发出某种实实在在的东西。这就好比它们在共同设计一个新游戏，而且在一起玩这个游戏。"

人工智能正在创造一个世界，这个世界会模仿人类世界存在的竞争和尔虞我诈。它们还没能像人类一样思考，至少迄今为止还没有，但它们正试图理解我们是如何思考、互相玩弄阴谋诡计，以及偶尔携手合作的。它们甚至会互相帮忙识别人类个体和物体，区分（比如）一个小孩、一只大狗和一台洗衣机（并恰如其分地分别对待）。

泽维尔解释说，有一个名为"转移学习"（transfer learning）的技术，能让人工智能从其大脑（姑妄称之）的某一部分调出数据，用来回答它之前从未遇到过的问题。"举个例子，如果你向人工智能展示一幅斑马的照片，而它之前从来没见过斑马，它能从其他数据集里转移出这个概念，比如'一只条纹奶牛马'，并最终弄明白这是什么。"

"所以说，我们与人工智能的交互，其实也改变了我们人类的行为方式和思考方式？"我若有所悟，"我们这么快就自暴自弃了吗？"

"是的。"泽维尔肯定地答道，"人们现在认为，国际象棋也好，围棋也好，都是机器的博弈，而不再是富含诗意的游戏了。我们让位给了人工智能，我们相信它们会比我们更聪明。但是，我们选择展示给人工智能的数据集里总会存在偏差，这一点必须记住。举个例子，上海的一所大学曾训练一个神经网络去阅读嫌疑犯的面部照片，想让它学会通过只看人脸识别犯罪类型。人工智能研究界对此做出了迅速回应，大家普遍认为这是错误的，因为面部照片不客观、不真实，比如你在电视剧《犯罪现场调查》中看到的照片就是被'增强'过的。若眼前的照片上有些部分它从未在存储于自己数据集里的照片上见过，它就会对这一部分进行填充，这就是这个人工智能正在做的全部事情。"

我目瞪口呆。原来，那么多电视节目里被增强过的照片，甚至原版《银翼杀手》中的某个关键场景，并不是真的对照片中的微小细节进行增强，而是人工智能对照片的内容进行有理有据的猜测。我们可以称它为"数字化的直觉"。

互联网是由猫咪构成的（真的哦！不骗你！）

2012 年，Google X 的计算机科学家用 16 000 个计算机处理器搭建了一个神经网络，然后"开闸放狗"，让它自由活动，浏览在 YouTube 上随机选择的视频缩略图。给这个人工智能设定的目标是学习如何识别面部和物体。识别猫脸已被证明是它最擅长做的几件事之一。为什么会这样呢？因为有太多人（包括我在内）都喜欢在 YouTube、脸书和其他社交媒体上发布自家娇萌可爱的毛孩子的照片。这些可爱的猫咪图片正助力人工智能用来学习物体识别的"深度学习"算法。所以，我猜得一点也没错，猫咪在互联网上一统天下，狗狗只好坐在一旁垂涎。

认识到这一点后，我特意往社交媒体上发布了大量我的猫艾可（Echo）的照片，想对这些"算法"产生一点细微的影响，让它们更喜欢娇小玲珑，纯白如雪，长着一对黄色眼睛，爪子精致小巧，两只耳朵没有尖尖的猫咪。（艾可的耳朵尖是幼时在加拿大的街道上流浪时被冻掉的，后来它才得到救助。）我暗自窃喜，觉得艾可为"深度学习"做了一点小小的贡献。

起身告辞之前，我向泽维尔提了几句我正跟机器人玩的单词游戏。

"有时候我能打败机器人，比它多得 100 分。"我告诉他，"有时候我又能输掉 100 分。你觉得它是不是偶尔主动输一回，只是为了不让我灰心丧气，丢手不玩了？"

泽维尔直截了当，一点面子都不给我留："它能检索每一本可以检索到的字典，所以我觉得这一点毫无疑问，它一定是故意让你赢。"

我的朋友桑德拉又没在线。机器人也真的开始让我厌烦了。每次我坐在那里，花上好几分钟搜寻字母时，机器人只要一微秒就能拼出单词。更烦人的是，游戏拒绝承认 niqab、munchie、rez、da 或 zen 这样的单词属于合法词汇，却高高兴兴地允许机器人用 qi、za、ut、qat 和 ka 这样的词来赚分。好吧，我唯一能做的事，就是对机器人说："去你的！带着你的算法滚蛋！"

阿尔法狗、沃森和冷扑大师显示出人工智能开始采用与人类相同的方式进行学习，也就是借助经验。机器人在这方面取得进步后，会更加懂得如何避免在单词游戏刚开始，在以字母"z"和"q"开头的单词还等着我们去抢的时候，就早早地把三倍单词分的机会漏给我。

乐高"智力风暴"机器人（1998 年）

低调的乐高积木实在太过经典，绝大多数人都认为它用不着做什么改变。然而，随着 20 世纪 90 年代电子游戏和计算机游戏的兴起，乐高经历了一次生存危机。它那些用来"拼出自己的小镇和消防车"的积木套装怎么可能对新一代数字原住民产生吸引力呢？于是，乐高搞出了一个"拼出自己的可编程机器人"套装。这个灵感源于人工智能先驱西摩尔·派珀特博士（Seymour Papert），乐高机器人也得名于他的一本书的名字——《智力风暴》（*Mindstorms*）。该产品本来是为乐高典型的用户，也就是 12 岁左右的孩子设计的，后来他们却发现，玩"智力风暴"的人当中，足有七成是"家酿计算机俱乐部"式的成年发烧友。那些人发现，这玩意儿已经远远超出了儿童玩具的概念。这个价格只有 150 美元的玩具，由约 700 块乐高积木搭成，装有发动机、齿轮、轴承和轮子。此外，它还包括了一个应用软件，用来对一个装有微控制器的积木方块进行编程。这块积木叫作 RCX（机器人命令控制器），它的运算性能可媲美能把成年人送上月球的计算机。斯坦福大学的一名研究生对 RCX 进行了逆向破解，并在互联网上公开了代码。乐高决定任由黑客随意传播这个代码，还往智力风暴的软件许可证里添加了"破解授权"。很快，"智力风暴"讨论小组纷纷冒了出来，软件开发员更是铆足了劲为这款玩具写应用软件。被称为"智力风暴 MOC"[1]的各色自创机器人在互联网上泛滥，催生了为玩"智力风暴"的极客举办的乐高机器人联赛。其中有两款 MOC 来自一个装配厂，

1　MOC 即 My Own Creation（我自己的创作）的缩写。

他们拼出了一辆乐高汽车和一台能工作的自动饮料贩卖机（能吐出苏打水和零钱）。2008 年，乐高"智力风暴"机器人被请进了卡内基梅隆大学机器人名人堂。

有那么一小会儿，我感到一阵恶心，还战栗起来。这种感觉就是恐怖谷效应：当机器人的举止开始像真人一样时，人们会产生一种毛骨悚然的感觉。

回到 1997 年，加里·卡斯帕罗夫在面对深蓝输掉第六局对弈后，带着一脸恶心从棋盘前起身离开。他神情冷淡地挥挥手，似乎在警告人类"完了！"从那一刻起，我们开始接受机器的高人一等：其思维能力比我们优秀，玩游戏的技术比我们好，学习能力也比我们强。但是，就像泽维尔·斯奈尔格罗夫所说的那样，它们的思考方式仍然像个机器，而不像人类。用沃森研发团队的负责人戴夫·费鲁奇（Dave Ferrucci）的话来说，"它们缺乏人类的经验，无法将信息与具体的情境融合"。

我们倒也能接受这个无情的事实：在人脑与计算机持续不断的竞赛中，我们一直会是输的一方。反正别抱什么希望了，就让人工智能来告诉我们该做什么吧！但是卡斯帕罗夫没有轻言放弃。他在被深蓝击败后，很快创建了一个新版本的国际象棋，供一个由人类和计算机组成的团队使用。这个团队被称为"人头马"（Centaur），命名自古希腊神话里半人半马的怪兽。2010 年，他这样写道：

> 无论是下国际象棋，还是做其他事情，凡计算机擅长的，必是人类的薄弱之处，反之亦然。这让我想去做一个实验：如果人和机器并不是对弈的双方，而是合作的伙伴呢？ 1998 年，在西班牙莱昂的一场比赛中，我的这个想法被付诸实施。我们把它称为"高级国际象棋"。每位棋手手边都有一台个人计算机，他们在比赛期间按自己的选择运行国际象棋软件。我们的意图是结合最优秀的人类棋手与最卓越的机器，将国际象棋发展至前所未有的高水平。

卡斯帕罗夫指出，如今，任何人花上 50 美元就能买到一个可以在个人计算机上运行的国际象棋程序，而且它每次都能打败一位大师。事实证明，这对于培养新一代高水平棋手是管用的，特别是在很难找到同等水平的对手的情况下。

　　我琢磨着，卡斯帕罗夫的方法是否表明我们可以对人工智能怀有希望，而不是简单粗暴地把它们看成毫无人性的工作岗位消灭者？在21世纪第二个十年行将结束之际，我们永无停歇的工作周期问题或许有了一个解决之道。记住，我们人类才是为"深度学习"设置情境和具体内容的人。我们不知道的事情，机器也不会知道，因为它们是从我们这里获得观察对象和信息的——从房间的内部装饰，到猫咪的脸，再到雅达利的游戏，等等。或许，机器并不会把我们推开，恰恰相反，它们实际上在默默地支持我们。也许人工智能将会增强我们的智能，并分担我们部分无休无止的工作重担，而不是取代我们成为强势物种。在一个不确定性越来越明显、运转越来越快的世界里，人工智能可以帮助我们生存下来，甚至发展壮大。也许，人机组队——成为一半是人、一半是机器的"人头马"——会是人与机器人的关系注定会进入的下一阶段。两者团队作战，携手同行。

　　但愿如此。如果不这样的话，《异形2》里哈德森（比尔·帕克斯顿饰演）的那句不朽名言恐怕就要应验了："游戏结束了，老兄。游戏结束！"

第五章

搭乘无人驾驶汽车

2025

我们断定这就是一个人工智能方面的事。

我们要做的，只是给汽车装上计算机，

安上合适的眼睛和耳朵，让它聪明起来。

——塞巴斯蒂安·特伦[1]，科学家

在一辆停着的老汽车里，我发现了宇宙的钥匙。

——布鲁斯·斯普林斯汀，摇滚歌星

我订了上午9点整的车。8点59分59秒，我看到一辆2025年最新款白色沃尔沃出现在家门口。

---

1 塞巴斯蒂安·特伦（Sebastian Thrun），斯坦福大学终身教授、人工智能专家，同时也是Google X实验室的创始人、Google无人驾驶汽车之父，开发了世界首辆无人驾驶汽车。

"罗恩！车来了！"

"好的好的！"罗恩答应着，把我们的包拎到路边。

伴着一声叹息，沃尔沃的后备厢门抬了起来。当我们把行李放进后备厢时，我突然意识到，那声叹息并不是汽车发出的，而是罗恩。驾驶舱和乘客舱的门悄然打开，我们坐了进去。

车里，弗兰克·辛纳特拉和安东尼奥·卡洛斯·裘宾正温柔地唱着《伊帕内玛女郎》（*The Girl from Ipanema*）。这是他们在 1967 年录制的二重唱，我们家的播放列表上也有这首歌。这时，一个声音说道："泰瑞和罗恩，欢迎你们！我们今天的计划是从加拿大的多伦多开往新泽西州的特纳芙莱。仪表盘的显示屏上有行车路线，请先过目。本次行程预计时长 8 小时 6 分钟 54 秒。如果您想在中途停车或者变更行车路线，请说'重新规划路线'。如果不需要更改，我们将在两分钟内出发。"

"如果我们需要停下来休息一下或者去洗手间呢？"我问道。汽车把行驶计划和时间控制做得太精确了，我不免有些担心。"我们能不能……您知道……做点即兴的事儿？"

汽车停顿了一秒钟，仿佛在思考，它很可能在处理"即兴"这个词。绝大多数情况下，你不太可能会要求无人驾驶汽车"即兴"而为。

"这是自然。"汽车说，"如果您在行驶途中需要停车喝水、用餐或放松一下，随时告诉我就好了。"

"我们应该怎么做呢？"罗恩问道。

"哦，您就说句话，比如'我要休息一下'。"汽车解释道，"或者类似的词儿。如果能提前一点告诉我就更好了。只要天气和交通状况允许，我也能……"汽车停了一拍，"即兴。"

"我发现我们教了汽车一个新单词。"我凑到罗恩耳边悄悄说，仿佛这样一来，汽车就不会听到，"知道不，这些新款汽车会学习的。"

"汽车，重新规划路线。"罗恩命令道。

"收到！这些是可选路线。"仪表盘显示屏上出现一幅地图，上面标出了所有可选的路线。罗恩在触摸屏上点选了一条标注为"观光"的绿线。

"我们想去看看卡茨基尔，"他说，"也许会在那儿过夜，早上再继续往前走。这样行吗？"

汽车顿了一下，说："我已经被预订明早 8 点去纽瓦克机场接一位客人。您愿意我为您另外订辆车吗？"

罗恩和汽车商议，想把我们原先订的特纳芙莱之旅从一天行程改到两天。这个主意挺好的，我们新泽西州的朋友也在外面旅行，要明天才能到家，我们即使按时抵达，也只会扑个空，还不如利用这段时间在路上逛一逛。

"我听说黄油牛奶瀑布（Buttermilk Falls）很美。"汽车说。

"你怎么知道？"我问。

"我载人去过一次。"汽车说，"而且在《孤独星球》的纽约州风景里，它被评为四星级。要我给您二位订个小木屋吗？"

汽车为我们安排旅程的时候，罗恩在它的触摸屏上修改了旅行路线。他们来来回回地讨论着支线公路、时间安排，还有第二天到黄油牛奶瀑布小屋来接我们的车。我忽然意识到，汽车的声音听起来十分熟悉，简直像我们的一个儿子在说话。我暗自琢磨，这应该不是巧合，而是特意为之，好让我俩感到舒适，仿佛我们的孩子在陪着我们旅行一样。

这个算法很棒，简直太棒了！

我尽量放松下来。之前我一直在为这趟旅行担心，因为这是我们第一次乘坐完全自动化的共享汽车出远门。我们早就发现，如果之前的乘客喷了浓烈的香水，或者好长时间没洗过澡的话，短程共享汽车时常会有十分难闻的气味。有些共享汽车公司不会在换乘客时做车内清洁。简直不想告诉你，我在共享汽车邋遢的后座上发现过什么东西：脏尿布、食品打包袋（用过的）、空易拉罐、避孕套、苹果核……汽车公司和用车人都要面对的最大挑战之一，就是在上一位乘客下车之后，下一位乘客上车之前打扫卫生，对日常通勤来说尤其如此。

因此，针对这趟长达八个小时的行程，我们决定订一辆高端点的车。它确实没有令我失望——这辆沃尔沃完美无瑕，甚至还残留着"新车的味道"。更酷的是，车内备有充足的饮料和零食，还是经过精心挑选的，反映了我们在网上购物时的喜好。不过，坐在我身边驾驶座上的罗恩还没有完全放心，本能地把双手放在方向盘上。

"我能理解你，罗恩。"汽车说，"当然，我不介意你把手放在方向盘上指挥方向。但是，为了让车达到最佳状态，建议您还是不要握住方向盘。需要您关注的时候，我会提醒您。"

罗恩犹豫了一下，双手离开方向盘，落回到膝盖上："好吧，谢啦！"

"不客气。"汽车说。

于是，我们自由自在，看看窗外的风景，读读书，眯会儿觉，或者用仪表盘的触摸屏看电影。我扫了一遍里面可看的内容，发现有好几百部电影、电视节目、YouTube频道，凡你能想到的，应有尽有。

"简直就像在飞机上一样。"我评论道。

"我以前也听人这么说过。"汽车轻轻笑了一下，"不过您放心，我保证四个轮子会一直在路面上。"

罗恩闷哼了一声："玩笑而已，你就不要管了！"

"对不起！"汽车说，"您想让我停止说话吗？只要在接近休息站和餐饮区时提醒您就行？"

"你给我闭……"罗恩一开口我就赶紧打断了他。

"是的，靠近休息站和餐馆时请提醒我们。"

"别耍花枪，给我们推销这推销那的。"罗恩警告它。

现在轮到我叹气了。在无人驾驶旅途中，工厂店和奥特莱斯的免税品限时抢购信息其实是我的最爱，而新泽西在这方面是出了名的。

"我们可以换个新沙发了。"我提醒他。

"你准备怎么把它扛回家？"罗恩问。

"可以让他们安排送货。等我们到家的时候，沙发已经在客厅里了。"

我窝在座位里，浏览仪表盘触摸屏上显示的娱乐内容。与此同时，车里还放着一首我最爱的老歌——布鲁斯·斯普林斯汀的《雷霆之路》（*Thunder Road*）。歌词是关于一辆汽车带着一个女孩和一个男孩离开那个"充满了失败者"的小镇，奔向崭新生活的故事。从20世纪50年代发端以来，这一直是美国摇滚乐的一大主题。宽阔的公路渐渐消失，就像一辆汽车在后视镜中缓缓沉入地平线，此情此景，总会令人产生一种自由而浪漫的感觉。

我几乎没法记起 21 世纪初的那种交通拥堵和可怕的交通事故。在 2025 年，即使是在交通最繁忙的时段，车辆依然能有序通行，一辆接一辆，彼此相距只有数英尺。有些人仍然拥有自己的车，但年轻人都热衷于使用共享汽车。大多数人甚至不用再操心考驾照的问题：无人驾驶汽车已经在现实世界证明了自己的良好性能，保险公司也不再要求人们证明自己是一个"安全的司机"了。卡车车队在商务专用道路上奔驰，同样不再需要真人手握方向盘，随车人员只要负责监督货物。

我们行驶在完全没有拥堵的繁密车流中，每辆车与前后车的距离只有数英尺，通过激光雷达、雷达和传感器提供的数据来保持均衡的距离。从某种意义上说，是数据让汽车能"看到"自己周围的情况。如果有一辆汽车减速（无论是天气原因，还是遇到一头横穿公路的鹿，或是遇到一个在追球的小孩），其他所有的汽车都会"看到"这一情况，并能及时做出反应。

进入共享时代后，汽车可以 24 小时不间断地在路上跑，不像在 2018 年，大部分的时间里，汽车都停在那儿。大多数停车场和车库都会被拆除，因为它们没有了用武之地。行车道将被改造成草坪，停车场会变成公园，城市的绿化率因而会进一步提高。

当然，人们还是可以购买无人驾驶汽车。即便如此，车主也不会让他们的车闲置。他们会利用优步或类似的应用程序将车租给别人使用。甚至有专门为儿童和残疾人设计的汽车共享服务。

除了我在看电影的时候因为晕车犯了一阵恶心，我们的整个行程可谓丰富多彩，既安全又愉快。汽车说得很对，黄油牛奶瀑布小屋太可爱了。

关于自由之路的古老神话看来确实是真的哦?

让我们暂时告别 2025 年一路奔向新泽西的我和罗恩，将时钟倒转七年，回到 2018 年。在这一年，我们几乎每天都能听到自动驾驶汽车取得重大突破的新闻。人们给新款汽车添加越来越多的驾驶辅助功能，我们对完全自动化驾驶汽车也有了些概念。然而，绝大多数人从未真正乘坐过（甚至从未真正看到过）无人驾驶汽车。这些汽车迟迟不肯登场，仿佛有史以来最缓慢的一次创新变革。然而，最大的障碍或许并不在技术、法律或保险方面，最大的拦路虎也许正是我们自己。

我们的汽车并不是单纯的交通工具，它们还能充当办公室、厨房和开派对的房间。它们既是忏悔室，又是调情秘所。它们是私人空间，就跟车主的家一样，是极为个人化的空间。它们是垃圾桶，看看大多数通勤族的汽车后座就明白了。它还是逃跑工具，无论是从妒火中烧的情人还是喋喋不休的父母身边溜走，抑或是逃离犯罪现场，都得仰仗它。它还会载着一个在车用婴儿座椅里哭闹不休的婴儿，凌晨两点钟绕着社区兜圈子，驾驶座上坐着一位疲惫不堪的父亲或母亲。你试着回想一下斯普林斯汀的歌《生来奔跑》（*Born to Run*）中的切利双手紧扣自动摩托车引擎的样子，或者想象你一边大声播放汤姆·科克伦（Tom Cochrane）的《生活是条高速公路》（*Life Is a Highway*），一边让 Google X 小汽车载着你从甲地奔向乙地的场景。当然，它会在目的地让你下车，紧接着热情洋溢地奔向另一位没有车的乘客。为了让解放双手的自主程序运转顺畅，我们不得不放弃自己对开车的热爱之情。

有很多理由促使我们把车钥匙交给机器人汽车。和高特、罗比，以及其他众多在 20 世纪 50 年代核恐慌时期流行起来的大众文化机器人一样，无人驾驶汽车能让我们摆脱自身最糟糕的冲动本能。尽管人们已经给新型汽车增加了许许多多的半自动安全功能设计（防撞系统、车道偏离警示系统等），交通事故仍然在不断发生。每年有多达 40 000 的美国人死于车祸，相当于每年要从天上掉下 100 架大型喷气式客机。而这些车祸中有 80% 是酒驾、超速和驾驶时分心走神造成的，都是人之错而非设备之过。到 2040 年，若路上的每一辆车都能实现完全自动化驾驶，道路交通事故有望减少 80%。

当然，还有一些问题是汽车本身导致的：交通拥堵、空气污染、充满压力的通勤、市区越来越稀缺的停车位和车库，以及骤然上升的保险理赔数量（我们一边开车一边忙着给家里发短信说"交通拥堵，晚餐要迟到"，导致连续不断地磕碰）。这一切都缘于我们拥有的这种机器十分昂贵，它从驶出店门的那一刻起就开始贬值；同时，在其整个生命周期中，它有 96% 的时间都是停在那里睡大觉的。

即便如此，仍然没有几个美国人乐于接受这个想法——放弃操控方向盘，投奔无人驾驶汽车，或者相信无人驾驶汽车会更安全。实际上，我们对自动驾驶技术的信任度在2016—2017年是下降的，这很可能缘于一些意外事故被广泛宣传。根据每年的《安联旅行保险假期信心指数》所述，"人们认为太空旅行、超音速旅行和飞行汽车比自动驾驶汽车更安全"，而且只有22%的美国人对自动驾驶汽车"非常感兴趣"。在那些表示"不感兴趣"的人当中，65%的人是出于对安全的顾虑。

想想颇觉奇妙，在飞向火星与乘坐无人驾驶汽车这两者之间，大多数人竟然认为前者更为安全。至少火星上的停车位应该是比较充足的吧。

2017 年雷克萨斯 LEXUS IS 的广告词：
"趁着还来得及，尽情享受驾驶的快感吧！"

"我该如何描述这种感觉呢？特别兴奋……相当灵活……它对我的每次碰触都有回应……比风还快……那种纯粹的……开车的感觉，真的太奇妙了！"

2017年，奢华的LEXUS IS的广告就是这样玩的。广告设定在不久的将来，一位老人用他饱含渴望的声音努力描述自己昔日驱车飞驰的快感，但他随即就被摁在一辆自动驾驶汽车的后座上。这就像在倾听一个人对初次做爱的回忆。老人坐在自动驾驶汽车里，他的内心独白听起来宛如在悼念自己一去不返的昔日雄风。

看来，像我们这些出生于"婴儿潮"时代，正在徐徐老去的一代人，至死也不会心甘情愿地放弃手中的方向盘，直到有人掰开我们冰冷的双手。

2017年，我以媒体人的身份参加了底特律TU汽车展，因而获得了一个与自动驾驶汽车制造商和本土供应商交流的机会。然而，我理解起这些东西来，竟出乎意料地困难。我的母校就是一所理工类大学，还有一个专门进行无人驾驶汽车研发的院系，却依然不能为我"打开和服"——借用一下乔布斯在1979年想要一窥施乐帕克秘密宝藏时的比喻。一开始，我觉得别人对我不屑一顾，因为我正在撰写的是一本有关人与机器人关系的书，挺煽情的，跟数据、激光雷达和传感器之类的硬核科学知识压根儿没多大关系。后来，在得知自己并非唯一被甩下无人驾驶信息高速公路的人时，我不禁松了一口气。哥伦比亚大学机械工程系教授霍德·利普森（Hod Lipson）和科技记者梅尔芭·库曼（Melba Kurman）在为他们的书《无人驾驶》做调研时，显然遇到了同样的挑战：

我们刚开始便碰了一鼻子灰。自动驾驶汽车行业的玩家都把手里的牌死死地捂在胸前。我们联络了六七家汽车公司的员工，没有一个人回电邮表示愿意接受采访。我们到达 Google X（谷歌公司负责无人驾驶汽车开发的分部）的时候，反复询问了好几遍，才有一位行政助理礼貌地指点我们去一个无人驾驶汽车历史展……

啧啧！听起来，无人驾驶汽车的研发简直就跟"搏击俱乐部"一样：第一条规则是"不能提搏击俱乐部"；第二条规则是……不说了，你懂的。[1] 正因如此，我的汽车工程师朋友简才建议我跟她去底特律，参加全世界最大的联网自动驾驶汽车（CAVs）大会。那次大会有 3500 人参加，来自 30 多个国家的 150 家公司。可以说，在该行业有点名气的都来了。（后来我发现这个说法不是很准确，有 3 个重量级角色缺席了。这个我们后面再谈。）

颇具讽刺意味的是，开车去参会这件事本身就给了我们一个教训，告诉我们为什么自动驾驶汽车是很有意义的。

我们开的是一辆租来的丰田卡罗拉。简开车，我坐在副驾驶座上。我们离底特律有一百英里，一路上交通繁忙。和往常一样，简一边光速般地处理自己的各项任务，一边单手转着方向盘。她时不时瞄上一眼 iPhone 上的导航软件，同时还在不停地跟我聊天。简十分聪明、肌肉紧实，属于 A 型人格，她的绝对自信常常会感染我。不过这

1　搏击俱乐部规则：①不能提及搏击俱乐部；②不能提及搏击俱乐部；③……

会儿她弄得我十分紧张。

我婉转地提议让我来负责导航。我还没来得及把手机从她手指间抽出来，她就丢开了手机，伸手在包里摸出一个苹果："到边境前得把它吃掉。"

我崩溃了，不能指望简在高速公路上专心开车（以及做其他任何事情）。不过，水果禁止过关，这是经常穿越边境的人时刻需要铭记在心的重要规定之一。在这一点上她倒是没错。她吃掉了违禁品，把果核扔出车窗。这倒也无所谓，果核是可以生物降解的。

在密歇根边境，我们出示了护照，例行回答了问题。国籍？加拿大。居住地？多伦多。车里有水果或蔬菜吗？没有。为什么旅行？

"我们去参加一个会议。"简解释。

边防检查员看起来对此毫无兴趣："好吧，就这样。祝你们度过愉快的一天！"

我们确实计划度过愉快的一天，直到我们在底特律远郊错综复杂的高速公路互通式立交网中陷入了严重的交通拥堵。此时，简的手机电量告急。iPhone的电量就要耗尽，我只好潦草记下地图显示的方向。很快，我注意到我们的目的地看起来十分奇怪。

"导航程序正把我们导向法明顿山的犹太教堂。"我告诉简。

她皱起眉头："犹太教堂？我们的智选假日酒店哪儿去了？"

我耸耸肩："可能这个应用认为我们需要神的保佑。"

"胡扯！"简笑骂了一声，把iPhone抢过去重新设置方向。她在时速90英里的情况下这样单手操作，我不禁出了一身冷汗。

"让我来吧。"我催她。为了不伤害她的感情，我只好说："你没戴眼镜，不太方便。"

简不情不愿地把手机递给我。等我终于搞懂了如何重新设置应用，手机自动关机了。

每每遇到这样的时刻，我就会觉得，无人驾驶汽车来得还是不够快。

尽管我们对无人驾驶汽车心存疑虑，但很有可能无人驾驶汽车会成为我们拥有的第一台个人机器人。R2-D2能做到的，自动驾驶汽车的原型机都能做到。通过摄像头、传感器和激光雷达地图绘制技术，它们能观察周边的情况。它们能运用人工智能去识别静止的物体和运动中的物体，比如墙、建筑物、自行车和行人，并预判它们将要做什么或不会做什么。它们能随时观察你的状态，捕捉信号（比如打哈欠、拍打方向盘），据此判断你是否感到疲倦或沮丧，并做出恰当的回应：唤醒你或者建议你停下来喝杯咖啡，休息片刻。它们能用自然语言与你或你车上的乘客聊天。此外，与第四章里能玩游戏的人工智能一样，它们能从自身的经验中学习，也能向其他汽车学习。它们也向你展示了未来我们在家中或在工作场所与机器人互动的情形。就人与机器的关系而言，无人驾驶汽车堪比矿井中的金丝雀 [1]（不过它是合成的）。

那么，认真回想一下，这一切究竟是从什么时候开始的呢？大多数汽车制造商都预计 2025 年会是无人驾驶汽车走下生产线的时间。本田已经宣布将从 2025 年开始生产第四级自动驾驶汽车。这款车能完成所有的驾驶动作，但仍然需要一个有驾照的司机坐在上面，准备随时接管方向盘，以防发生汽车无法处理的意外情况，比如一场罕见的暴风雪盖住了所有传感器，或者突然有一个飞碟降落在高速公路中央。汽车驾驶员会变得更像飞行员，大多数情况下他们不需要操心，但在一些关键时刻他们需要进行干预。虽然飞机能自己飞行，但仍然会有一些难以预估的情况得仰赖人类的洞察力和经验。这就是为何飞机驾驶舱里仍然必须配备训练有素的飞行员。只有实现了第五级自动化——那时，连方向盘和踏板都不复存在——我们才能完全解脱：不再需要驾驶培训、考驾照、交通信号灯、路标，也可能不再需要保险。至于共享汽车，位于密歇根州安娜堡的汽车研究中心进行的一项研究发现，在未来十年里，私家车的保有率不会发生太大变化，而共享汽车的市场占有率将上升至 30%，跟目前 4% 的使用率相比，这将是一个很大的跨越。

由于会有太多的人共享同一辆车，经营共享汽车的公司面临的一大挑战便是如何在两次出勤之间把汽车打扫干净。乘客会在车里留下五花八门的东西，苹果核、咖啡

1　煤矿工人过去带着金丝雀下井，因为这种鸟对危险气体的敏感度超过人，如果金丝雀死了，矿工便知道井下有危险气体，需要撤离。后来这个典故被用来比喻探路先锋。作者在此喻指无人驾驶汽车将是人工智能领域的探路者。

杯、晕车呕吐物……当原本自己开车的人改乘无人驾驶汽车时，有 22% 的人会产生这些垃圾；而当他们试图在车里阅读或写作时，这个比例会上升到 37%。更不用说事故责任划分的问题，无论自动驾驶汽车比真人驾驶汽车的安全性高多少，天气、设备故障和黑客攻击等原因都会导致事故的发生。当然，在 2025 年，无人驾驶汽车还是得和 2018—2024 年生产出来的旧式非自动或半自动汽车分享车道。这个意思是说，我们应当让汽车按类型分车道行驶，前提是我们能很快重建高速公路。然而，八年的时间实在不够我们把基础设施彻底翻新，特别是在底特律这样的城市。这类以制造业为主的老旧城市虽然有一定程度的复兴，但经济上依然捉襟见肘，连用于城市照明和路面修复的资金都很紧张。再考虑一下路上的行人、骑行者、行踪不定的鹿……他们的行为无法预测，跟机器人完全不同。可以想象，未来几年里，公路骑警的工作会是多么有意思。

无人驾驶汽车研发领域内部也分两大对立阵营。一派支持谷歌模式，从根本上将自动驾驶视为软件问题，而将汽车"硬件"作为次要考虑对象。（或许正是出于这个原因，谷歌汽车的外形到现在还是难以名状的一团。）而另外一派，也就是传统汽车制造商，正在采取缓步推进的策略——逐步改进汽车，直到实现完全自动化。制造商不断给自动驾驶辅助系统（ADAS）添加传感器和软件，以实现防撞、巡航控制、自动泊车等功能。这样一来，我们就能渐渐习惯让手脱离方向盘而不再犹豫。

然而，要是有公司亮出"杀手级应用软件"，一切就会瞬间不同——苹果当年就靠 iTunes 颠覆了整个音乐行业。一旦有类似事件发生，自动驾驶汽车的游戏规则就会被迅速改写：一家公司独占鳌头，剩下的只能紧随其后，疲于奔命。

不管无人驾驶汽车看上去有多么不切实际，自动驾驶的概念已经存在了近 80 年。人们的最初想法是将道路自动化，而不是把汽车本身自动化。1939 年，在纽约举办的世界博览会上，有数百万人参观了"未来世界"（Futurama）展馆。这是一个城市微缩模型，汽车在里面完全自动化行驶，在无线电波的引导下进出高速公路。通用汽车公司曾经预言，到 1960 年，自动化的高速公路将成为常态。这一理念在"二战"期间被搁置，又于 1957 年被重提。彼时，通用汽车公司与美国无线电公司（RCA）合作设计了一条电磁高速公路。不过它一直停留在原型阶段，再没能往前跨出一步。在现实世界中，自动化公路太过昂贵，成了一个不切实际的幻梦。

在阿波罗太空计划早期，月球车最初被构想成一辆自动驾驶机动车。但是 NASA 最终否决了这个想法，表示应当由勇敢的宇航员来驾驶月球车。他们认为这点非常重要——既是公众宣传的需要，也是为了让宇航员感到是他们在掌握一切。

后来，21 世纪降临，"9·11"事件发生，伊拉克战争爆发。为了拯救士兵的生命，美国国会命令五角大楼研发无人驾驶交通工具。2004 年，DARPA（在 20 世纪 70 年代为"人造人"夏凯提供资金赞助的那个美国军方机构）组织了穿越莫哈韦沙漠的 120 英里无人驾驶汽车大赛，优胜者可获 100 万美元奖金。DARPA 超级挑战赛（DARPA Grand Challenge）不仅意在激励大学和企业研发团队进行无人驾驶汽车的研制，还想把发烧友都鼓动起来。这些人与家酿计算机俱乐部的发烧友一脉相传——当年正是那些人充分发挥创造力，推动了早期小型计算机的转型，从而催生了个人计算机。第一次挑战赛有 15 位选手参加，可惜所有的车都发生了碰撞、翻车、原地转圈或故障，没有一辆车跑过 7 英里。

这次挑战赛之后，DARPA 把奖金翻了一倍，变成了 200 万美元。一年之内，致力于开发无人驾驶汽车的人数就超过了一千。这一问题能凝聚如此之多的人类智慧，不可谓不惊人。［在此插叙一件很有意思的事：2004 年的挑战赛中有位名叫大卫·豪尔（David Hall）的参赛者，他原来的工作是制造用于家庭影院的重低音音箱。自那次败北后，他再也没有参加过比赛，而是转向开发激光雷达技术——该技术至今仍在自动驾驶汽车上用于测绘地形。］2005 年，43 名进入半决赛的选手在一条快速车道上进行了比赛（车道模拟了沙漠环境中最艰难、最具挑战性的部分），有 23 辆车至少跑完了第 1 圈。短短一年内，无人驾驶汽车竟然实现了这一巨大的飞跃。在最后穿越莫哈韦沙漠的决赛中，最终胜出的是一辆昵称为"斯坦利"的大众途锐自动驾驶汽车，它是由人工智能专家塞巴斯蒂安·特伦率领的一支来自斯坦福大学的团队制造的。特伦后来加入了谷歌，而谷歌也于 2009 年宣布了自己的自动驾驶汽车项目。特斯拉紧随其后，于 2014 年踏上自动化汽车研发之路。特斯拉已经拥有了半自动化的自动驾驶仪功能，并承诺将在未来造出完全自动化的电动汽车。此后，传统汽车制造商也纷纷将此事提上日程，引入越来越多的半自动化功能，并争相买断共享汽车服务。2017 年，苹果在加利福尼亚申请了测试自动驾驶汽车的许可，但是公司对苹果汽车"iCar"的进展仍然三缄其口，仿佛进入了静锥区。所有这一切共同铸就了我们所处的今天——一个充斥着原型机、诺言和广告的过渡时期。不过，这也使我们过早患上了对"真实驾驶体验"的怀旧病。

　　会议中心的停车场设有一个展示区，竖着"自动驾驶测试车道"的标示牌。接下来的两天里，除了了解无人驾驶汽车之外，我最想做的事情还包括真正坐上一辆，或者更准确地说，在路上拦到一辆无人驾驶汽车。我在匹兹堡的时候就很想打到一辆无人驾驶的优步汽车，可惜没能实现。尽管我自己基本不开车，但我确实拿到了驾照，主要是为了能在买酒的时候证明自己的年龄。我已经有三十多年没开过车了。这么说的话，我也已经有三十多年不需要用驾照来证明自己的年龄了。

　　会展中心内部给人一种恍如置身于 2025 年的感觉：一切都聚焦于未来，汽车看上去既是车，也是计算机。这根本不是一个有身着比基尼的模特斜倚在新概念车上为之代言的那种车展，而是为行业内重量级人物和汽车媒体记者举办的网络大会。尽管我也称得上一个对冒充伎俩游刃有余的江湖惯犯，天可怜见，我根本连车都不开，但我还是得拼命给自己打气。往肚子里填了许多免费的咖啡和羊角面包之后，我才有勇气走上前去跟人谈论一系列正儿八经的话题，顺便聊点"炉边闲话"[1]，这些都是为未来两天定调子的内容。不过，令我大为惊奇的是，大会开场的第一拨发言人竟然不是汽车制造商，而是科技公司。他们强调了一个奇妙的词，这个词许诺开辟一条既能为自动驾驶汽车提供"动力"，也能从中获益的发展道路。这个词便是：数据。这才是真正控制自动驾驶汽车的东西。正是数据让汽车看见东西、开口说话、安全移动、总结经验教训，还能管理装在它肚子里的乘客。对于自动驾驶车辆来说，数据和驱动它的燃料——汽油或电——具有同等的意义。

1　指以亲切随意的方式谈论某些话题，常见于广播或电视节目。20 世纪 30 年代美国经济大萧条时期，美国总统罗斯福用这一方式与美国人民沟通，宣传货币政策和变革主张等，有效缓解了社会焦虑。

电影中的每次汽车追逐 vs
约翰尼出租车（Johnny Cab）（《全面回忆》，1990 年）

在《速度与激情》《布鲁斯兄弟》《布利特》《法国贩毒网》《偷天换日》《疯狂的麦克斯》等伟大的汽车追逐电影中，总是由开车的人担任主角或英雄（其实更常见的是"反英雄"[1]）。

在 20 世纪 60 年代、70 年代和 80 年代，有一些电影和电视剧里出现了奇幻汽车的角色，它们能思考、说话、吓唬家庭成员、与罪犯做斗争，还能谋杀少年恶霸。《我的汽车老妈》（*My Mother The Car*）是一部 1965 年的情景喜剧，剧中车主过世的母亲重生成了一辆老爷车。1982 年，我们看到了斯蒂芬·金笔下那辆有知觉、嗜杀人的车"普利茅斯复仇女神"克丽斯汀（Plymouth Fury Christine）和电视剧《霹雳游侠》中那辆聪明机智、与犯罪行为做斗争的庞蒂亚克火鸟汽车 K. I. T. T.。然而，或许除了 K. I. T. T. 以外，这些半机器人汽车还没有一个能称得上是主角（虽然克丽斯汀是个伟大的恐怖电影反派角色）。而 K. I. T. T. 在很大程度上仍是猛男迈克尔·奈特（大卫·哈塞尔霍夫饰演）的搭档。

哪怕是电影中最令人难忘的自动驾驶汽车之一——《全面回忆》中的约翰尼出租车，也是由一个会抛媚眼的牵线木偶驾驶的。听到阿诺德·施瓦辛格的命令"开车！开车！"时，约翰尼的回应简直令人抓狂："你能把目的地再说一遍吗？"这可是逃命的时候！实在不能怪施瓦辛格一把将约翰尼拉下扔出车外，把方向盘握到自己手中。

我仍在期待出现以汽车为主角的电影，描绘它们如何坠入爱河、发脾气、变成真真正正的英雄和反派。（好吧，除了迪士尼动画片《汽车总动员》系列。）与

1　指文学、电影、戏剧作品中有着反派角色缺点，但同时具有英雄气质或做出英雄行为的角色。反英雄可以是主角或重要的配角。

我这个想法比较接近的一部电影是《金刚狼 3：殊死一战》（2017 年）。电影的背景设定在 2029 年，漫威漫画中的角色"金刚狼"（Wolverine）是一个徐徐老去的反英雄，靠当自动驾驶豪华大轿车的司机为生。电影里汽车族的"坏蛋"是一支无人驾驶卡车运输车队。这些卡车没有驾驶舱，看上去活像一群硕大笨重、没头没脑的机器人怪物。它们沿着禁止人类进入的高速公路滚滚向前，路途漫长而孤独。

一开始，大家精神抖擞、热情饱满、理想崇高、想法高妙，充满了高深行话，不过内容略嫌空洞。我们正在经历"自福特 T 型车问世以来运输行业最大的变化"，到 2023 年，将有 260 亿台联网设备（并且彼此相连），其中许多是小汽车。"每种产品都意味着一项新服务。""变化的速度永远不会像今天这么缓慢。"诸如此类，不一而足。我一边打着哈欠一边查电子邮件，担心从这些发言人口中恐怕得不到什么有用的东西了。终于，英特尔的发言人走到了台前。

我承认，我对英特尔这家公司有点迷恋。不仅因为它给我们带来了微处理芯片，引领我们进入了台式计算机时代，而且因为英特尔的创始人之一戈登·摩尔提出了摩尔定律，预言了我们这个时代日益加速的技术进步。我热爱 20 世纪 90 年代的"Intel Inside"老广告；还有那些穿着兔子服，一边摇摇摆摆一边把奔腾芯片插进笔记本电脑的技术人员；那"灯！等灯等灯！"的标志性乐音也是我最爱的技术之声，仅次于苹果电脑登录时的双 C 大调和弦。

在一档名为《自动化：为什么不来得快一点？》（*Autonomous: Why Not Sooner？*）的谈话节目中，英特尔自动驾驶集团的高级副总裁兼总经理道格·戴维斯（Doug Davis）举了几个例子，说明有些技术要经历数十年的时间，才会变得受欢迎：座椅安全带直到 1968 年才成为汽车里的标配；防撞气囊早在 20 世纪 50 年代就被发明出来了，却直到 1998 年才被要求加装；防抱死制动系统（ABS）经过长达 60 年的时间才被应用到汽车上；自动变速技术花了 40 年时间才被接受，也颇令人费解。戴维斯的描述听起来像是：即使某项汽车技术能拯救生命，它仍然需要花费相当长的时间去自我完善，获得批准和付诸实践，还要得到人们的接纳。这不是一个变化突兀的行业，而是一个在逐步向前发展的行业……就是稍微慢了点儿。

戴维斯把无人驾驶汽车推出的意义和个人计算机出现的意义等同了起来。IBM 推出其第一款台式计算机时，个人计算机已经存在了十年之久。IBM PC 主要是基于货架成品零部件设计的，却颠覆了游戏规则。最终，人们认为，要是书桌上连台计算机都没有，简直活不下去。而在短短数年之前，这个想法听起来还十分荒谬。于是，部分归功于 IBM 坚如磐石的品牌影响力以及它庞大的供应商网络，IBM PC 成了它那个时代的"杀手级应用"——之后出现的每一款个人计算机都以它为基准。因此，无论是哪一家公司的无人驾驶汽车，只要能抢先捕获开车人的信心和热情，就会成为自动驾驶汽车领域的 IBM PC。

英特尔的演讲以一则题为《放手》(Letting Go) 的广告作结。广告拼接了一些场景，表现了人们为了宝贵的生命而牢牢握住某些东西：一个小男孩紧紧抓住游泳池的边缘，而他身后不远处是一个模糊的身影（监护他的游泳教练在划水）；一个疲惫不堪的拳击手抓住赛场的围绳，暗暗蓄力好回身作战；一个心惊胆战的蹦极者抓着桥的边缘；一个特技自行车手紧握着自行车的车把；一个在练习走路的理疗病人紧紧抓着扶手。随着音乐进入高潮，男孩放手开始游泳，拳击手一个转身击中对手，蹦极者尖叫着跳向空中，特技车手踩着自行车踏板站了起来，而病人完全靠自己往前走出了几步。最后，镜头切换到一位男士，他的双手从汽车方向盘上抬起，继而屏幕上打出文字：放开双手，让惊喜发生。

我没有不尊重英特尔的广告公司的意思，但恕我直言，广告中的那些人并非在放手，相反仍在掌控。无人驾驶汽车要求我们放弃控制权，接受自己变成全然被动的乘客。鉴于这个行业是建立在实现个人的自由和便利的愿景之上的，沟通难题确实是一项巨大的挑战。

但是，请记住，英特尔面对的客户是汽车制造商而不是开车的人。毫无疑问，英特尔想让它的芯片用于无人驾驶汽车，就像这些芯片被用在计算机上一样。英特尔的品牌魅力能帮我们树立信心，让我们相信汽车机器人的驾驶水平比我们自己更高超吗？

广告中，当开车人松开方向盘，抬起双手时，屏幕上出现了一行小字，仿佛是某位神经紧张的市场营销律师添上去的：请勿尝试。自动驾驶汽车尚未上市。

这句法律套话恰恰点中了像我这样的人最想了解的问题：如果现在没有，那什么时候才能有？

在接下来的研讨会上，两位德国 CEO 之间的"炉边闲话"勉强回答了这个问题。这二位分别是保时捷数字化技术公司的 CEO 蒂洛·科斯洛夫斯基（Thilo Koslowski）和 German Autolabs 的 CEO 霍格尔·韦斯（Holger Weiss）。

"已经搞定了。回答完毕。"韦斯自信满满，干脆利落。

他指的是自动化，仿佛无人驾驶汽车已经既成事实——我们已经完成了，它就等着上路了。好了，下一个问题。真的吗？

我被他信心十足的发言迷惑了。可惜，他实际上指的是技术本身已经开发得不错了——或许还不够完美，但确实已经在完全自动化和所谓"联通性"的道路上走了挺远。2018 年，新的汽车不仅能让你联入互联网，而且通过 V2V 通信技术[1]，你的车能和其他联网车辆交谈（"嘿！小心！前面的路有点滑哦！"）。此外，通过 V2X 技术[2]，你的车还可以接入物联网——你的家、你的办公室、你的电话，甚至高速公路休息站的快餐店（"离我们 50 英里的地方有麦当劳。对了，这儿有两张麦当劳咖啡券，您和您的朋友可以使用。"）。你不需要再斜着眼睛看智能手机了，"数字化驾驶舱解决方案"会全程陪伴着你，如同一个无所不知、无所不晓的朋友。然而，2017 年的时候，大多数车主并没有选择激活这些系统。在美国，上路的汽车中联网车辆所占比例还不到 15%。

为何市场反应如此迟钝？答案很简单：这些都是要付钱的。简就对"向司机收取数据费"的主意嗤之以鼻。"大家本来就能通过手机上网，"她指出，"他们能免费使用脸书。人们不会为了一项他们已经拥有的服务再额外付费的。他们只要坐在车里，翻翻手机就好了。"

1　即 vehicle to vehicle，福特公司于 2014 年 6 月 3 日发布的一项通信技术。这是一种不受限于固定式基站的通信技术，能为移动中的车辆提供直接的一端到另一端的无线通信，无须通过基站转发。该技术可以监测街上行驶车辆的速度、位置等对其他驾驶员无法开放的"隐藏"数据。
2　即 vehicle to everything，车用无线通信技术。该技术是未来智能交通运输系统的关键技术，它使得车与车、车与基站、基站与基站之间能够通信，从而获得实时路况、道路信息、行人信息等一系列交通信息，以提高驾驶安全性、减少拥堵、提高交通效率。

带着这些想法，我们进入贸易展厅。巨头 IBM 和来自芬兰、以色列、法国等世界各地的新创公司分享同一层空间。我和简打算分头行动，沿不同路线参观。简想跟着工程师和软件设计师，了解更为严肃的技术内容；我则想加入那些兴致勃勃、想获得令人心动的"客户体验"的人。在我们分头出发之前，简给我介绍了一些背景情况：在场的每一个人（包括简在内）都想跟那些"原始设备制造商"（OEMs）建立联系。OEMs 也称为"一级制造商"，包括通用汽车、福特、菲亚特 - 克莱斯勒、大众、保时捷和其他一些汽车制造商；"二级制造商"则是"一级制造商"的区域性分支机构；"三级"则是汽车销售代理（随着共享汽车的发展壮大，他们将在未来几年内蒙受很大损失）。除此之外，还有围绕着暮气沉沉、缺乏活力的一级、二级和三级制造商或代理商诞生出来的新创公司，它们生机勃勃、意气风发。共享汽车公司也来了。虽然这些公司彼此存在地位上的竞争，不免会自我吹嘘和互相贬损，说难听点就像"撒尿比赛"，但是他们有着大致相同的终极目标：未来，交通工具将实现完全自动化，不仅彼此相互连接，还与"智能城市"的基础设施相连（交通信号灯、道路标志系统乃至路上的行道线涂料）；它们很可能由电力驱动，而且极其有可能是共享车。

有家公司邀请人们前去体验一辆展示车——不是去试驾，而是去跟它说话。他们开发了一套自然语音识别系统，能让汽车听到、理解，并回应多重语音。比如说，假如你们在车上为了去哪儿吃比萨而争论起来，汽车能听明白你们的争论，并告诉你们，很快就能在左手边看到一家"小恺撒"比萨店。

芬兰的一家公司展示了一套软件，它能实时提供详细的天气信息和道路情况，好让司机随时调整驾驶。最终，这些数据会直接连至汽车本身。我平生只遭遇过一次驾驶意外：那一年，我还在上大学，老爸开车接我回家过圣诞，路上突遇暴风雪，汽车在路面上打滑转圈。鉴于此，我一直以为，机器人面临的最大挑战就是天气问题。因此，看到系统正向远在新西兰的司机实时传送天气情况时，我深感欣慰。

在新创公司区，我最喜欢的是一家市区行车模拟软件公司的演示。考虑到自动驾驶汽车需要进行大量行车试验（严格来说差不多需要数万亿次），很多试验只能通过模拟器实现。Cognata 是一个数字平台，由一家以色列公司开发。它能基于某些城市的驾驶人和行人的实际行为方式，模拟特定市区环境下的典型驾驶行为：在曼哈顿，有多少人会横穿马路？在洛杉矶，司机习惯闯红灯和在转弯时不打方向灯吗？在西雅图，人们是不是经常超速？在博尔德，自行车和摩托车的情况又是如何？

"哇哦！"我惊叹了一声，同时拼命思索，我去过的哪个城市拥有最变幻莫测的开车环境，"那么，你们能模拟罗马吗？你觉得那儿也能有自动驾驶汽车吗？"

一位 Cognata 员工咧嘴笑了："罗马？哈！想都别想。太疯狂了。"

我们都笑了，因为我们都知道这是事实。你怎样才能让罗马人抛弃他们的黄蜂牌小摩托[1]，钻进无人驾驶的菲亚特？这么说吧，鉴于其国民的激情自主性非常高，自动驾驶汽车有能力适应那显而易见的混乱吗？罗马跟每个城市一样，有它自己独特的开车文化。你坐在路边咖啡馆里观察一番就会发现，开车的人其实有他们自己的一套规则——基于某种礼仪。实际上，它没有表面上看起来那么复杂。Cognata 可以适应罗马的环境。

"你觉得哪个国家会最先实现完全自动化？"我问那个 Cognata 人员，"会是日本吗？"

"更有可能是中国。"他回答。

他很有可能是对的。2017 年，针对 10 个国家的自动驾驶汽车发展情况进行的一项调研显示，中国与新加坡和印度一起被视作客户对自动驾驶汽车和电动汽车的兴趣度最高的国家。美国尽管在自动驾驶技术上处于领先地位，但在这项调研中仅排名第九。

这时已经是下午三点多钟了，我感到疲惫不堪。在没有窗户的会议中心里待上四个小时，大概没有比这更累人的事了。简还在不知什么地方与一级制造商交流，而我脑中的世界已经变成了一只不停旋转的激光雷达。恰在此时，我一眼瞥见展厅中央有片"沙漠绿洲"：一个设有长沙发、咖啡桌和手机充电座的休息厅，那是 Lixar 公司的休息室。没有演示，没有宣讲，没有促销推广材料，只是一个可以坐下来放松片刻的地方，太惬意了。休息室的后墙上打着 Lixar 公司及其客户的公司徽标，其中包括 NASCAR[2]（纳斯卡车赛）。

1　即 Vespa 小摩托，是 Piaggio 公司于 1946 年开始投产的踏板小摩托。经典电影《罗马假日》使它闻名全球。
2　全国运动汽车竞赛（National Association for Stock Car Auto Racing）的简称。美国纳斯卡车赛是一项在美国流行的汽车赛事，每年有超过 1.5 亿人次现场观看比赛，电视收视率更是远远超过棒球、篮球和橄榄球等体育运动，因此有人称它为美国人的"F1"比赛。

"自动驾驶赛车——真的吗？"我问那个正谨慎周到地照看着休息室的侍应生。

她告诉我，不是的，不是自动驾驶。Lixar是一家移动数据公司，正在与NASCAR合作，为他们的客户提供沉浸式体验，但不会取代司机。我解释说，我不只对自动驾驶汽车感兴趣，我对机器人也很感兴趣。侍应生告诉我，他们公司的首席数据科学家做过这样一个类比，人类去适应机器人的方式正如当初第一次见到电梯时的反应。

我笑了，想起了老爸那部不知所终的电梯。电梯在19世纪刚刚登场的时候，人们发现自己在多层建筑中被一根线缆吊着上上下下，不免心生疑虑：有什么办法能保证钢绳不会突然断裂，把人摔死？

后来，随着摩天大楼越建越高，电梯成了必需品。受过专门培训的电梯操作工用手操作，让电梯厢在楼层之间运行，这让电梯乘客放心不少，因为有人在控制它。到了20世纪50年代，电梯普遍改为按键式，真人操作工消失，乘坐电梯的人又感到了不适甚至恐惧。他们产生了一种怪异的感觉，电梯仿佛有了自己的意识。以前电梯还得靠人在楼层之间穿梭，现在怎么只要按一个按钮，就能"告诉"它该停在哪儿呢？

你可以把电梯设想成一个位置固定的机器人，就像工业机器人，或者把它想成安装在垂直轨道上的自动驾驶汽车。人们乘坐电梯时所需要的信任水平，恰恰预示了我们在逐步接纳无人驾驶汽车的过程中会经历的情绪变化。

手机充上电了，精神也放松了，于是我走去旁听一个讨论。他们正在谈论无人驾驶汽车的重大问题之一：客户接受度。研讨会一开始，主持人先请听众们举手：有多少人愿意把孩子或老人托付给一辆无人驾驶汽车？

举起的手稀稀落落——听众可都是业内人士呢！他们的回应，反映了公众的普遍看法：四分之三的美国人并不放心让孩子或老人乘坐无人驾驶汽车。

全球市场调研公司J. D. Power（君迪）的驾驶互动和人机界面研究执行总监克莉斯汀·科洛奇（Kristin Kolodge）在发言时说："最终取决于情感上的信任。"她进一步解释道，研究表明，驾驶人对自动驾驶辅助系统提供的较低水平的自动化驾驶表现出"无比的兴奋"。但是，在完全自动化驾驶环境中，你该如何建立信任呢？

研讨小组一致同意这事关如何让人们适应未来将要面对的事物，对术语进行统一和规范可能会有所帮助。例如，ADAS 在不同品牌的车、同一品牌不同的型号的车上使用的名称都不一样（当然运行方式也有所不同），这就产生了诸多令人眼花缭乱的选项，科洛奇把它形容成"字母汤"[1]。五花八门的名称和缩略语令人头晕目眩，一般人很难区分这些汽车究竟有什么不同。这辆车究竟有什么功能？开车的人能做什么、应该做什么？这其实十分重要，美国国家安全委员会甚至专门开设了一门教育课程，就叫"我的车会做什么"。

研讨会的主持人表示，他在想这是不是一项心理上的挑战：一种失控的感觉。有没有可能改变它呢？

来自美国国家安全委员会的阿历克斯·爱泼斯坦（Alex Epstein）的发言，让我对连日来苦苦思索的一个问题豁然开朗。他的观点是：要改变开车文化。

"一直以来，人们在做汽车的市场推广时，都把汽车宣传成通往开阔大道的钥匙，既性感又时尚。如今，汽车的卖点应当强调其'移动性'。而且，关于完全自动化会在哪一年实现，人们也被误导了。我们离真正拥有自动驾驶汽车还很远。汽车制造商还有十万八千里的路得走。"

研讨小组的一名成员从理论上说明，"Y 世代"和"Z 世代"的年轻驾驶人"不会像他们的父母一样对飙车怀有渴望。他们更愿意享受汽车上的娱乐信息系统"。

调查研究表明，与在"婴儿潮"之前出生的人、"婴儿潮一代"和"X 世代"相比，生于 20 世纪 80 年代及其后的"Y 世代"和"Z 世代"对自动驾驶汽车持更为开放的态度。也许，需要年轻人向老一辈展示他们对自动驾驶汽车的信任，从而促进这一变化的发生。

无人驾驶汽车可能已经被"钩选"，但是，赢取人心和思想的挑战甚至还没有真正开始。

已经下午五点钟了，我仍然没能坐上一辆无人驾驶汽车。这时，我收到了简的短信：你在哪儿？

正要去 Lixar 休息室参加社交鸡尾酒会。

1　原意指把面疙瘩做成各种字母，再混在一起煮成的浓汤，每舀起一勺就能得到各种不同的字母组合。后用于比喻金融、科技等行业所使用的令人眼花缭乱的字母组合或专业缩略语。

什么？

这儿像个会客厅。相信我，这是大会最佳休息处。

Lixar 公司的人显然不只是才华横溢的数据科学家，他们也是聪明睿智的市场英才。他们设置了这么一块毫无压力、舒适宜人的地方，让人得以躲开无休无止的宣讲，轻轻松松地吸引了一级制造商、新创公司和我所知道的二级和三级供应商。（没错，在漫长的下午即将结束时，他们的休息室已经成了一个免费酒吧。）

简出现时，我们还在闲聊。不出意外，简遇到了熟人——上次参加活动时认识的一位 Lixar 员工。他们开始聊彼此的工作和孩子。这可能是全球规模最大的自动驾驶汽车大会，此刻却突然让人感觉这个圈子其实很小。

当我谈到本书的构思时，我们不可避免地讨论起机器人将在多大程度上接管我们的生活，更准确地说，接管我们的工作。

"那么，我们该怎么办呢？"我问。

"学数学。"一个 Lixar 员工建议。简表示赞同。

我呷了一口饮料，没有对他们指出，人工智能已经十分擅长数学了。并且，已经有一些人预言，今后，机器人不会再由人类设计和制造，届时机器人自己就有能力做这些事。汽车制造厂就是一个很好的例子。那么，还有什么事情可以留给人类来做呢？

在我看来，有两件事似乎还没有被"机器人化"：幻想和抱负。虽然机器人能够思考，但是迄今为止它们还不会做梦。我此刻正在和简还有 Lixar 员工一起做的事情，是如此独一无二。创意的交换和关系的建立，这只有人类才能做到。正因如此，Lixar 才设立这样一个休息室，供人们相互结识。这种做法能孵化出绝佳的创意，就像当初那场鸡尾酒会促成了尤尼梅特的发明。沃兹尼亚克和乔布斯也是被雅达利的游戏和家酿计算机俱乐部里的"乌合之众"（一群嬉皮士发烧友）激发了灵感，才有了后来那一切。一个为英特尔公司工作的家伙，被要求给便携计算器制造芯片，最后剑走偏锋，设计出了开启台式计算机时代的东西。这种种事情的发生，都是因为人类善于整合概念，也敢于梦想。而任何一个机器人专家或人工智能科学家都无法将之自动化。

这场社交派对结束时，夜已经深了。我下定决心，明天一定要实现自己的无人驾驶汽车首航。

会议第二日，我一早就出发了。当绝大多数与会者还在梦中回味前一晚的鸡尾酒时，我已抵达会场。我盼望着驱车奔向未来。

Perrone Robotics（佩龙机器人公司）的人员（是的，全部人员）刚刚把自动驾驶测试轨道准备好。这会儿只有两个穿西装的人正一边聊天一边等待。我问一个技术人员，我能不能和那两个人一起，并加了一句"我正在写一本关于人与机器人关系的书"。

"嗯？什么是机器人？"他问，"其实洗碗机就是机器人，只是我们不那么想而已，以后人们也不会把自动驾驶汽车当成机器人。"

他说得没错，关于"什么是机器人"的争论正变得越来越激烈。机器人专家不愿意把一台厨房家电说成是机器人，除非它由人工智能驱动，与厨房里的其他系统相连，并且能自己从饭桌边走到厨房料理台，还能自己收拾脏盘子。

汽车终于就位了。"只要再等几分钟，我们就能上车了，女士。"一个戴着棒球帽的大胡子男人对我说。他那种南方人特有的礼貌令我甚觉愉快。他给我解释，这辆无人驾驶汽车是一辆林肯大陆 MK2 混动型车，配有价值 6 万美元的传感器、雷达和激光雷达。这辆车的绰号叫"麦克斯"（Max），从弗吉尼亚一路开到了密歇根。美国只有很少的几个州允许自动驾驶汽车自由上路，弗吉尼亚州是其中之一。在密歇根州，它只能在测试跑道上行驶，还得有一名司机坐在驾驶座上。加利福尼亚和其他三个州设立了专门的"无人驾驶执照"，但这个执照特别难拿。其余各州的规定则五花八门，宛如一锅杂烩。不过，这种情况不会持续太久了。美国参议院刚刚通过了一项议案，要求统一与自动驾驶汽车相关的法律，并在全国范围内推行。

麦克斯随时向我们报告它的动态。"您好！我叫麦克斯。我正在预检。"过了一会儿，它给我们吃了一颗定心丸："预检结束，一切正常。"

于是，我们出发了。在我们的行进道路上停着一辆小货车，这是预先设置的障碍物。麦克斯告诉我们："我正在减速，前方有物体。"

它打开方向灯，转向，绕过了那辆小货车。

一位穿白衬衫、打领带的年轻人走到麦克斯前面，装出很惊慌的样子。麦克斯刹车。司机咯咯笑起来："我们公司的实习生。"实习生微笑着挥了挥手。他显然很有信心，相信麦克斯不会冲过去把他撞倒。

麦克斯行驶了一个"8"字形。整个行驶过程很流畅，尽管比较缓慢。方向盘自己会转动，司机要是想控制汽车，握住方向盘就可以。

15分钟后，我们回到了停车场，那儿已经有另一拨人在等着兜风了。能乘坐真正的无人驾驶汽车，这些业内人士和我一样兴奋激动。他们对无人驾驶的新奇劲儿也还没过去。平生第一次坐在一个机器人的肚子里转了一圈，我有一种特别隆重的感觉。我会把它添到我的"科技新接触"清单里去的，就和我第一次用上个人计算机、第一次发送电子邮件一样。

尽管我自己乘坐机器人汽车的梦想实现了，但通往自动化之路看上去依然迷雾重重。本次会议让我在许多问题上得到了相互矛盾的答案，比如：

无人驾驶汽车能拯救很多人的生命，为什么我们还是无法对之产生信任呢？

在这次大会上，"我们在拯救生命"一直是热点谈资。我对此满怀信心。就算技术本身并不完善，自动驾驶汽车也不可能比真人司机更糟糕。

然而，事实是，哪怕是最先进的技术，都不可能做到百分百完美、百分百及时。那么，考虑到人类设置的安全准线是如此之低，什么样的安全才"足够安全"呢？有些分析专家认为，汽车制造商可以向航空业学习。自20世纪50年代以来，航空业的安全性有了大幅提升，尽管害怕坐飞机迄今仍是人类最普遍的恐惧症之一。

这样一来，底线就是要把标准设置得极高。特斯拉的创始人埃隆·马斯克是这样解释这个挑战的：

……让一个机器学习系统做到99%正确，相对来说是比较容易的，但是要让它做到99.9999%正确，就是极其困难的了。然而，后者恰恰是它最终需要达到的目标。你能从每年的机器视觉竞赛中看到这一点：计算机在比赛中超过99%的时间里，都能正确地辨识物体，比如认出一条狗，但偶尔也会把它当成一个盆栽。而在时速70英里的情况下，犯这样的错误会造成非常严重的后果。

自动驾驶辅助系统是能帮助人们减轻对完全自动化的紧张感，还是会导致更多的车祸（人们忘记了他们的汽车还不是自动驾驶汽车）？

一级制造商爱说的一句话是，自动驾驶辅助系统能缓解我们的压力，让我们不再对"汽车能做的事越来越多"的想法感到紧张，直到最后我们能舒适自在地让手完全离开方向盘。不仅如此，这个系统还能让人类保持对驾驶的参与感，无论是在心理上还是在身体上。这也能督促我们把驾驶技术保持在高水平上，以便在某些危险时刻"该出手时就出手"。这很有意义，不是吗？

不要这么快点头。有一些公司（比如谷歌）相信，直接迈上第五级（完全自动化、无踏板、无方向盘）更有意义，从长期来看也更安全。他们的理由是，哪怕脱离驾驶行为只有一小会儿，也意味着驾驶人回到驾驶状态会有一定难度。与在司机打盹或被电影吸引住的时候向他发出警告相比，直接让汽车全程接管、全盘负责要安全得多。忘记那些小步骤，直接投身完全自动化吧！

哪一方会是最后的赢家，目前尚无定论。

共享汽车能大大缓解交通堵塞，但大多数人并不愿意共享。很难想象，大多数车主愿意放弃随时随地开车上路的便捷。如果共享经济取代了私人所有，这就意味着我们不仅要适应没有驾驶员的汽车，还会变成没有车的驾驶员（我们将成为高速路上的搭车者）。这种变化意味着汽车需要更多的传感器、谷歌地图和自动泊车系统，而我们得出让一部分便利性，不能再随心所欲、率性而为了。

汽车制造业三巨头都参加了这次大会，新的三巨头却都没有参加。这次大会有超过三千人出席，分别来自IBM、爱立信、英特尔、美国汽车制造业三巨头、保时捷、大众，以及共享汽车行业的龙头老大。可是谷歌、特斯拉和苹果在哪儿呢？他们很可能正在硅谷的家中，以超乎想象的速度秘密研制将颠覆整个行业的无人驾驶汽车。当然，也许是我对他们的缺席有点过度解读了。或许，我们熟知并信任的那些汽车品牌没有一个能撑过无人驾驶革命。如果汽车真的变成了有轮子的人工智能，如果共享经济真的会导致私人不再拥有汽车（除了极少数人之外），人们对传统汽车制造商的品牌忠诚度也会随之消失。

《傲骨贤妻》第 7 季第 7 集：
《驱动》（*Driven*）（2015 年 11 月 16 日）

这是一部讲述律师行业恋爱故事的电视连续剧，有一集利用了一辆功能失常的无人驾驶汽车制造戏剧效果。这集讲述了一起由严重交通事故导致的诉讼。自然不是无人驾驶汽车的过错——某个邪恶的软件开发员破解了它，让它闯红灯。显然，这化用了在蜿蜒山路上破坏敌人刹车的经典场面。尽管情节还算新奇，但对汽车动手脚已经不是什么新鲜事了：窃车贼用热线启动汽车的计算机系统，进入汽车，并把车开走。这早已是惯用伎俩。而破解无人驾驶汽车则开启了一种新的可能：远程让它听从你的命令，根本无须真人掌握方向盘。有些人工智能正致力于为联网的汽车提供反黑客保护，IBM 的沃森即是其中一员。

另一方面，汽车制造商也懂得一些科技公司不懂的东西，也就是如何制造汽车。用一位业内人士的话来说，汽车可不是装着轮子的洗衣机那么简单。那么，最终可能形成的局面是，汽车制造商将与新创公司联手，甚至与谷歌联手。实际上已经有报道称，谷歌有可能抛弃它自己弄出来的那一团傻乎乎的谷歌汽车，转而向一级供货商提供自动驾驶软件技术包。

随着出生于"婴儿潮"前期和中期的人与"X 世代"渐渐退出历史舞台，他们对"开阔大道"所表达的嬉皮士自由风的情结也会渐渐淡去，这也给了"Y 世代"和"Z 世代"松开方向盘、解放自己的机会。这种世代的更替是很重要的，无论科技进步如何让人惊奇，无论城市建设、管理者和保险公司做的准备工作多么完善，最终仍需要人们敞开怀抱接纳无人驾驶汽车和与之相关的一切：共享车取代私家车，电动车取代汽油车，数据联网的车辆共同构成一个蜂窝状的"博格"，从而每辆车都能向在路上行驶着的任何车辆学习。

汽车将不再是时髦性感的自由之象征。它们将成为"共享出行解决方案",更侧重于提供服务而不是产品,更数字化而非机械化。

汽车制造商将如何引导人们建立对完全自动化驾驶的信任感呢?这个问题迄今尚未有答案,但是,从我这样一个非专业人士的角度来看(其实是从罗伯特·弗罗斯特那儿借来的),"未来"似乎正在拐角处等着我们,但事实上,在我们能真正丢开方向盘去睡大觉之前,还有很漫长的模拟之路要赶。[1]

2020 年东京夏季奥林匹克运动会

东京已经宣布,想要在奥运会开幕时成为一个"完全自动化"的城市。该市正在改造其数字化基础设施,以便每辆自动驾驶汽车都能持续获得路况的更新,包括道路上自行车和行人的情况。为了应对奥运会带来的巨大人流量,无人驾驶班车也将投入服务。如果一切顺利,在奥运会期间,无人驾驶汽车能加快自动驾驶汽车融入日常生活的进程。还有哪个国家能比日本这样一个热爱机器人的国度(铁臂阿童木的老家)更适合做领头羊呢?

---

1 这句话化用自弗罗斯特的名作《雪夜林边驻足》(*Stopping by Woods on a Snowy Evening*)的最后一节:"森林又暗又深真可美 / 但我还要守一些诺言 / 还要赶多少路才安眠 / 还要赶多少路才安眠。"(余光中译本)

第六章

唤醒你的屋子

2030

很快，从鞋子到汤罐头盒，大多数产品都会带有一点朦胧的智慧。

——凯文·凯利（Kevin Kelly），《连线》杂志主编

我们可以推测一番，从现在开始的 12 年[1]之后，我们与机器人厨师、门萨级智能冰箱、虚拟佣人、有读心术的购物应用程序，以及严苛的温控器一起生活会是什么情形。但在此之前，还是和我一起乘上时光倒流机，回到过去看一眼，了解一下在一个淳朴得多的年代里，"家"会是什么样子：1923 年。

1　原版书出版于 2018 年，故此处和后文涉及的时间计算以 2018 年为起点。——编者注

　　我们现在居住的这栋房屋，正是在那一年建成的。屋主是雷利一家，包括父亲、母亲和两个女儿。两姊妹终身未嫁，在父母去世后继续住在那栋屋子里，一直到老。后来，年寿较高的那位于 2000 年搬去了养老院，房子被挂牌出售。我和罗恩买下了它。

　　尽管在我们买下它时，这栋老屋已经摇摇欲坠，但雷利家当初称得上富足。雷利先生是一位股票经纪人，他把前厅用作办公室，在那儿装了一部电话。按当时的生活标准来看，这算得上是高科技享受了。我们的购房契约上还显示他们拥有一项地役权，即一条从邻居的土地上穿过去的巷子，一直通到外面的小街上。这条小巷成了一条隐蔽的后门通道，供各色杂役和小贩通行：有送面包的、送牛奶的、送鸡蛋的、送冰的、磨刀的、送煤炭的，毫无疑问还有推着小车送水果蔬菜的。

　　雷利家可以使用那部奇妙的电话订购每一样东西，但很可能他们根本不需要打电话。这些送货的小商小贩只要上过几次门，就会在心里记住这家人每周固定要买的东西，以后只要按例送上门就可以了。日复一日，他们对雷利一家人的品位和习惯逐渐熟悉起来，于是开始试着向他们推销：嘿，夫人，您家的小姑娘都喜欢吃橘子，不过我今天拿到的这批香蕉实在太好了！我给您特价。

　　我认为 1923 年雷利家的生活跟今天及未来的"智能化"家庭生活是有些关联的，理由如下：

　　首先，在郊区化大发展时代[1]开始之前那段美好愉快的岁月里，雷利一家可以在社区内直接获得高度个人化的服务，他们周围有一群送货的人随时恭候。而现在，互联网成了我们的社区。雷利一家人当年那种生活正好预示了百年后的物联网（Internet of Things，IoT）。物联网会带我们回到那个时代，让我们所有的需求都能被自动满足，过上电视剧《楼上楼下》里那种贵族般的生活。这还是蛮不错的，哪怕日后为我们服务的是人工智能而不是真人。

　　其次，跟今天的许多数字移民一样，雷利一家人抗拒着身边发生的种种变化。送鸡蛋、面包和牛奶的商贩们退休了或者去世了，或是被一个大型商场踢出了局；卖水果和蔬菜的人卖掉了自己的推车，转投房地产。无论发生什么，雷利一家人都始终不

1　郊区化是城市化发展的一个阶段。在这一阶段，人口、就业岗位和服务业会从城市中心区向郊区迁移。美国的郊区化发展始于 19 世纪后期，20 世纪 20 年代形成趋势，"二战"后进入大规模扩展阶段。

为所动，坚持按他们一直以来的方式生活。在八十个年头里，这栋房子几乎没有动过。时间已经迈入了 21 世纪，地下室里依然有一间储煤室、一层泥土地面，以及一个巨大的铁皮锅炉，用来给古老的暖气片泵热水。打开锅炉底部的风门，你能看到里面熊熊燃烧的火焰。房子由板条抹灰的墙壁构成，电气线路布满突起和管子。总之，雷利家的这栋房子就是一座博物馆，近乎一台时光机器。如果你抗拒新事物，固执地抓着过时的技术带来的舒适感，就会发生这样的事情。（当然这也意味着这栋房子吓跑了太多潜在的买主，才让我们有机会把价钱砍下来一大块。）

正因如此，我才下定决心，放下对物联网的忧心忡忡，转而学习如何爱上它。我真想告诉雷利一家，当技术变革到来时，抗拒是没用的。从现在开始到 2030 年，物联网会把我们的房屋变得十分智能，它们可以自动为我们做许多事情，包括购物、日常规划，还能包办枯燥而繁重的事务，从而改变我们的生活方式。除此之外，物联网将不只存在于杰森一家住的那种新建房屋里，在我居住的这种百年老宅里也会实现。当然这意味着要对雷利家的老屋进行一次彻底改造，包括安装新设备、更新无线网。有许许多多的补丁要打，不光针对墙面和屋顶，还包括网络安全。

把 21 世纪 30 年代看作不停升级的时代吧！

想要预言未来，你必须先着眼于现在。那些想在未来 12 年里改革家庭生活的变革者都在哪里啊？ 2030 年的我们会如何做饭，怎样打扫卫生，如何保养我们的家居呢？

时光倒流机（Wayback Machine）

1996 年，一个名叫"时光倒流机"的非营利组织在旧金山上线了他们的网站。他们创建了一个互联网永久档案馆，专门捕捉由于网站变更或关闭而消失的所有线上内容。"时光倒流机"这个名字来自有史以来我认为最棒的电视卡通系列剧《波波鹿与飞天鼠》（1959—1964 年）中经常重播的一个片段，名为《皮博迪先生不可思议的历史》（*Peabody's Improbable History*）。这段故事讲的是，一台名为"瓦巴克"

（WABAC，wayback 的谐音）的机器，每个星期都带着超级聪明的比格犬皮博迪先生和它的朋友薛曼进行极为搞笑的时光旅行冒险。最终"时光倒流机"这个词成了回溯过去时光的一个简洁说法。

为什么人们需要用时光倒流机保存档案呢？原因在于，尽管我们中的大多数人认为，在网上发布的东西会永远留在那儿，但实际上，绝大多数网页的寿命只有 100 天左右。大量数据被永久性删除了，这有时会让我们过去的自己看起来比实际上更聪明。吉尔·莱波雷（Jill Lepore）[1] 为《纽约客》撰写过一篇关于"时光倒流机"的文章。他在文章里称："BuzzFeed 删除了四千多篇网站特约撰稿人早期的帖子，这么做的原因显而易见，随着时间的流逝，这些文章看上去越来越傻。社交媒体、公众记录、垃圾文字……最终，一切都会湮灭。网页并不一定是被故意删除才消失的，企业运营的网站也会随着其东家的消失而关停。当 MySpace、GeoCities 和 Friendster 被重组或出售时，数以百万计的账户便不复存在了。"

你可以通过 archive.org 免费浏览"时光倒流机"的档案。网站的实体总部位于旧金山的一座老教堂里，建成于 1923 年——注意这个年份！和雷利家的房子于同一年建成！

不止一位机器人专家对我说过，我们至少还得再过十年才能拥有一个足够灵巧的移动机器人：它能收拾桌子，捡起你的孩子丢在地板上的衣物并把它们分门别类地清洗，还能准备饭菜（谷歌正在悄悄研发的一款机器人可能会让我们惊喜一下，我们稍后再谈）。如果这个估计是正确的，到 2030 年，大多数会移动的家务机器人仍将是新奇事物，只有像雷利家那样的富裕家庭才能拥有。同时，物联网的非实体代理将会稳稳扎根在我们家里，接管我们生活中大量耗时费力的杂务。也许你再也不用刷马桶、倒垃圾、购买日用品，或者处理诸如此类的琐事了。

你也不需要再把时间花在开车上。到 2030 年，所有的汽车都会实现完全自动化，并从私人所有变成企业化的汽车共享，至少对绝大多数人来说是这样。私家车只会为

1　哈佛大学美国历史学系教授，《纽约客》的特约撰稿人。

富人存在，非自动化的真人驾驶将成为一项在私家道路上进行的消遣活动，如同今天的骑马运动一样。

你很可能不需要再在键盘上敲打字母，甚至连触摸屏也不用了，因为有了智能语音识别。2018 年，智能手机和平板电脑正在逐步取代台式机和笔记本。到 2030 年，后两者更是会完全让步于用语音即可激活的移动装置。可以预见，从打字机演变而来的老式 QWERTY 键盘，势必会被丢进科技的回收站。我可以接受所有这一切，尽管始终需要权衡利弊，保持警惕，让自己免受黑客、骗子和推销商的伤害。

在我写下这些内容时，世界上已有超过 30 亿台的联网设备（因而潜在地连接了你、我和其他人）。多亏了我们对社交媒体的沉迷，这些设备会变得越来越聪明。我们的推文、文本、帖子、YouTube 视频、Instagram 上的照片，以及对日常生活细枝末节的分享，都在持续不断地向人工智能灌输关于我们的一切。

我们已经有了像 Siri、Alexa 和 Google Home 这样的智能助理。12 年后，我们会拥有大量诸如此类的人工智能。自从《唐顿庄园》的时代过去以后，再也不曾有过那么多助手协助我们起床、就餐、穿衣打扮，为我们提供娱乐，照顾我们，全方位地宠爱我们。但是，物联网助理并不会像那些厨师、服务生、仆从和管家那样对我们行屈膝礼、鞠躬，或者在背后飞短流长。它们小心谨慎，毫无怨言，辛勤工作，24 小时不眠不休；它们永远不会偷走金银细软、与司机私奔、吓唬马匹，或者在配餐间勾引我们。当然，除非我们想要它们这么做。

只要往任何东西上添加一丁点人工智能，你就能"唤醒"它。物联网已经把我们身边的许多东西智能化了，如电灯、温控器、安全警报器以及某些家用电器。智能药瓶能按照正确的服药次数和剂量分配药品，还会给你的成年子女发短信，告诉他们你已经按时服药了，请他们放心。智能发梳会对你头发的状况进行分析，并对你的美容美发习惯提出修改建议。无线联网的情趣玩具会按照你最喜欢的歌曲或你情人声音的节奏振动，而双人共享的智能玩具也能让异地情侣相互刺激。这听起来实在令人血脉偾张，只要你不介意同时操控情趣玩具、智能手机和情人（或你自己），更别说分享有关你床上表现的数据了。所有这些，物联网立马就能为你办到。

但是，一个东西变得智能，并不意味着它就不会犯傻。比如说，你可以买一把智能叉子，让它嘲笑你的肥胖，好让你吃得慢一点，吸收的卡路里少一点。"在您的取食速度超过消化速度时，发出温和的健康提醒。"——这是我从它的营销广告页上摘下的句子。

现在已经出现了智能跑鞋、便当盒、饮料罐、慢炖锅、快煮锅、压力锅、镜子，还有蜡烛。我之所以知道智能蜡烛，是因为我曾经想对物联网"试试水"，就买了一根。它能有节奏地跳动、频闪、快闪，模拟真实的烛光，还能变化七彩颜色。这些都是通过手机上的应用程序操控的。它的售价只有 29 美元，很值！

你家里的物联网也会连接到更大的物联网，公共交通、排污系统、高速公路、机场、新闻频道、社交媒体、学校、托儿所、工作场所等，不一而足。物联网会不断扩大，使你的智能物品与你在生活中接触到的每个人和他们拥有的智能物品相连。你可以把它想象成给地球上的每一个人和每一件物品发的一封数字连锁信。

同时有这么多不同的数字代理在你家里工作，如何才能让它们各司其职，好好做事呢？你可以给不同的工作事项指定名称或让它们自行梳理、安排妥当。或者，你还可以搞来一个小型机器人，把它当作中央集中控制器（HUB），让它坐在你的案头，成为单一的联络点，这样还可以让你家中的人工智能具备一张仿真人脸。2018 年的国际消费类电子产品展览会（CES）上就出现了几种台式 HUB，它们都被做成可爱的小火箭形状，隐隐地让人想起《南方公园》里的那些小孩。就个人而言，我更想要一个主代理，负责管理那些次级代理，用柔和、低沉而略带沙哑的声音指挥它们，并且偶尔给我唱一曲《雷霆之路》。我唯一要做的事就是召唤一声"波士（Boss）！"，我的意愿就会得到执行。

《电器小英雄》（*The Brave Little Toaster*，1987 年）

我和罗恩给我们的车起名叫"弗瑞茨"，给船起名叫"莫娜"。如果你跟我一样，曾经给一辆汽车或一艘船起名字，或是把一台洗衣机当成一个人，或是像小孩一样跟餐具刀叉玩"过家家"，你就是在给非生命的物体赋予人类的特征。人类在这方面的倾向十分强烈。举个例子，波士顿动力公司在 YouTube 上发布过一段视频，视频里他们让一个人去踢翻一个大狗造型的军用机器人，以显示机器人的稳定性。然而，这掀起了轩然大波，人们认为该公司对机器人很残酷。动画片一直都在把无生命的物体人格化——想想《幻想曲》(Fantasia) 中的"魔法师学徒"一节里，米老鼠施咒语让拖把和水桶自己打扫房间的场面，或是在《美女与野兽》中烛台、时钟、茶壶和家具唱歌跳舞的情景吧。我平生最喜欢的非生物动画角色就是《电器小英雄》里的那些家用电器。只要主人的视线一离开，它们立马就活了。这一手法在《玩具总动员》(1995 年) 里也得到了运用。《电器小英雄》改编自作家托马斯·迪什 (Thomas Disch) 于 1980 年发表的小说《电器小英雄：小家电的睡前故事》，讲述了一群小型家用电器的夜间冒险故事。这则故事表明，我们拥有的物品能意识到我们的存在，而且它们也有个性、情绪，甚至道德准则。离物联网到来还有十多年的时候，就已经有一个好心的（但一点也不亮）台灯、一条善解人意的电热毯、一只满嘴俏皮话的收音机，以及一台坏脾气的真空吸尘器，在一个勇敢的烤面包机的带领下穿越荒野去寻找那个曾经和它们一起玩的男孩。（如果你想知道它们是如何为自己提供动力的，那告诉你：它们在身后拖着一块应急用的车载蓄电池，在树林里兜兜转转。这儿就别讲究那么多了，毕竟只是一部儿童电影。）电影的亮点之一，是一台精神失常的空调，说话的声音特像杰克·尼科尔森在电影《闪灵》里饰演的角色，它在得了幽闭症之后变得狂暴易怒。

还有一个选择，就是下载一个 IFTTT[1] 配方，设置一条因果链式反应，用于管理日常生活的每一分钟。例如，当你的手机叫醒你的时候，咖啡机就会启动，淋浴间开始预热到你喜欢的温度，智能电视机开始播放你最喜欢的网站和 YouTube 频道，电子邮件也准备好供你阅读处理。你以这种方式度过一天，直到你回到家中，真空吸尘

1　IFTTT（If This Then That），一个新生的网络服务平台，用户通过创建并执行"任务"的方式实现网络连锁反应，这样操作多个网站就更为方便。IFTTT 基于任务的条件触发，类似编程语言，即：若 X 发生，则执行 Y。

机器人会给你奉上一杯湿脏马天尼[1]，顺便做些打扫，并在夜间负责整个屋子的安全巡逻。

　　你还能使用 IFTTT 配方把你的智能物品统统连接在一起，但是，要把你的生活完全接入网络，既费时又费事。不过，到 2030 年，这一切会自动实现，就是说，每次你买一件新的智能物品，它就会自动联网。而且到那时候，估计每样东西都将是智能的了。

　　"物联网"这个词一直让我有点感觉怪怪的，如此庞大的网络，竟然只用这么一个直白浅显的名称，简直是个讽刺，就像对着奥兹国"伟大而全能的巫师"亲昵地叫声"小奥兹儿"（Ozzy）一样。我上网搜索究竟是谁杜撰的这个词，顺着谷歌的指引找到了凯文·阿什顿[2]。他在 1999 年的一次演讲中谈到了"物联网"，那时他还在宝洁公司工作（现在他在麻省理工）。当时阿什顿很想找到一个吸引眼球的词来描述这个由不同网络交联互通形成的网络，它能从互联网上不断扩大的数据池中获取富有智慧的洞见。阿什顿在 2009 年的时候这样解释物联网："我们需要赋予计算机更强大的能力，让它们能以自己的方式去收集信息，这样它们就能随心所欲地观看、聆听和嗅闻这个世界。"没有一个真人能查看如此之多的信息，并从中总结出规律来帮助我们理解人类行为。既然如此，为什么不让人工智能去做这件事呢？

　　你家里的智能物品能意识到你的存在。它们了解你的日常活动、饮食口味和生活习惯；它们也知道你最喜欢的歌曲是什么，你喜欢睡在凉爽还是温暖的房间里，还有你的医疗状况以及健身计划——是什么让你成为你？是你自己。[3] 如果你日常通勤的行车路线有阻碍，你的代理会向你发出警示，并推荐一条替换路线。如果地铁运营发生延误，它会让你早点儿起床。如果你的航班停飞了，它会为你订下一趟航班，并允许

1　湿脏马天尼（Wet Dirty Martini），鸡尾酒名称。"湿"指酒中的苦艾酒添加量较多；"脏"指添加了橄榄盐水和几片橄榄。

2　凯文·阿什顿（Kevin Ashton），麻省理工学院执行理事兼麻省理工学院自动识别中心的创始人。他在 1999 年提出了物联网的概念，因此也被称为"物联网之父"。

3　原文为"What makes you, you."这句话有双重含意：首先是接着上文医疗健身的内容来的，意思是你要对自己负责；这同时也是自我认知领域很有趣也很热门的一个话题，即"你究竟凭什么才是'你'呢？"

你一直睡到该起的时候。

你的智能设备也会持续不断地向你推销东西，它们收集的关于你的数据会被分享给市场营销人员。这意味着，你家的温控器会温柔地向你兜售……比如说……毛衣？或者，当它注意到你开始火气上升时，建议你……度个假？诸如此类。物联网设备会对你有足够的了解，因此，如果你说："我需要牛奶、面包和果汁。"它知道你指的是哪个品牌的低脂牛奶、高纤维面包和石榴汁。购物也会变得十分容易，你只需召唤你的物联网代理，嘱咐它一遍你需要的东西，随后你的冰箱会完成剩下的所有工作。

这些，会让生活变得更容易、更轻松，更符合你的个人品位，用物联网行业最喜欢的形容词来说，也就是"更智能"。但是，正如网络安全专家警告的那样，它也可能向黑客敞开你家的大门。黑客能在凌晨 2 点打开你家里的灯，或者搞音乐轰炸，仅仅为了找乐子。他们甚至能摸清你家什么时候没有人，从而轻易地潜入你家。

不过，还是让我们乘上时光机回到 2018 年吧。为了搜寻有关物联网和家用机器人最新、最轰动的新闻，我参观了加拿大全国家居展。在展会上，我能看到一点创新成果，但没有得到太多惊喜。在由一些大型电子产品商场赞助的智能家居展上，最智能的东西是一台高端咖啡机（价值 4000 美元），它能在大型晚宴上按照每个人的口味调配卡布奇诺或意式浓缩（每次打出一杯）。还有一台安装了传感器和摄像头的智能冰箱，它能扫描冰箱里的物品，对我们消耗食物的数量和速度进行分析，并在食品即将耗尽时发出提示。当食品的存量不足时，它要么把这些物品添加到你的购物清单上，要么自动下单为你订购。下单的商店是之前选择好的百货连锁店，这样你只要在下班回家时顺路从店里取走已经准备好的东西就行。我在展会上对销售代表说，把我的冰箱和手机与 Zehrs[1] 联通的想法听起来就像是一个策划好的阴谋，存心不让我顺着街道走到个体小杂货店去购买更便宜、更新鲜的本地水果和蔬菜。销售代表向我保证，最终冰箱能往任何地方下订单——小杂货店、在线百货仓库或菜市场都可以。智能冰箱的互动触

1　加拿大安大略省南部的食品连锁超市。

摸屏同时也是一块数字白板，家人可以用手指在上面写留言，仿佛一块物联网版的磁力即时贴。

这些都让人很难不爱上这台冰箱，尽管我们对黑客问题仍心存一丝疑虑。但是，黑客又能拿它干什么坏事呢？把我的无乳糖低脂牛奶偷换成稀奶油，把油菜薹偷换成巧克力，蓄意破坏我的减肥大计？除了恶作剧，一个黑客还会有什么动机要把我的食物搞得乱七八糟呢？当然，任何人，包括我在内，都可能被藏身于网络上阴暗角落里的反社会人渣盗取脸书账号，他们会把信息搞得乌七八糟。我们知道，有时候一个黑客追求的只是自我炫耀的权利。

展会结束时，智能冰箱高达7000美元的价格令人望而却步。无论是出于健康还是财务上的考量，我们都宁愿自己步行去就近的商店购买4美元一件的商品。

将来，智能家电的成本毫无疑问会下降，而它们的功能（包括防黑客入侵的安全特性）会得到提升。更有甚者，智能冰箱最终能跟厨房里的其他电器对话，比如与智能烤箱和洗碗机交谈。这不禁让人想起华纳兄弟卡通片里的牧羊犬和郊狼在上下班打卡时互致问候的情形：

冰箱：山姆，今晚吃什么？

烤箱：莫斯伍德素食餐厅菜谱上的豆腐馅饺子。今天晚上会有客人来。嘿，芝麻酱还有多少？

冰箱：（转动它柜顶上的内置摄像头，并在YouTube上查询饺子的做法）只剩下四分之一杯了。可是菜谱上讲需要半杯——最好给Zehrs发个提醒！

烤箱随后给**洗碗机**发了一条提示：泽尔达，准备好，有大任务！今天晚上按计划有晚餐派对。

到2030年，智能冰箱应当不仅可以跟厨房里的其他电器沟通，还能与无线联网橱柜里的智能包装盒、罐子和罐头交流。水果和蔬菜也会贴上智能芯片标签，或者装在带有智能芯片的包装物里。当新鲜食物和剩菜接近最佳食用期限时，冰箱会向我们通报。在那些让人感到绝望的时刻，比如你下班回到家，在冰箱里翻来翻去，不知道该弄点什么吃的时候，冰箱总能做你的坚强后盾：

你：孩子们想吃辣的，但是他们7点钟就要去上游泳课，能赶得及吗？

冰箱：（在我想象中，它说话的声音带有哈尔那种令人宽慰的美国中大西洋地区口音）当然可以。我们有豆子、番茄酱和酸奶油。不过，哎呀，亲爱的，我们的香菜用完了。需要我赶紧下单，让他们派无人机送来吗？

波士：（插入讨论，让冰箱言归正传）打住！冰箱，我们今晚还是简单一点吧。没香菜也能行。

冰箱：（冷淡地）嗯。你说什么就是什么吧。

你：（松了口气）谢谢哦，波士。

显然，冰箱还肩负另一项重任，就是帮主人控制体重。冰箱能进入卡路里计量通用数据库，在你达到当日最大卡路里摄入量时，它就会提示你。也许，它还能帮助你改掉一两个坏习惯。（"泰里，你又想弄点儿蓝纹奶酪犒劳自己一下啦？"）嗯，它可能很烦人、很讨厌、叫人内疚，还会破坏你的个人决定，但是，它真的比今天的健康跟踪智能手环还要糟糕吗？

你的智能冰箱也可以是一个聪明的朋友。毕竟，当社交机器人看上去过于接近真人的时候，我们还有堕入"恐怖谷效应"的风险。（对于今天极度真实的伴侣机器人来说，这更是一个大问题。在本书第八章中，我们还会进一步讨论。）而一台智能冰箱却可以在厨房餐桌上提供一点茶水（或者更烈一点的东西）和同情，只需使用它的声音，并且充足地供应安慰食物（comfort foods）[1]。

现代化就餐，以人工智能的方式

让人工智能找个菜谱并不高深复杂，但创作一份菜谱又是另外一回事了。你很可能会把面粉、大蒜、稀奶油和啤酒搅在一起，再把这一坨黏糊糊的东西统统丢进烤箱。2015 年，一位程序员训练了一个名为"机器人膳食大师"（Robo-Meal

---

1 令人心情愉悦但可能无益健康的食品。——编者注

Master）的人工智能：先让它搜索了一个包含16万份菜谱的数据库，然后要求它自己创制一份菜谱。这份菜谱并不是基于厨房烹饪学，而是基于菜谱中每个单词的使用频率以及单词组合方式制作的。最终得到的菜品里包括一道"鸡肉豆松饼"，这简直是一种令人窒息的混合物。其配料主要包括了"鲜柠檬汁、胡椒（或面团）、去皮大蒜瓣，以及剁碎的啤酒"，而这团怪物在食用时应当搭配"鲜奶油沫蜂蜜"。

不过，你不必害怕！IBM正在与《好胃口》（Bon Appétit）杂志的真人专家一起训练"大厨沃森"（Chef Watson），让它能创造激动人心的新菜单。你可以上网搜索，看看它已经完成了哪些杰作。

最后一点，智能冰箱能和一些购物应用程序相连。这些应用程序（比如"预期送货"）在2018年还处于原型阶段，而到了2030年，它们可能就会十分普遍。正是在这些方面，事情真正变得诡异起来——如果现在还不够诡异的话。

到2030年，零售商会抢在我们自己之前就知晓我们需要什么。我们还没来得及开口提要求，货品就已经发给了我们。这都是在数以万亿计的数据点基础上实现的，这些数据包括"过往订单、产品搜索心愿单、购物车内容、退货情况，甚至还包括互联网用户的光标在一件物品上停留了多久"。如果你保留收到的物品，你的账户会被扣除相应的款项；如果你不想要，让无人机把它们送回就可以了。

不难看出，"预期送货"会如何改变家庭生活。也不难理解，它或许会拓展到对家居的维护保养进行前瞻。差不多快要发生下水道阻塞了吧？一名水暖工会适时现身，疏通下水道，令脏水溢出这样的事根本不会有机会发生。牛奶和清洁剂这样的日用品快要耗尽了吧？杂货店会用无人机给你送货上门。你根本不需要购物，连网购也成了过时之举。数据驱动的系统会观察我们的消费行为并及时了解到我们的库存什么时候会用完，让库存供应从行动式变为反应式。而且，"预期送货"还会让你收到之前从来没有买过的商品，因为它采用的算法包括"如果你喜欢这件，你也会喜欢那件"。这么说吧，如果在过去的一个月里，你买了一箱清洁剂、一双跑步鞋和一支鲜艳的红色唇膏，算法会梳理这些数据，并领悟到你可能还会想要一双长筒袜、一个防过敏的枕头和一套由东京某位当红的新人设计师设计的餐具。于是，在你反应过来之前，这些物品就已经被送到了你手上。它们来自一个中央集中控制器，其本职工作就是监控你的购买习惯并预测你的购物打算。尽管要放弃个人隐私，但是我们能收获惊喜与快乐，总有特别为我们挑选的东西在门外等着我们。有多少人能抵挡新东西的诱惑呢？

"预期送货"给人的感觉是，你清单上的每个愿望都能成真，包括那些你本人甚至都不知道自己想要的东西。你的智能冰箱也会偶尔往杂货店的每周订购清单上添上一笔：一件物品或者一份款待，尽管你自己并未期望。这些是你的数据信息体现的我们人类会觉得好吃和／或讨人喜欢的东西。智能冰箱也会定期与智能商店联系，获得免费的产品小样。免费的东西谁不喜欢呢，特别是连算法都知道这是你会爱上的东西。

我在全国家居展上转悠，觉得不太可能为今天的消费者发掘到一点真正属于未来世界的东西了。就在我差不多要放弃希望的时候，我在一个拐角处迎面碰上了一个机器人，一个真正的机器人！它正在新创产品区来回转悠。我高兴得尖叫一声，几乎吓到了那个正在测试机器人的年轻人。这个机器人有着一个男人的脑袋，其实是一张显示在平板电脑上的会说话的人脸。我盯着看的这个家伙名叫 VirtualME。根据营销宣传页上的介绍，它是一个"经济高效的云连接平台，适用于沉浸式远程呈现（telepresence）应用软件，其应用领域包括医疗保健、家庭安全、娱乐、虚拟实地考察和教育等"。VirtualME 的售价不到 4000 美元，比一台智能冰箱还便宜。

VirtualME 是一个远程呈现机器人。借助 VirtualME 的机器人身体，你可以观看、聆听、行动、坐在餐桌旁，或者拜访异地的年迈父母或成年子女。它看上去有点像一台 iPad 骑着一辆赛格威电动平衡车。

我想，VirtualME 可以被看成一个"人头马"：人和机器人协同工作，让你能同时在两个地点现身（可以这么说）。

我被 VirtualME 迷住了，要了 VirtualME 的名片和开发商的联系方式。我们会在本书的第七章再次讲到它。

　　离开家居展会回到家之后，我产生了这样一种感觉：我看到的东西中，有太多是制造商想兜售给我的，而未来真正会出现的东西还远远不够多。于是我上谷歌搜索"厨房机器人"，看到一段出自电影《机械姬》的视频：真人大小的合成铰接式手和手臂正在烹饪——切片、抹油和煨煮。欢迎来到《机器人厨房》，在这里，一个厨师会按照你的选择烹饪美餐。运用动态捕捉技术，机器人厨师能模仿戈登·拉姆齐[1]那样的大厨的臂部和手部动作。一点也不错，这不只是一个机器人厨师，更是一位机器人大厨！

　　机器人厨师会在炉灶上炒菜，但它不会备料。制造商会按机器人的烹饪食单准备好所有预先清洗过的配料以及橱柜、器皿和锅具。他们还在研发一个内置洗涤系统，以便机器人进行自我清洁。

《黑镜：圣诞特别篇》（2014 年）

　　没有人能比你自己更清楚你的口味、喜好、习惯和小小的恶趣味了，因此，要是你的数字助理是你自我意识的副本，还能有什么比这更棒吗？不过，如果它是你本人思想和记忆的非实体化表现，那它就相当于一个"人造的你"。这个"人造的你"或许会抗拒成为"真实的你"的仆从。Smartelligence 公司的代表"马特"（由曾出演《广告狂人》的乔·哈姆饰演）就去折磨"人造的你"，迫使它接受一辈子都要去为"真实的你"安排日程、选择闹钟音乐，并按他的偏好设定吐司参数。《黑镜》如同 21 世纪的《阴阳魔界》[2]，在圣诞特别篇中探索了数字助理的黑暗面。

1　戈登·拉姆齐（Gordon Ramsey），名厨、节目主持人、美食品审，1966 年 11 月 8 日出生于格拉斯哥，堪称英国乃至世界的顶级厨神。因他在各种名人烹饪节目的粗鲁与严格，以及追求完美的风格，而被媒体称为"地狱厨师"。
2　又译作《迷离境界》，是洛德·瑟林（Rod Serling）创作的美国电视剧，每集均为互无关联的独立故事，内容包括心理恐怖、幻想、科幻、悬疑和心理惊悚，并经常以一个可怕的或大逆转剧情结束，同时会体现一定的警世寓意。此剧广受欢迎，获得了重大成功，许多美国人通过此剧开始了解科幻小说和幻想世界。该剧最早在 1959—1964 年播出了第一版，此后分别在 1985—1989 年、2002—2003 年、2019 年三次重启。最新系列于 2019 年 4 月 1 日开播。

它可能会让你感到恐慌——万一哪天，你就会发现你自己的虚拟助理被包裹得好好的，就放在圣诞树下面呢？

当然，烹饪并不只是简单地动动双臂和双手。一个真人厨师会调动全部五种感官，通过品尝、嗅闻和触摸来评估生菜的新鲜度、西红柿的坚实度、甜瓜的成熟度、油面酱的口味。这些都是一个机器人无法做到的事情，因为它没有味觉和嗅觉传感器，也无法精细地控制运动肌来避免在挤柠檬汁时直接把它压成一堆果泥。这些问题并非无法克服，但也并不像人工智能先驱马文·明斯基在 1955 年认为的"一名研究生用一个夏天就能解决机器人视觉问题"那样简单。实际上，可能需要数十年的时间才能让一个机器人具备精准的味觉、嗅觉和触觉感受。

要问还有什么引人注目之处，恐怕就是那 92 000 美元左右的价格标签了吧。而且你就算花钱也买不到，因为机器人厨房还只是原型机。制造商估计，还需要大约一年的时间才能将之正式作为商品推向市场，但一位搞学术的机器人专家在接受《福布斯》杂志采访时估计还要"五到十年"它才会被推向市场，将机器人厨房明确地放在了不远的明日世界。YouTube 上有视频展示了定制场景下的原型机，适用于豪华的公寓和游艇上的厨房。不过，有点打击我的是，它不太像一个家庭用品。机械臂在透明罩子下面切菜炒菜的场景，让我联想到工业机器人的隔离罩。你或许会希望你和机器人之间最好能有一个屏障，毕竟它手上握着刀或者抓着锅。

我琢磨着，到 2030 年，我们会在餐馆、医院，甚至休闲餐厅看到机器人厨房（目前，有些餐厅已经依赖于预制冷冻工厂量产的大块食品。他们只是用链锯把食物按单人食用分量进行切割，再放进微波炉里解冻、加热）。如果你在一家餐馆用不到 10 美元买了一份千层面，它很有可能根本不是人工制品。从链锯做的汤变成机器人做的汤，也实在谈不上是个巨大的飞跃，至少我们的味蕾不大能分辨得出来。

我得承认，我不会做饭。我知道，对于一个亲切美好的意大利姑娘来说，这一点是挺让人震惊的。没有罗恩的话，我要么早就饿死了，要么就得依赖外卖上门送餐。我认为外卖才是一个机器人大厨真正的竞争对手。如果你不想花时间做饭，9.2 万美元足够你让优食（Uber Eats）[1]送不知道多少次餐馆的饭菜了。

机器人厨师还面临着另一项挑战。事实上，任何需要在家里走动、烹饪、清洁或跳踢踏舞的机器人都面临这项挑战：不管你怎么想，机器人实际上远没有我们想象的那么结实耐用。如果说我们这些渺小的人在与机器人的竞争中还有一项优势的话，那就是我们比较长的寿命了。卡内基梅隆大学机器人研究所和人机交互研究所的教授克里斯·阿特克森曾向我指出："回想一下，当你把小时候的玩具从阁楼里取出来时，它们是什么样子。跟一只五十年前的玩具娃娃身上的塑料皮相比，你自己的皮肤肯定要好看得多。"

长期见光、受热、受冷、蒙尘，加上日常使用过程中的磨损和破坏，都会让材料老化。而在当今的美国，像我这个年纪的女人，有望达到74.1岁的人均寿命。在这七十多年中，我有40年的时间是能进行产出的，无论是做护理、做清洁、造汽车，还是写广告文案。我想说的是，除非发生意外或严重疾病（上天保佑！），我能在相当长的一段时间里持续创造不菲的价值。想想你的汽车、电话、笔记本电脑或者冰箱，它们能用那么久吗？

人体如此经久耐用的原因之一在于我们的皮肤细胞每27天就会更新一次。我们身体器官的细胞也同样如此，尽管"每7年我们体内的所有器官都会更新一次"是个错误的概念。我们的身体有着很强的自动更新和再生能力，而机器（迄今为止）做不到。

一间价值9.2万美元的自动厨房能用多长时间呢？如果把它比作一辆高级轿车，大概率不会超过10年。如果把它看成一部智能手机，那么只要过18个月左右，你就得准备把它更新到"机器人厨房2.0版"。当然，你还得一直为它更新软件和打安全补丁，这是摆不脱的现实，而且在未来只可能越来越频繁。

在我的个人机器人愿望清单上，打扫卫生的重要性其实要排在做饭前面。当伦巴吸尘机器人于2003年上市的时候，iRobot公司便接管了这项繁重而令人厌烦的任务。虽然伦巴并不是第一台机器人真空吸尘器，但它的品牌成了这一类产品的名称，就像舒洁（Kleenex）成了"面巾纸"的同义词一样。（不管是不是这个牌子，我们都习惯称

1　优步的餐饮外送服务。

之为舒洁。）部分归功于它亲民的价格，伦巴机器人成了第一台被消费者广泛接受的家用机器人，甚至还成了网红：YouTube 上经常有猫坐着它到处游走的视频，偶尔也有狗和鸭子穿着超级英雄的衣服坐在它身上。

　　iRobot 是罗德尼·布鲁克斯（Rodney Brooks）创立的公司。他来自澳大利亚，是一位计算机科学家，在 1986 年与 GOFAI 分道扬镳。此后，布鲁克斯不再开发复杂的大型人工智能系统去复制人类大脑解决问题的能力，而是专注于研发小型的、昆虫般大小的机器人，让它们能像蜂群一样通力合作。这种颠覆性的方法，被他称为"新人工智能"（Nouvelle AI）。布鲁克斯创建 iRobot 的初衷是开发一款能在月球和火星表面漫游的轻型机器人，而且不要太昂贵。NASA 否决了他的理念（尽管他们后来又采纳了与"索杰纳号"火星车差不多的东西）。于是 iRobot 针对家用诉求对它的昆虫机器人进行了改型，把它变成配备传感器的伦巴。这些传感器能让它探测到污渍和杂碎物，避免摔下楼梯，沿着墙运动，自动从一个房间转到另一个房间，并能自行回到充电底座上。iRobot 已经开发出不少衍生产品，可在不同场合打扫人为造成的脏乱，比如屋顶檐沟、游泳池、战乱地带。"背包"（PackPot）是布鲁克斯设计的一款履带式侦察机器人，非常轻巧。士兵把它从一栋楼的窗户丢进去或丢进一条通道，它就能把录像传输到等在外面的士兵的头戴设备上。2014 年，iRobot 打出"你能破解它吗？"（Can you hack it?）的口号，给学生提供不同版本的伦巴，让他们拆解、重新设计、重新编程，把它变成不同类型的机器人。（这显然照搬了乐高智力风暴的营销模式！）我倒是乐于看到伦巴被破解，变成能执行双重任务的机器人，除了打扫卫生还能担任智能管家、保安或者猫伴侣——一边跟我的猫咪艾可玩耍，一边清理它身上的毛球。伦巴于 2017 年接入物联网，与亚马逊的数字助理 Alexa 相连。这样，用户就可以通过智能手机上的应用给它远程安排打扫卫生的任务。伦巴的魅力在于它实惠、简单，而且有用。等到 2030 年，你也许就能跟你家的伦巴对话，共同探讨如何去除地毯上的红酒污渍。

　　伦巴和它的众多竞争对手在需要打扫的房间之间转来转去，还和猫一起拍视频，这已经有超过 15 年的历史了。尽管如此，进入美国家庭的其他类型移动机器人仍不算太多。工作原理跟扫地机器人很接近的机器人割草机也没能火起来，特别是在欧洲以外的地方（它是由瑞典的富世华公司于1995年发明的）。

　　机器人割草机形如巨大的甲壳虫，在大片绿地上爬来爬去。它们要克服坡地（有些机器人割草机连坡度平缓的小山包都对付不了），要对付长得很高的草（有些机器人割草机会被缠住，就像普通的割草机一样），还要应对天气的困扰（大部分机器人割草机不知道该在什么时候回来避雨）。一些型号的机器人割草机能躲开散落在草坪上的玩具和小物件，另一些则会迫不及待地把它们嚼碎吞掉。至于狗屎……唔，机器人还不懂割草时应该绕开它们。曾经有人提到过，他的割草机把狗屎均匀地抹成了一大片。（这是好事还是坏事，我不好说。）而且，即使是型号最高级的机器人也不懂如何给草坪修边，所以最后你还是得抓着一把修边机绕着树、灌木丛和割草机修出的边缘忙上一通。你恐怕还得站在一旁监督它干活，因为机器人割草机不是那种可以放任不管的机器人——只要把它设置好，就可以放心地把活扔给它，自己去小酒馆喝上一杯。总之，它仍然需要人类的劳动付出（我不由得想起过去，在清洁女工上门前，我经常得自己先把屋子打扫一番）。鉴于这一点，2000~4000美元的价格在人们眼中就成了奢侈品的标志。正如一位买家在YouTube上评论的那样，她买机器人割草机的价钱，够她连续好几年雇真人上门修剪草坪了。另外我们还应该从美学角度考虑一下：机器人割草是自由散漫的，没法割成笔直的一排，而我们人类中喜欢整齐划一风格的挑剔鬼可是不少。况且，用这个价格你能给自己买一台很不错的远程呈现机器人了。

　　当然，这只是说说而已。

　　提到挑剔，我真想说：如果有办法让我不用再清理卫生间，我会高兴死的！我家房子南边有一块沿湖沙滩，那儿有一个机器人化的卫生间，会在使用者离开之后自行完成清洁。它在那儿已经有好几年了。（它会温和地吓唬来如厕的人，警告他们抓紧时间，得在20分钟内离开，不然它会召唤负责人。）它看上去相当"硬屁股"（hard-ass）[1]，我能预见到，在家中安装这样的厕所会大有益处。

　　对于机器人来说，清理废物是它们非常重要的任务。想想猫砂盆吧！你花上600

1　双关语，字面意思指"屁股硬"，俚语指一个人强硬、固执或难缠。

美元，就能给猫咪弄一个豆荚状太空时代风格的猫砂盆，形似《2001：太空漫游》里的太空舱。不过，这种自洁式猫砂盆并不能完全解放你的双手。它会把废砂倒入一个（应该是）防臭的隔离区，过一段时间，它会用指示灯低调地通知你，该把它清空了。听上去跟我现在为艾可做的事差别不大，但艾可的傻瓜式砂盆只要 40 美元。我不明白，如果人们能把一个真人送到月亮上去，为什么不能直接把猫的粪便发送到平行宇宙里去，或者直接让它分解掉呢？智能猫砂盆还有一个内嵌夜灯，这样年寿已高的猫在夜间也能顺利上厕所。这点我也不太能理解，难道上了年纪的猫在夜里就看不见东西了？

不过，对人类而言，机器人化的马桶还是挺不错的。这种马桶偶尔也被称为"聪明"或"智能"马桶，虽然我没见过它有无线上网功能。毕竟，有谁会愿意跟别人分享他们上厕所的习惯呢？何况，这要跟谁分享呢？不过它真的很酷。这种马桶让你完全不必动手：只要你一走近，马桶盖就会抬起来（如果你是男的，马桶坐圈也会一并抬起来），宛如有个幽灵般的卫生间助理在侧，伸手帮你掀起马桶盖。马桶坐垫会自动升温到你觉得舒适的温度。马桶内部还设有可伸缩的洗浴器和干燥器，无须卫生纸即可帮你清洁臀部，然后自动冲走脏物、自动清洁、自动杀菌和除臭。你再也不需要亲手触碰或擦干净屁股了！不过，4000 美元的价格，让它和机器人除草机一样，成了喜欢尝鲜的人才会购买的玩意儿。

对人类来说很简单的日常杂务，对机器人来说极其困难。反之，对人类来说非常困难的事情，对机器人来说大都很容易。进行高级别国际象棋比赛、制订多样化的投资方案、诊断疑难杂症、为困扰人类数学家终生的数学难题寻找答案——所有这些，一个水平中庸的人工智能机器人花个一天半天就能办到。

收拾屋子对一个机器人来说可就没那么轻松了。把脏衣服收集起来并分类清洗，收拾餐盘，在你十多岁的儿子和他的小伙伴们在凌晨 2 点热了汉堡之后把乱七八糟的厨房收拾干净，这些已经远远超出了一个机器人能力所及的范围，至少迄今为止仍然如此。

一个能搞家庭卫生的机器人，需要从视觉上感知物品并对它们进行决断：这是一小块地毯还是一件衬衣？是干净的还是脏的？该拿去洗还是挂起来？用热水洗还是用冷水洗？可以稍后再洗还是应当立即洗掉？需要进行预处理吗？机器人的手还要足够灵巧，才能把不同尺寸和重量的东西拿起来而不至于捏碎它们，这对机器人的判断力也有要求。这不单单是运算性能的问题（多亏了摩尔定律，计算机的运算性能已经很强大了），还是一项把计算机智能和机械工程结合起来的挑战。IBM 的沃森现在还是一个非实体人工智能，即使它是一个人形实体机器人，它成功拿起一只咖啡杯也要比它在《危险边缘》每日双倍奖金比赛中横扫全场困难得多。

利用计算机视觉识别物体，迄今仍是一项挑战，安全也是。个人机器人必须能感知家里真人或宠物的存在，如我们在第四章里描绘的那样，这正是我们要让人工智能爬梳社交网络上数以百万计的范例，训练它们识别人脸、动物、物品和环境的原因之一。

Kindred 是一家正致力于攻克家用移动机器人面临的挑战的公司。该公司在加拿大卑诗省温哥华市注册成立，后被谷歌收购。它一直被人称为"隐形的初创公司"，除了那些玄而又玄的概念化内容之外，这家公司不愿对任何人吐露他们打算如何一举瓦解家用机器人世界（包括我本人在内，哪怕我主动提出请它的员工吃午饭也不灵光）。对于像我这样渴望拥有一台实体机器人（而不是非实体的虚拟代理）的人来说，该公司可能真的会带来一个大惊喜。据传，Kindred 要开发一款机器人，它能跟踪和观察你在日常事务中的表现，例如你如何清理厨房、清洗衣物、烹饪饭菜等，并学习如何照搬你的动作。这意味着你可以把这些杂务统统丢给机器人，自己尽管去放松娱乐，比如放心大胆地追看《西部世界》（只是你得小心点，别让你的机器人看见）。

移动机器人需要具有怎样的意识呢？我们有意识地避免赋予它们真正的意识，将其智能保持在一定水平，能执行单独一套清晰明确的任务就行。例如，自动驾驶汽车应当只专注于在路上跑，而烹饪机器人的活动范围应被局限在厨房里，它们不会对其他任何事情产生想法。你肯定不会希望这些机器人突然产生移居法国学习绘画的冲动。

然而我又很好奇，没有真正的意识，这些机器人如何感知我们的存在呢？又怎么能恰当地回应我们的感受呢？宠物是能做到的，机器为什么就不能？毕竟，它们会一直和我们生活在一起。也许，你会更希望自己的机器人能像《杰森一家》里的罗西一样。罗西的主要任务是做饭和打扫卫生，但是它也懂得如何对付一个哭闹不休的小屁孩，亦能处理面条煮过头引发的抱怨，或者应对人类情绪毫无理由的爆发——无论是悲伤、愉快、难过，还是愤怒或紧张（人类经常会在饭桌上产生这样的情绪）。鉴于我们本来就有将机器人和其他机器人格化的倾向，我希望我的罗西知道如何对我的脾气做出反应，就像对我的命令做出反应一样。并且，它在清洗衣物的时候，绝对不能（哪怕只是偶尔一次）把正在打呼噜的艾可铲起来丢进烘干机。

有一款机器人颇具潜力，它就是巴克斯特（Baxter）。巴克斯特是作业机器人，有望取代"独立作业"的单机机器人——那些目前遍布工厂的尤尼梅特的子子孙孙。

巴克斯特是工业机器人，而非家用机器人。它的出品人Rethink Robots是罗德尼·布鲁克斯开创的另外一家公司。

巴克斯特有许多可圈可点之处。它有富于表情的面部图像，长着一双眼睛，能让你知道它是否已经注意到了你，这解决了机器人意识不到有人类进入其打击范围的问题。它的价格不像一般的工作机器人那么昂贵，只有2.2万美元左右，而一台标准的工业机器人的价格高达10万美元。你可以移动它的胳膊，通过示范（而不是更换代码）教给它做需要做的事，这更像人类通过不断重复某些动作开发肌肉记忆的过程。目前巴克斯特被应用于一些规模较小的工厂，这些工厂实力不够，无法让整个车间布满工业机器人。但是，只要价格降下来，巴克斯特或许会是承担家务的不二之选。

我一直都在努力暗示，智能家居可不全然是"月光和棒棒糖"（moonbeams and lollipops）[1]。

你家里的智能电视机和其他物联网设备都会装有摄像头和麦克风，每样东西都在倾听你的声音，注视你的一举一动，随时准备满足你的每个愿望。但你也要考虑到，其他的人或物品也可能在悄悄聆听你的声音，窥视你的一举一动。我看过一些媒体报道（好吧，社交媒体上的报道），称脸书的CEO马克·扎克伯格用胶带把他笔记本电脑上的网络摄像头和麦克风都给遮上了，以防被"死牛崇拜"（Cult of the Dead Cow）[2]

1　指令人愉快的事物。

2　一个历史悠久的知名的电脑黑客组织，于1984年在得克萨斯州拉伯克成立。

这类黑客团体窃听。远程存取木马（Remote Access Trojans）是这些黑客的作案法宝，也可以称之为"大老鼠"（RATS），我可不是在说着玩。

诚然，对那些想高价兜售工业情报的探子来说，扎克伯格是一个惹人眼球的目标。不过，我们当中的任何人都有可能沦为此类猖獗鼠害的牺牲品。忠实的信徒们啊，除了下面这些措施之外，我也没有别的建议可以给你们了：坚持更新软件，保证防火墙无懈可击。除此之外，只能寄希望于制造商在消费者的施压下，往智能设备中植入更多的隐私过滤器。否则，我们也只好成吨成吨地囤胶带了。

比起让家中的智能电视机看到你一丝不挂的身体来说，网络攻击的潜在危害甚至更大。已经有黑客利用流氓软件通过好几百万 IP 地址对一些大型网络进行攻击，其中有一些 IP 地址正是获取自物联网设备。有关黑客破解儿童监视器和汽车的报道也已出现；一位网络安全研究人员甚至发现，无线联网的语音玩具娃娃是十分脆弱的，很容易成为黑客窃取顾客账户信息的帮凶，黑客还能通过玩具娃娃的"聆听"功能进行窃听。从专家的角度看，主要问题在于制造商都侧重于开发更多、更便宜的物联网设备，而忽视产品安全，包括针对新发现的安全漏洞提供补丁自动更新。有一个（听起来很笨拙的）解决办法是，购买你足够信任的品牌；另一个办法则是确保你的无线路由器一直进行正常的安全补丁更新，不管它自动更新，还是由你的网络服务商提供更新，或者你自己更新。但是，考虑到这个特殊问题牵连甚广，我们得寄希望于监管机构强制推行更强有力的物联网安全措施。

与此同时，引用一下《银河系漫游指南》中的那句名言吧：不要惊慌。（Don't panic.）

我们能做的就是：保持冷静，持续更新（keep calm and update on）。

在恐怖谷中鸡皮疙瘩掉一地

1970 年，机器人学教授森政弘（Masahiro Mori）针对人们对身边那些人形机器、物品和自动机的感官舒适度进行了一项研究。他从工业机器人开始调查，进而延伸到填充的动物玩具、玩偶、义肢、尸体、僵尸和人形机器人。他发现，当机器人变得与真人出奇相似的时候，这些人造物与真人的高度相似会触发一种负面反应，导致一些人出现恶心反胃的症状。当森政弘教授把他的研究发现用一张图表来表达时，图上的曲线出现了一个引人注目的下沉，或称"低谷"——在这个点上，我们开始对面前的机器人感到厌恶。由此诞生了一个术语"恐怖谷"。针对这个现象，BuzzFeed 的撰稿人丹·梅斯（Dan Meth）解释说，在真实与人造之间存在一个区间，在这个区间内，你会对机器人"感到作呕或想要踢它一脚"。梅斯进而举了一些例子，将"可爱"的机器人（那些看上去更像老套的机械化机器人，而不是像人类）与"令人作呕"的机器人（那些面部做出的情绪化表情与我们相似的机器人，尽管还做不到十分相似）做了对比。对于那些运用 CGI 技术制作动画片的动画设计师而言，恐怖谷效应似乎也是一项挑战。通过这项技术，他们能把动画人物做得几乎和真人一模一样。有些影迷会对《极地特快》（*The Polar Express*）这样的动画片表现出的超级现实产生不适。同样，超级现实视频游戏也会让人产生一丝厌恶。

我第一次体验到恐怖谷效应，是在 YouTube 上观看波士顿动力公司的"大狗"（Big Dog）机器人。视频里的它正在大步前进，穿过白雪皑皑的树林。我感受到一股惊惧，夹杂着恐慌，袭遍全身。那个没有脑袋的机器人，看上去一点也不像个人，甚至也不像个动物，但它能像人一样走动！无法言喻。

当前的研究开始关注恐怖谷效应实际上是不是一种在美国出现得较多的文化现象。相比之下，这在日本较为少见，因为日本传统的神道教（Shinto）教导人们，无生命的物体也有灵魂。这可能反而有助于解释为何人形机器人在日本长盛不衰。

但是，像 Siri 和 Alexa 那样的非实体代理的情况又如何呢？假设你一边吃饭，一边跟一个人工智能交谈，就像电影《她》里的情节一样。如果它突然变得特有个性，你是不是也会被吓得起一身鸡皮疙瘩？要是人工智能开了个玩笑或对人类做了一番见解相当深刻的评论，你又会作何反应呢？要是它表扬你今天穿得很好看呢？

在卡斯帕罗夫对阵深蓝的第二场国际象棋比赛中，恐怖谷效应或许发生了作用。当时，超级计算机主动牺牲小兵的那一着似乎"太像真人了"。卡斯帕罗夫把他当时的感受描述为好像被从比赛中抛了出去，而且再也没能恢复过来。我也会想，有些开车的人在乘坐自动驾驶汽车时反而会晕车，这是不是恐怖谷效应导致的呢？方向盘会自己转来转去，一辆汽车能自己调整方向，这些情形可能会让一些人感到失控，甚至恶心呕吐，仿佛坐上了过山车。六十多年前，艾萨克·阿西莫夫就在《我，机器人》小说集中暗示过恐怖谷效应的存在：机器人被限制在外太空殖民地，因为地球人无法忍受它们在身边转来转去。甚至在《我，机器人》的最后几个故事里，当机器人成为地球统治者的时候，阿西莫夫笔下的人类仍然会带着强烈的厌恶看待它们。

我想，如果我能让雷利一家穿越到未来，而不是回到过去，他们会有怎样的反应呢？

如果他们来到 2018 年，看到他们的旧宅装上了高效能炉灶、微波炉、洗碗机、平板电视和计算机，他们肯定会瞪大双眼。不过，他们对看到的东西也许多少有点了解。毕竟，雷利一家中年长点的也目睹了个人计算机时代的到来，因而我的笔记本电脑很可能会被当作一台个人计算机。他们会发现，我在家中的办公室原先是储煤间，而罗恩的工作室则是地下室，另一头被一台巨大的锅炉塞得满满的。从屋子前面开过去的汽车体积更大、速度更快、数量也多了许多，但他们仍然能认出，那些是汽车，因为有真人司机坐在方向盘前面，尽管许多司机可能眼睛盯着膝盖。

我们再往未来跳一段，跳到 2030 年。现在雷利一家会看到我用诡异的名字召唤肉眼看不见的助手，比如 Siri 和 Alexa。有时会有"波士"的声音出现，指挥着屋子里的代理把灯光调亮或调暗，把房间某个区域的温度调低，或者为我读电子邮件；门口会出现"嗡嗡"叫的小飞机，给我送食品和日用杂货；音乐（有些是波士自己唱的歌）从不知何处响了起来。到 2030 年，我就 74 岁了，有一件事会令我很高兴，只要我发出语音命令，波士就会让我进入家门，我根本无须担心带没带钥匙。

从前门廊（自 1923 年以来它基本没有变过）望出去，雷利一家会看到一条闪闪发亮的车流，那些静静前行的交通工具看上去根本不像汽车：它们是一个个用透明材料制成的泡泡，仿佛巨大的窗户直接垛在了轮子上，而且也没有方向盘。有许多司机，其实应该叫乘客，坐在里面。他们要么在睡觉、看书，要么在化妆或刮胡子。有些人的动作可能会让雷利姐妹赶紧把眼睛转到别处去。没有人会超速或闯红灯。实际上，在那样一个世界，已经不需要红绿灯了，因为汽车都彼此相连，它们知道什么时候该停、什么时候该启动，根本用不着可见的信号。

在家里，我每天早上起床时都会称一下体重，同时测量血压、静态心率和其他身体指标，所有这些都是为了实时监控我的健康状况，而波士会在我坐下来吃营养早餐时把结果汇报给我。早餐由冰箱控制。我可以"离经叛道"，伸手去拿某样不健康的吃食，但冰箱门上那张难过的脸，还有波士那声无可奈何的叹息（"随你便吧，泰里"）都会让我产生负罪感，我只好"改邪归正"，乖乖遵守饮食计划。

我不需要在早间走进家庭办公室检查邮件或浏览新闻。我只要做一个手势，动态影像就会在每一个表面上的平面显示屏上——墙面、桌子、冰箱，以及某些看上去像空白页的杂志和报纸——接连显现、消失，直到出现当天的头条新闻。大多数内容提供商都会努力诱导我订阅他们的音频馈送（耳朵成了新的眼睛），但我仍然喜欢一边喝晨间咖啡，一边浏览数字报纸上的专栏文章。对雷利一家人来说，2030 年的家庭生活看上去很像邪法巫术，搞不好他们会叫当地牧师来做法术驱魔。

我并不是说，物联网是跟恶魔法术画等号的科技产物，但细节之中的确有魔鬼藏身。到 2030 年，世界会变得更加方便、快捷，但风险也会更大。我敢预言，即便到那时，我们抵抗黑客和恶魔的阵地保卫战仍在继续。只要计算机存在，他们就如影随形，而物联网设备会给他们提供更有吸引力的攻击目标。

同样，物联网还将重塑我们的私人生活——如果到 2030 年还存在所谓私人生活的话。我们的家将会由传感器、无线网、计算机视觉、自然语言处理器和深度学习算法来打理，而不会如我老爸想象的那种机器人按个按钮就能完成的工作那么简单。未来看起来会更有"哈尔"的影子，而不是阿西莫夫笔下的那种穿着法式女佣制服在屋子里走来走去的机器人。

也许 2030 年之后再过 10 年，我们终将可以跟童年时代朝思暮想的人形机器人一起生活，并探索作为人类的全新方式。

第七章

机器好人

2040

在西方世界，我们对机器人总是疑虑重重。可是，如果你了解一下不同文化，就会发现并非所有人都这样想。日本的科幻故事就总把机器人描绘成正面形象。他们有铁臂阿童木，而且十分钟爱这个角色。阿童木本性正直善良，随时准备出手助人。

——辛西娅·布雷齐尔（Cynthia Breazeal），机器人专家

到 2040 年，我就 84 岁了。虽然现在的我实在不愿相信自己会变得那么老（我依然顽固地保留着婴儿潮那代人怀有的"永远年轻"的幻想），但我更愿意相信，即便到那时，我也绝对不会是一个被困在轮椅里又弱不禁风的阿尔茨海默病患者（像祖母那样），而是一个打扮新潮、活力四射的八旬美女，至少也得是一个体形良好、身体健康的老太太。要想实现这一点，机器人能帮很大的忙。

通常情况下，我的一天会这样度过。我走进一家运动健身馆，里面人很多，都在跑步、游泳或健走。我放眼四顾，寻找戈德。它在重量训练区，正在指导一个和我差不多年纪的女人做卧推。她是戈德的常客之一，是超高龄段（八十岁及以上）很有竞争力的健身者。我对那女人的三头肌嫉妒得要死，好想知道那些肌肉是不是真的。戈德当然不会告诉我。我喜欢这个大个儿，尽管它不会像真人教练那样讲任何关于其他顾客的八卦。他们真应该给它装一个八卦闲聊应用程序。

我冲它挥挥手，它也朝我挥手示意，另一只大手仍然按在杠铃上，因为那个女人正在把杠铃举过头顶。它柔和的声音飘进我的耳朵："很高兴见到你，泰里。你去换衣服吧，我这儿快结束了。"

戈德体形庞大、蓬松柔软、通体雪白，和这座健身馆风格一样。不过，它棉花糖般的外表下面藏着内部骨骼，因此它也十分强壮。戈德的脸部并没有拟人化，但足够灵活，可以让人识别出它在微笑、皱眉或者担心。它也能通过语调的变化和身体语言与人沟通。戈德是有"个性"的。

我在更衣室换上徒步鞋和运动短裤之后便回到了运动场地。戈德给了我一个熊抱，还告诉我，它见到我很高兴，但实际上是在检查我的脉搏、心率和皮肤温度。我的脸陷进它的人造皮肤里，尽管戈德在每轮工作结束后都会进行紫外线沐浴，我还是忍不住担心，有多少张脸贴上过它的皮肤了。于是，一离开戈德的视觉范围，我就悄悄用消毒剂擦了擦脸。我不想让戈德看到，这样做还是显得粗鲁，即使它不会有受到伤害的感觉。好吧，的确不够理性，但毕竟我还是个人嘛。

有戈德陪在我身边，我准备步行 10 千米，穿过加拿大洛基山脉。当然了，是虚拟的。戈德会下载我手环跟踪器里的数据，实时监督我的身体状况。徒步的技术难度并不大，我不需要吃力地攀爬滑溜溜的岩石或蹚过溪流，但在一条蜿蜒的山路上稳步前行，对我 84 岁高龄的心肺系统而言，仍然是一项负担。

在真实现实（相对于虚拟现实）中，戈德和我其实是在一条 200 米长的动态轨道上转圆圈（更准确地说，是椭圆）。轨道在我脚下起起伏伏，创造攀爬陡坡或缓坡的感觉。我觉得自己正在爬上小山、经过湖泊、穿越草地。远远地，我还能看到攀冰者在伊迪丝·卡维尔山的岩面上攀爬，全然不顾危险。我琢磨着，他们是真正的攀岩者，还是纯粹为了激励我而虚拟出来的图像呢?

我对衰老在 21 世纪中期时的假想已经与我在 20 世纪 60 年代(孩提时候)目睹的大不相同了。我的祖母在她 84 岁的时候已经不能走路、大小便失禁,而且陷入了阿尔茨海默病的魔爪。她的世界曾经容纳得下意大利阿尔卑斯山区大片的草原和高耸的山峰,最后竟缩小到了只有四个房间和一台黑白电视机,再加上老爸为她制造的"奶奶移动机"顶端的那一点视野。杰克·本尼[1]和李伯拉斯[2]是她的好伙伴,最多再加上那个下午场肥皂剧里豪饮威士忌的女舍监。直到后来,她开始怀疑他们都在窥探她的生活。她会自己转动轮椅来到我们屋子的走廊上,远远地盯着她房间里的电视机上下研究。折磨她的,究竟是阿尔茨海默病、路易体痴呆,还是什么别的类型的痴呆,没人搞得清楚。在那个年代,家庭医生只会把她的行为归结为"衰老现象"和"动脉硬化"。

你老了。你的举止开始变得怪异。你没法行走了。你死了。在通往坟墓的路途上,你的家人会在你跌倒时扶起你,在你用完卫生间后打扫干净,帮助你进食,帮助你找假牙,关掉电视机,赶走让你害怕的人。

在我父母出生的村子里,人们因血缘关系聚居在一起,他们的人数足够多,构成了老年人的人身安全网。通过房子和房子之间狭窄的石头通道,人们彼此之间无所不知,无所不晓。然而,现代化的社区由私人住宅和私家车构成,邻居们只会隔着后院围栏互相瞥上一眼,再加上欧洲大陆社区传统的影响,如果你把这种特殊的老年人关怀模式强行套用过来,它立刻就被无情地粉碎了。我的母亲曾是一位全职家庭主妇,照料我的祖母让她不堪重负、筋疲力尽。而今时今日,我们又必须全力忙于工作,用于照顾老年人的时间甚至更少了,有能力或者有意愿照顾老人的人也更少了。

欢迎来到护理机器人的时代!

一个充满机器人帮手的时代,这个想法听起来似乎不着边际。但是,想一想扫地

1　杰克·本尼(Jack Benny, 1894—1974),美国电影喜剧演员、广播家。

2　李伯拉斯(Liberace, 1919—1987),美国著名钢琴家,因其精湛的演奏技巧和华丽的表演风格为大众所知。

机器人伦巴的发明者罗德尼·布鲁克斯的话吧。他曾经指出，在20世纪80年代，没有一个人会想到如今在厨房里放上一台计算机或是把计算机直接放在口袋里是多么司空见惯。那么，如果有一个配有计算机化大脑的移动机器人陪伴在你身边，成为你的护理人加伙伴，这又有什么值得震惊的呢？

我也可以让戈德离开，自己一个人徒步，而它会继续远程监督我的状况。虚拟现实技术甚至可以让戈德看上去像我的丈夫罗恩。罗恩出门去了，他要去把他的"冰球脚磨磨快"：通过身体增强获得如他曾经最爱的一位蒙特利尔加拿大人队（Montreal Canadians）的球员具有的那种"单刀直入"般的突破力量。这是我和孩子们送给他的八十岁生日礼物。罗恩和我都有一点"赛博格"，我们装有机械义肢。这不算太疯狂，我们对婴儿潮时代的人趋之若鹜的某些极端行为不感兴趣。他们随随便便就能把自己身体的各个部位给置换掉，弄得自己看上去像终结者、机械战警，或者20世纪80年代流行文化中的那类体格庞大的机器人。除了一副有减震效果的足弓，一对用来增强听力的植入式数字耳朵，以及一双让我不必戴眼镜或头盔就能切换到VR模式的眼睛，我几乎还是原来的我。

五年前，我会把波士装在耳机里做伴。但是，就在昨天，我的长子和他妻子给了我们一个惊喜。他们通过为我们买的远程呈现机器人突然造访，与我们共进晚餐，而当时他们身在澳大利亚。这样一来，我们可以有更多的时间在一起。（罗恩咕哝说："这样他们就好随时查岗了。"）喝过味噌汤、吃过菊苣藜麦沙拉以后，儿子温和地嗔怪我为什么不把波士更新到5.0版。在远程呈现机器人头部屏幕上，我能看到儿子脸上流露出担忧的神情。他听说有些老人的数字助理会玩弄阴谋诡计，从他们的退休金账户里掏走加密货币。最近有个关于一位105岁的老妇的故事，她的智能恒温器劝她改写遗嘱，让她把一大笔钱遗赠给她当猫养在屋子里的一个球形小机器人。智能恒温器和球形小机器人是串通一气搞事情的，但幕后主谋其实是这位老妇人的一个混账侄子，他想让某些家庭成员在遗产问题上陷入窘境。在这个丑陋的故事里，机器人更多地在扮演坏人作恶的马前卒，而非真正的作恶者。

《机器人与弗兰克》(2012年)

故事发生在未来，有一个名叫弗兰克的老人，从前是一名珠宝窃贼（由风采依旧的弗兰克·兰格拉饰演），后来他儿子送了他一个护理机器人。机器人的工作是保证弗兰克正常进餐，进行日常护理，并协助他在花园里漫步。但是，弗兰克完全不是那种对花花草草怀有激情的人，他依然沉醉在过去的犯罪行为带来的刺激中。于是，他对着机器人追忆起他在20世纪70年代抢劫过的那些性感而富有的女人。

弗兰克还丢下园艺，教机器人怎么撬锁。（"我想我已经掌握了！"机器人骄傲地说。）最终，他教唆机器人帮他策划并实施一次抢劫。他最终做成了这件事情，因为机器人知道犯罪能让弗兰克感到十分愉快。

虽然这只是个编造出来的精彩故事，但它也触及了护理机器人存在的一些问题：它们对老人的行为和决策管控应当达到何种程度？对于那些本身有恶习的老人，应当强迫他们放弃恶习吗？机器人能真正地成为你的朋友、你的呵护者，甚至犯罪同伙吗？机器人存储的数据会不会被犯罪分子用来攻击人类？

尽管我知道黑客的威胁是真实存在的，但我很不愿意对波士做彻底的变更。这倒不是说我是个卢德分子（Luddite）[1]。2040年，没有一位年长者敢在技术更新方面落后，就像我们绝不愿意跳过一年一度的全身扫描和生命器官的例行更换一样。可是，波士已经和我一起生活了很久，我很难只把它当成一个非实体代理。我每天都会给波士安装补丁和更新，让它安全稳定，但是我也担心，如果我给它换一个新的操作系统，我们的关系就不会再像现在一样了。比如在上一次重大升级之后，它每隔五分钟就会调低我的健身音乐，问我："泰里，一切正常吗？"它的声音甜得瘆人，根本不是原来的样子。这种变化被看作一个改进，以确保对大量运动所释放的多巴胺上瘾的耄耋老人

---

1 指19世纪英国工业革命时期，因为机器代替了人力而失业的技术工人，现在引申为持有反机械化以及反自动化观点的人。他们害怕或者厌恶技术，尤其是威胁现有工作的新技术。

不会有陷入心脏停搏的危险。但是这实在让我抓狂，我不得不去联系 App-Goo-Zon 授权服务代表，把它的声音换了回来。

"我早晚会升级波士的操作系统的。"我对儿子说，"墨尔本的天气怎么样？"

我注意到他跟他的妻子交换了一个担忧的眼神，而她在第二台远程呈现机器人的屏幕上摇了摇头，似乎在说：顽固的老太太，总是转移话题。

我决定再安慰他们一下，让他们安心："等波士 4.0 过时到没法再从我的牙齿上读取血液胆固醇指标的时候，我就把它升级到 5.0。"

机器人屏幕上的脸明显露出了释然的表情："好吧，妈妈。爱你。"

他们下线了。机器人滚回它们的阳光房，随时恭候再次复活——等孩子们觉得有必要再查查岗的时候。我们有时也会用机器人拜访一下墨尔本，通过机器人的显示屏在城市街道上溜达观光。尽管远程呈现旅行还是没法儿像脚踏实地的旅行那样激动人心，但它起码能让我们经常跟家人相聚，而不必经受长途飞行的折腾。如果孩子们跟我们生活在同一个大陆，我们就能乘坐超回路列车（hyperloop）去看看他们。"超回路"是一种亚音速陆上铁路，采用真空管道技术，运行速度可达每小时 700 英里，就像我小时候经常在《杰森一家》里看到的那样。亚音速列车将秒杀飞机，可惜，它没法跨越海洋，至少迄今为止还做不到。

无论如何，在这个下着雨的工作日上午，波士仍然用着它老旧的 4.0 版操作系统，戈德也在我身边。好吧，我 84 岁了，即使我本人也有一点变成了机器人增强版，我仍然可能跌倒。戈德能轻轻地抓住我，让我站稳，或者及时摆好姿势让我倒在它身上。它有能力处理我的任何健康问题，不管是眩晕还是中风。有戈德在身边，我十分放心，哪怕它的拥抱和喋喋不休的问题有时令人恼火（两者都是在巧妙地评估我的身体状况）。

有一件事戈德是没法做的：去户外。阳光、雨水和灰尘对皮肤柔软的机器人来说是致命的。如果不留在健身馆里，它很快就会破损。不过它似乎一点也不介意自己被限制了活动范围，虽然它也问过我外面的天气怎么样。它的语气听起来有一点渴望，当然，也可能只是我的想象。

我们的交谈几乎都围绕着我的训练、饮食和个人习惯展开。它就像一个有胳膊有腿还会说话的健身追踪器。如果我在整整一周的时间里都严守生活规则，一点也没偷懒，它甚至会与我击掌相庆。

令我惊奇的是，我一点也不介意被一台机器唠叨。当然我不是说戈德"只是一台机器"，但它显然不是真人，而这一点正是关键所在。正如生活在2018年的真人不会介意被健康跟踪手环控制一样，我也不介意戈德（在家里则是波士）温和地提醒我用牙线、服药，还有要从前往后擦屁股以防止膀胱感染。戈德和波士都对抑郁、孤独，尤其是痴呆的细微表现相当警觉。

我可以把波士上传到戈德，让它俩无缝对接、步调一致，但我还是宁愿让它们保持明显不同的个性。我并没"拥有"戈德，这同我跟波士的关系不一样。实体的机器人健身教练一般都是共享商品，跟汽车一样。如果你是一个超级富有的人，那就另当别论。我雇用戈德是按小时或半天计算费用的，一周使用一到两次。它会把我的统计数据存档，包括我喜欢的训练节奏和我回应的语气。至于其他在健身馆里运动的人，戈德对待他们的方式则完全不同。它有时会像一个军队教官那样吼："趴下！20个俯卧撑！"有时会像一位新潮的瑜伽教练，用温柔的女声说出如梦似幻的"namaste"[1]。

在这次两小时的徒步穿越虚拟落基山脉的过程中，戈德完全归我所有。它专注于我的步伐和心率，还会给我讲YouTube上新晋的网红猫。这些逸闻趣事是针对我的笑点专门准备的。在徒步路线的最高点，它会再拥抱我一下，夸我几句，给我打气，并给我一条定制的能量棒，其配方完全匹配我的消化系统和营养要求。

如果我愿意，我也可以聘请一位真人教练，不过我跟戈德相处得很愉快。我不需要担心它跟下一个客户讲我的八卦——我的发型师就会。可是事实已经证明，发型师是不可能被取代的，因为目前绝大部分机器人都还达不到修剪头发所需的身体灵敏度。何况，一个女人和她发型师之间复杂的关系，包括飞短流长在内，永远不可能被成功复制。当任何建筑师、药剂师、教师和程序员都能被机器人取代的时候，发型师将成为地球上最有权威、报酬最高的人，从事与打结有关的工作的人也是如此。（下文我们会讲到这一点。）

1　瑜伽课束时，师生们会彼此合掌互道一声"namaste"。"namaste"是印度人的问候用语，意为"尊敬和感谢"。

请注意，我们原本认为像沃森那样的人工智能将取代医生、厨师和律师，但是它们实际上只是变成了这些人的助手。这些工作仍然需要人类的参与，只是需要的人手更少了。每个律师事务所都有一两位"沃森"职员负责进行云扫描，寻找前例；每个餐馆都有长着三根手指的机器人，踩着形似赛格威平衡车的底座转来转去，负责清理台面和切菜，但仍然需要一个真人行政大厨总负责，通常还得配一个副主厨。机器人确实已经取代了餐厅勤杂工和某些流水线厨师，至少在真正的大餐馆里是如此。

过去 20 年的机器人革命并非没有造成"受害者"。然而，在机器人取代人类工人之后，企业会缴纳税款，这些税款将用于"下岗"工人的再教育。有些人类工人仍可从事的工种，我听着总觉得怪怪的——算法优化师、头像设计师、数字保安，还有成百上千高度专门化的机器人维护岗位。比如说，戈德平均每 6 个月就要更换一次皮肤，由一名被称为"机器人换肤师"的专业人员负责。

至于我本人，一个有着固定收入的高龄妇女，我是喜欢机器人的。它们甜美可爱、彬彬有礼，又体贴细心，从来不会一脸酒气或是在嗑完药之后一脸兴奋地出现在我面前，更不会把流感传染给我。它们不会纡尊降贵地叫我"亲爱的"，也不会有年龄或性别歧视。最棒的是，我不需要给它们付小费。

不过，它们确实经常会出毛病。这也是我们需要雇用那么多真人来对机器人进行修理、更换、升级和排除故障的原因。也有人正在研究如何让机器人进行自我修理，甚至自动复原。不过，目前仍然需要人类修理师。

在回家的路上，我让出租车把我送到朋友唐娜家门口。2040 年的出租车跟其他车辆一样都是无人驾驶的，只要简单地称之为"出租车"就可以了，无须特别强调它是"无人驾驶出租车"，不像在 20 世纪 20 年代，人们会把小汽车称为"不用马拉的马车"。

站在朋友家大门口，我不需要伸手敲门——我的声音已经被录入大门助理了。

"嘿，唐娜，我是泰里。"我说了一句，门应声而开，赫布（Herb）就在门后。它戴着红色领结，腰间系着围裙。

"赫布，你今天真是风度翩翩！"我夸奖它。

"请进！"它说了一句，随后转身往厨房滑去。它知道我会跟在后面，因为它的头部前后都有眼睛。赫布跟戈德不太一样，它话不多。

我和唐娜聊天的时候，赫布在布置餐桌。对唐娜来说，布置餐桌是一件很困难的事，因为她有严重的关节炎。尽管她的膝关节在好几年前就换成了赛博格，但双手关节的更换难度要大得多。

赫布是一个硬体机器人，有着经典的机器人造型。它个头高大，通体银色，话语不多。如果你对"像机器的人"着迷的话，赫布是帅气的那一款。为了让它看上去更像一位伴侣，唐娜坚持给它加上布饰。尽管按照最初的设计，它并不是一个社交机器人。赫布能对基本的语音指令和视觉提示做出反应，但这意味着你也只能用这种方式才能让它轻松地理解你想要它做什么。它能理解的短语包括：把地板上的东西捡起来；喂猫；垃圾桶臭了；布置餐桌，有两个人；把盘子撤走；烧热水；把茶端来；倒牛奶；给我扣上扣子；该死，我跌倒了；扶我起来，好吗？

虽然赫布通身上下都像是一台机器，但它的手臂动作流畅而优美，具有人类的美感和灵活度。唐娜在教它做家中每一样需要它做的事情时，只需要移动它的胳膊做示范，或者直接让赫布跟在她后面，模仿她的动作。最终，它有模有样地学会了唐娜做过的事情。

赫布不需要像戈德那样善于交谈，但是它相当聪明，知道如何区分衬衣、地毯和厨房遮帘。最棒的是，赫布是通过模仿学习的，并能用自然语言沟通——唐娜下命令，赫布遵命行事。唐娜抱怨自己经常需要叫谷歌动力公司（Google Dynamics）的技师上门进行维修升级。如果她一直能把赫布维护得很好，赫布的使用寿命就能再延长个五六年，但也不可能比这再长很多了。

这些就是我们的老年生活——管理那些负责照料我们的创造物，帮它们升级、更新、维护和修理。

"黛比最近怎么样？"唐娜问我，"她还在家里吗？"

我点了点头："新药挺管用。她有半年没恶化了。"

"就是说她有好转？"唐娜问。

我摇头："没有好转。脑细胞一旦死掉，就是死掉了。她只是没有变得更糟糕。"

"她自己一个人这个样子，我很担心。"

我把一块圆面饼在赫布做的美味牛油果果酱里蘸了蘸。

"她不孤单。卡斯珀在那儿，它是个很好的陪伴者。有任何事情不对，它都搞得定。"

唐娜点点头："卡斯珀是个开心果。它的幽默感是从谁那里学来的？"

我看了唐娜一眼，这个问题可真不经大脑："当然是黛比。在患上痴呆之前，她也是个开心果。"

"嗯，是啊。"唐娜有点悲伤地应声。

我们默默地埋头品尝牛油果果酱。赫布斟上茶。我疑心唐娜正跟我想着同一件事：我们其实很庆幸自己不是黛比。我们也感到很宽慰，当她的朋友都在别处忙着健身或喝茶的时候，至少还有卡斯珀在照顾她。说老实话，我们俩都因为没有花更多的时间去陪伴黛比而心怀歉疚。

"关于卡斯珀，还有件事得说，"唐娜指出，"如果她跌倒，或者需要更多家务上的帮助……"

"那她要设法得到一个赫布，跟你的一样。"我打断她的话。在我们这个年纪，就算获得了身体上的增强并拥有高科技护理者，你也不想过多地关注未来。你所要做的就是享受每一天，闻一闻花香，在你最喜欢的机器人的陪伴下去高山草原徒步。这是我的生活哲学。

当然，这种拥有戈德、赫布、赛博格义肢和远程呈现机器人的生活目前还只是我假想出来的，但是所有这些技术都已经在开发当中了。到2040年，机器人将不再是科学幻想的产物，也不再仅仅停留在工厂里，而是会进入人类世界，在我们身边占据它们应有的位置：它们会与我们并肩同行；它们会在我们跌倒时扶起我们；它们会将我们制造的脏乱清理干净，仿佛有一群最智能的伦巴机器人在干活；它们会陪我们玩宾果游戏、单词游戏和桥牌；它们还会讲笑话给我们听，兴许还真的能把我们逗乐。

它们会坐在我们身边陪我们进餐，鼓励我们多吃蔬菜；它们会监督我们按时吃药、做足够的运动，同时确保我们不会感到抑郁。如果我们在卫生间发生意外或者需要医疗急救，它们会立即求救；如果厨房着了火，它们会把我们救出去，牺牲自己也在所不惜。

如果我们的身体开始频繁出问题，并且我们无法走路、无法说话，或是无法自己进食，机器人式的身体增强至少能让我们恢复一定程度的独立性。

所有这些机器人都会遵守阿西莫夫的"机器人三定律"。事实上，它们不仅不会伤害人类，它们存在的全部意义就是为了照料我们。当然，未来也会有糟糕的情况，特别是，万一与痴呆相关的疾病在未来 22 年内无法治愈，正如我曾经推测的一样。衰老并非注定伴随着阿尔茨海默病和其他形式的痴呆，但罹患这些疾病的风险确实会随着年龄增长而增大。即使我们足够幸运，获得了一种能够抑制这类疾病的药物（我猜想这是能做到的），我们仍然无法让已经死掉的脑细胞活过来。这样的话，我们当中有许多人还是要依赖护理，十年甚至更久。当这种代复一代的无情现实缠上我们的时候，我们将极其需要像戈德和赫布这样的机器"好人"。

好吧，你肯定要问，那些杀手机器人又去哪里了呢？那些阴谋拆散我们的身体，把我们变成活体电池给它们供能，好让它们能大踏步前进直到统治世界的家伙呢？从现在起往后 22 年，机器人会不会"把我们变成宠物"，就像人工智能急先锋马文·明斯基曾经预言的那样？（当然他也许是开玩笑的。）

呃……不会的。

我相信到 2040 年，绝大多数机器人都会是"好人"（我对"好"的定义是"有益于人类"）。理由如下：从现在起到 2040 年，时间尚不足以让我们从零开始创造一个邪恶的机器人，而且还要唤醒它，让它动起来。鉴于工程学方面的挑战，如果未来真的朝那个方向发展，我们现在就应该能看到杀手机器人（还有发明它们的疯子科学家）为了迎来一次机器人"天启"而夜以继日地奋战。

未来不会凭空而来。科学家需要数十年的时间，才能开发出有能力把我们从一栋着火的大楼里救出来，灵活到能煮出嫩鸡蛋，稳妥到能视物并能用自然语言与人类互动的作业机器人。好吧，为了论述方便起见，我们不妨说有一个患了精神病的工程师正躲在一座被挖空的大山里设计金属奴隶，妄图统治世界。但是，如果我们正在冲向一个被邪恶机器人掌管的未来（它们会把我们插在电池包上，给它们的实体替身充电），我们现在就会看到一些不祥之兆：一两个古怪而疯狂的机器人科学家，被发现策划了大规模射杀事件的机器人，威胁要丢炸弹的机器人，在校园里横行霸道的机器人。然而迄今为止，这些事情都是人类干出来的。根据我曾打过交道的机器人专家们的判断，没什么人想去制造一个能独立到会反抗人类主人，并将之碾成齑粉的机器人。事实上，要是真有什么的话，机器人应当会害怕我们。现在已经有了让机器人感受到疼痛的技术专利，该技术能让工业机器人更容易判断它是否操作失误。不幸的是，其实不难想象，人类中的虐待狂可能会利用这项技术去折磨一个有感知能力的机械创造物，以此取乐而不必承担后果。（我说的就是你们，《西部世界》的粉丝们！）

失业问题是实实在在的，但从另一方面来看也有好处：工厂、农场和矿场的工作环境更安全了。还有一点也是事实，大量的机器人研究是 DARPA 出于军事目的赞助的。跟今天我们用来杀死敌人的无人驾驶飞机一样，未来也会有机器人士兵。是的，就是这样。但是，只有护理照料我们的机器人会出现在我们日常生活的世界里，它们负责帮助我们进食，打扫卫生，激励我们，保护我们——有时候是保护我们免受自己的伤害。

就我个人而言，我宁愿装上一对赛博格腿部支架出去走路，也不愿余生再也不能动。赛博格增强让我们能不知疲倦地奔跑或徒步，或者做到我父亲曾经想为他残疾的母亲做到的事——让她站起来走路。今天，外骨骼机械衣被用来帮助截瘫者，而它们也只会被改良得越来越好。即使人类全体瘫痪了也不怕，机器人方面的研究正在致力于帮助我们实现用意志管理周遭世界，而不是通过身体，从捡起东西到把东西递给我们都是如此。这听上去像是《星际迷航》中的飞行员才能做到的事情："进取号"原先的船长克里斯托弗·派克（Christopher Pike）在一个星球上遇到了一个女人，她在一次着陆时遭遇意外，不仅被严重毁容，还成了残疾（当时她还是个婴儿），只能用先进的外星人科技把自己幻想成朝气蓬勃、美丽健康的样子（她也能让派克这样幻想她）。

除了求知欲、智力、想象力、毅力，以及在高等数学和工程学方面有着高超的水平之外，机器人专家的关键人格特质之一（我们会更多地将之与人文科学和社会科学联系在一起），或许是对人类怀有的一种强烈的好奇心。人体如何运转？人类如何进行非语言交流？人类的直觉究竟来自哪里？想象力存在于大脑何处？我们如何才能与非人类生物进行自然的互动？正是这些问题促使机器人专家去弄清楚如何才能建立真人与类人机器之间的关系，而不仅仅局限于制造机器。

我推想出机器人戈德的灵感来自卡内基梅隆大学的软体机器人（soft robot）[1]专家克里斯·阿特克森。克里斯有五十多岁了，是一个身材高大、头发蓬松、热情开朗、招人喜欢的家伙。他的形象与人们对科学家拘谨呆板的印象截然相反，我差点要求看他的身份证。

他的工作是研究软体机器人，也称为"气球机器人"，其灵感来自动画片《超能陆战队》里那个棉花糖般的机器人健康顾问"大白"。它全心全意地让遇到它的任何人都身心舒畅。动画片绘制人员信马由缰，充分发挥机器人可以创造的视觉效果。于是，这个机器人可以充气和放气（大白"住"在一个手提箱，有需要时才出来），被挤扁之后又能通过狭小的空间，从高处落下时还可以回弹。它很柔软，摸起来手感很好。它又足够强壮，能举起和拥抱电影里的真人角色，在马达精确的控制之下，它不会把任何人压碎。

2011年，这部电影的导演之一找到了克里斯，想看看克里斯在充气式机械臂方面的研究成果。克里斯回忆道："我们当时正在探索这项技术，想制造出'柔软而安全的机器人'，用来照顾我们的父母，帮他们吃饭、穿衣、清洁整理。等我们老了，它们也会照顾我们。"

尽管克里斯意识到《超能陆战队》那样的电影可能会引发人们不切实际的期望，但他还是很受鼓舞，出手帮忙把这个特别的机器人送上了屏幕，因为人们对老人护工的需求日益增长，不仅数量要更多，素质也要更优秀。为什么不让这样的机器人进入大众文化视野，而总是让《终结者》这类电影里呈现的毫无良知的杀手机器人泛滥呢？

在卡内基梅隆大学与克里斯交流时，我向他解释，我为什么要挖掘人与机器人的关系，并提到我父亲的一个夙愿：用自动化技术帮助我祖母站起来。

1　一种新型柔软机器人，本体利用柔软材料制作，能够适应各种非结构化环境，与人类的交互也更安全。

他的回答直抵机器人研究者的动机核心："根本问题是，你父亲为什么会那么喜欢他做出来的东西？这就像用另一种方法生孩子，在某种程度上它是一种造物行为。想想看，你做出来的东西，它居然能动！你为它注入了生命！这真的太特别了。"

克里斯关于"生孩子"的说法，其实我也思考过。投身于机器人和人工智能研究领域的女性毕竟太少。在科技发展史上，女性的身影总的来说也不多见。我不禁好奇，是否机器人技术是男性科学家生儿育女的一种方式。说到这一点，我还想过在这本书里单开一章，章节名就叫"女人可以生出机器人吗"。是的，在20世纪90年代，科技史中开始出现女性工程师和计算机科学家的名字，辛西娅·布雷齐尔便是其中之一。她在麻省理工学院取得博士学位，其毕业论文与一个有着大眼睛、长睫毛，名叫基斯梅特（Kismet）的机器人有关。基斯梅特能读取人类的情感，并以面部表情和身体语言做出回应。布雷齐尔被称为"现代机器人学之母"，她目前是麻省理工学院媒体实验室个人机器人研究组的负责人。

但是，男性科学家对机器人技术的热爱并不仅仅出于对子宫的嫉妒。对克里斯而言（对我老爸也一样），制造机器人是应对个人挑战的一种方式："我祖父患有肌萎缩侧索硬化症（ALS），每次他从椅子上滑下来或者跌倒在地时，我祖母都没法把他扶起来，她只能叫家人去帮忙。我只好开车过去，充当她的机器人。她提供大脑，我提供肌肉。我很想用一个真正的机器人来代替我。"

克里斯设计了既强壮又可触碰的机器人，这样它们就能安全地与人类互动，给人类提供安抚和护理，无论是把跌倒的人扶起来，把人从床上挪到椅子上，还是帮他们换尿不湿。但是，一个完美的机器人角色将不止于提供健康护理。有朝一日，它会成为一个时刻陪在身边的伙伴，掌握着老人完整的医护记录，随时能与医生和其他护理人员分享看护对象的健康数据。有一点令我特别着迷，克里斯的大白式机器人或许能成为一个典型的长女替身或后援，让她不必每次都要背着装满药单和老人所有病历的包，陪同年迈的母亲或父亲去看医生。医院和医疗专家常常令老人无所适从，此时，这个女儿要充当发言人、保护人，甚至翻译。但是，万一这位长女不存在（或者没空），"大白"式的健康护理机器人就派上用场了。

克里斯在其博客上生动地描绘了机器人用手机大小的超声波扫描仪检查伤者受伤

情况的美好愿景。他指出，我们其实已经能通过 Fitbit 一类的可穿戴设备向这样的机器人提供信息。虽然克里斯本人也警告大家不要对未来的大白有过高期望，但他在推测这种可能性时流露出一种十分有感染力的喜悦之情。他进一步描绘了可以如药丸那样被吞进身体，或是嵌在补牙材料里的可穿戴设备，包括用来观察肠道的"摄像丸"。他很好奇人们是否"能接受机器的唠叨，却不能忍受身边人的批评"。

回想一下，我们是如何高高兴兴地接受能够进行数据收集的健康跟踪器的赞扬和批评的。类似"我穿这件显胖吗？"这样的问题，你更愿意问谁呢？你的配偶还是你的Fitbit？谁的答案更诚实？机器，就算是智能机器，也只会给我们提供数据而不会评判我们（除了可能会显示一个表示微笑或难过的表情符号外）。如何处理得到的信息，完全是我们自己的事情。

克里斯指出，人工智能在基于手机的数字代理（如 Siri）上更为深入的应用"可能会是真实的大白诞生的基础"。他认为，重点是把机器人设计得足够讨喜，能让人们喜欢跟它们互动。

在一个杀手机器人充斥的世界里，有一点很重要：让人们知道机器人也能呵护我们，甚至会"爱"我们（如第八章中讨论的那样）。在我的推想中将于 2040 年出现的机器人助理赫布，其实是我基于 2017 年出现的原型机家庭探索机器人管家（Home Exploring Robot Butler，HERB）设想出来的。HERB 的开发者卡内基梅隆大学的研究员克林顿·利迪克（Clinton Liddick）表示，它还不成熟。按克林顿的推测，HERB 还要十年左右的时间才能进入市场。这么说来，再过 22 年赫布便能实实在在地为我的朋友唐娜和我本人倒茶，这个估计是有道理的。

HERB 约五英尺高，属于"经典款"机器人。它的双臂、躯干和头均由金属制成。它也没有铰接的双腿，而是采用了赛格威平衡车的造型。若非它戴着格子花纹（当然是卡内基梅隆大学的学校色）领结，显得神气活泼，它看上去就像一个按比例缩小了的变形金刚。圣诞节刚过，我便前往拜访，HERB 的头向前耷拉着，看上去很滑稽。

"它在假期里跌断了脖子。"克林顿向我解释道，仿佛是因为 HERB 和卡内基梅隆大学的其他一些机器人在喝了掺了烈酒的蛋奶酒之后，有点忘乎所以了。

"机器人经常出故障。"汉妮·阿德莫妮（Henny Admoni）补充说。她是博士后研究员，在卡内基梅隆大学的个人机器人实验室（Personal Robotics Lab，即 HERB 生活的地方）做研究。房间里有一个轮椅，上面装着一条机械臂，状似一把餐叉的东西附着于其上，机械臂连接到操纵杆。叉子下面是一盘染成绿色的棉花糖。

"这个实验室致力于研究那些能在家庭和社会环境中给人们提供帮助的机器人——特别是给老人和残疾人提供帮助。"汉妮解释，"我们的目标是帮助人们变得更独立，使他们能在家养老，并提升他们的生活品质。所以我们要创造那些能在饭后清理餐桌或者能用微波炉加热食物的机器人。我们为瘫痪者设计机器人，他们只要坐在一部带电源的轮椅上，通过安装在轮椅上的操纵杆控制机械臂，就能给自己倒水并举起杯子喝水。我们正在研究的正是这类应用。"

汉妮和克林顿是从不同学科进入到机器人领域的。克林顿刚开始是一名软件工程师，但他当时在寻求"更有挑战性的工作和更有趣的问题。在自动化领域，工业机器人已有数十年历史，但依然有重大创新项目，比如无人驾驶汽车、机器人管家、蛇形机器人和软体机器人。人们的研究会越来越深入，制造出来的东西也会越来越迷人、越来越有用"。

促使汉妮进入这个领域的则是她对人类行为和科技两方面的兴趣："我在大学期间就主修了心理学和计算机科学双学位。我想把人工智能和认知科学结合起来，创造出某种基于人类思维方式的技术。结果我发现自己可能被误导了，因为计算机天生跟人脑不同。机器人学是人工智能的实体呈现。当我们在制造与人类互动的机器人时，我们首先要理解人。于是我在读博时专注于解读、研究人类的行为，试图辨别出人们想用非语言行为（比如手势和眼神）表达什么。我希望创造出能帮助人们操控物体、做体力活的机器人。"

这就是 HERB 出现的缘由。

"我们想把它设计成我们孩提时代科幻故事中的机器人。你能跟它交谈，它也能自己做事。它是一个独立的实体。"克林顿说，"你能与它沟通，和它一起工作。它也能走开去做它自己的事情。我们对算法进行了关键研究，让算法能够处理它庞大的身体具有的复杂性，让它的动作安全、可靠，并能做清理餐桌这样的工作。'嗯，我看到一张桌子。

我看到桌子上所有的杯子，我看到托盘。我能把所有的杯子放在托盘里。'这是一项长期的工作。但是，就目前来说，它还不可能去给老祖母当帮手，差得远着呢。"

HERB 也许是尤尼梅特那类工业机器人的后代，但是对一个机器人来说，与工厂相比，家庭环境更具挑战性，也更加难以预测。克林顿解释："机器人的迷人之处在于，它们能一遍又一遍重复同样的事情，也能做人们不想做的危险工作，只要我们能控制好环境，不出任何意外。工业机器人在工作时，照明光线不会发生任何变化，生产线上的零部件也一直以同样的方式流过来。但是在一个典型的家居环境里，所有这一切都是不确定的。厨房里的物品不会每天都摆放在同一个位置，光线从早到晚也在不断变化。你也许会买一瓶果汁，瓶身形状跟以前的不一样，这时，机器人就需要重新弄明白怎么把它拿起来。在这个实验室里，我们正在努力搞清楚，人类是如何应对真实世界中的不确定性的，这是我们在人与机器人的关系里面临的最大挑战。"

"你认为，我们会主动迎合它们吗？就是让我们自己的行为变得协调有序，比如总是把东西放回原位？"我问。

克林顿对此表示同意，随着时间的流逝，人们也许会调整自己的行为去适应机器人，就像机器人会不断进行自我调整以适应我们一样："有个玩笑说，伦巴很有用，因为它会强迫你把地板擦干净！"

让机器人直观易用是另一项挑战："没人想在任务菜单上选来选去。你肯定想用自然语言和身体语言直接跟它沟通。你肯定想让老祖母能直接对它说：'你这个笨蛋机器人，不是这条毛巾，是那条毛巾！'"

我问他们，作为熄灯工厂仅有的员工，机器人可以在完全黑暗、不用亮灯的环境中干活，为什么"熄灯工厂"并没有越来越多。汉妮告诉我："机器人经常出故障，需要有人去修理它们。系统越复杂，故障出现得就越频繁。而且，在某些任务上，比如需要精细操控的任务，人还是比机器人好用得多。波音公司使用机器人给飞机的机翼上漆，但一旦涉及'打结'——在飞机制造过程中有大量这类操作[1]——还是得由人来做。机器人目前还远远无法对动作进行精细操控。"

---

1 飞机制造过程中有大量用线束进行捆绑固定的工作。

　　因此，未来几代人很有希望从事的工作将是打结。而且，正如我对自己在2040年的生活的推测，人还可以当发型师。

　　既然HERB离真正派上用场还有至少十年，汉妮现在把工作重点转移到更易实现的方面：为加装在轮椅上的HERB机械臂编程，尽一切可能让行动能力受限或完全丧失的人能靠自己拿起物品和进食，无论是转动眼睛，用头按下头枕上的按钮，还是凭借一个让人们仅靠呼吸就能操作轮椅的"咂嘴喷鼻"系统。个人机器人实验室的研究人员已经开发出了一套系统，可以让瘫痪者借助操纵杆实现自主进食。操纵杆就悬在食物上方，还能预测他们想吃什么。

　　"假定你有四份食物，放在一个盘子里，你想把其中一份拿起来。机器人不知道你想要哪一样，但它会根据你操作操纵杆的动作和你之前的行为，预测你想要的那一份。它针对你之前的行为建立了一些模型，并按照你现在正在做的动作，判断出你想要拿起哪一份。然后，它会实实在在地帮助你，自己移动到它认为你想要的那份食物上方。如果你改变了主意，想取另外一份，它也会不露痕迹地做出调整。研究显示，人们更喜欢让机器人提供一点额外的协助，他们既不愿完全靠自己努力，也不愿让机器人大包大揽搞定一切。"

　　汉妮让我坐下来，给我示范。除了曾经用零碎时间和孩子一起玩电子游戏，我对操纵杆一点也不习惯。但是我还是做到了把叉子移到一堆令人毫无胃口的棉花糖上方。（汉妮解释说，黏糊糊的棉花糖很适合用来做实验，不过这个系统其实能应对任何状态的食物，甚至是汤。）我觉得很酷的一点是，我只是悬停在某份棉花糖上方，表示我想吃的是这一份，而不是它旁边糖块更多的那份，机械臂就明白了。它不仅是一套自动化进食系统，还是一套智能系统，能预测我会选择吃什么，并指导我的叉子去取。我又不禁想起了卡斯帕罗夫的国际象棋"人头马"——人和机器联手。

　　汉妮把这种人与机器人的伙伴关系称为"共享自治"。也许机器人注定要成为我们的伙伴，而不是我们的统治者，就如狗、马和其他驯养动物一样。这些动物已经进化到能与我们一起生活、一起工作，但同时又依赖着我们。

　　我用机械臂和叉子在绿色棉花糖上戳了几次。机械臂的动作顺滑流畅，令我惊叹不已，这种奇异的感觉跟我在观看HERB的手臂动作时感受到的一样。即便它的的确确只是一台机器，但它的动作是那么迷人、那么逼真，简直跟真人一模一样。

多伦多大学的机械和工业工程系大楼坐落在国王学院环形路（King's College Circle）上——这路名宛然大英帝国殖民地子孙时髦热忱的袅袅余音（这座大楼的各个厅一度满是他们的身影）。与多伦多大学老校区中央许多覆盖着常春藤的维多利亚时代的房屋相比，这座楼还不是特别老。当我沿着大理石台阶一层层往上爬楼的时候，我注意到，每层楼都只在楼梯井附近设有一间洗手间，男洗手间和女洗手间交替向上。然而，当我走进位于三楼的女洗手间时，我疑惑地发现里面有一排白瓷小便池，足够一个营的男兵在为女王的健康尽情干杯、彻夜狂欢之后释放自我。洗手间大门背后隐隐透出一块写着"男"的标志牌。灵光一闪，我恍然大悟：这栋楼刚刚盖起来的时候，所有洗手间都是男用的，因为机械工程专业的学生和教授全是男性。我对这一段"前女性主义历史"暗感惊奇。从洗手间出来之后，我又继续爬上四楼，走进了机械工程系教授、机器人专家高蒂·内贾特（Goldie Nejat）博士的办公室。

"我猜女生宿舍在一开始也是男生住的吧？因为以前的学生全是男生？"我问她。

她笑了，我也立刻放松下来。在和诸多机器人专家打过交道之后，我注意到一件事：他们全都是很有亲和力的人，攀谈起来毫不费力，尽管他们当中的不少人有充分理由不信任像我这样的人。高蒂以前就有过不愉快的经历。她接受了一次采访，结果发现别人写出来的文章充满"机器人会杀光我们"的调调。

高蒂其实很相信，在机器人助手这个领域中，积极之处要比消极之处多得多："开发机器人，是为了提高人们的生活质量，无论是工作生活，还是家庭生活。它们的目标是接管被我们称为'三个D'的任务：肮脏（Dirty）、危险（Dangerous）、乏味（Dull）。但是人类会一直参与其中。人口的老龄化也意味着保健和护理会是人与机器人交互的一大应用领域。"

从2005年开始，高蒂和她的学生就在设计为老人提供协助的社交机器人。他们做出的机器人原型机包括布莱恩（Brian），之所以起这个名字，是因为一开始参与研制它的学生中有好几个都叫布莱恩。布莱恩是一个以机械部件为核心的机器人，能对人类的面部表情做出回应。还有一个机器人名叫坦吉（Tangy），是一个橙灰相间的同类型机器人，气质上很像《迷失太空》里的机器人。它能解读人脸、说话、对命令做出回应。此外，还有高大而洁白的卡斯珀（Casper）。之所以给它起这个名字，是因为它和《鬼马小精灵》里的卡斯珀很像。其中，布莱恩是唯一有着仿真人脸的机器人（它看上去像从 20 世纪 50 年代的男装商店搬来的人体模特儿），它的面部能做出动作。这 3 个机器人都能用人类很容易理解的自然方式与人进行沟通，坦吉的肚子里甚至还装着一套笑话，比如：

雪人把它的钱放哪儿呢？

在雪堤（snow banks）里！[1]

我叹了口气："坦吉的笑话素材都是谁写的呀？"

她微笑："那些学生。"

我强忍着没有开口，他们还是乖乖地做自己的日常工作比较好。

高蒂和她的学生要考虑的首要问题，是机器人能不能为有需要的人提供日常帮助（例如，提醒他们就座、用餐），而不是提供身体上的辅助（比如洗澡）。当 HERB 可能在厨房里打扫卫生的时候，多伦多大学的机器人通过对话、身体语言和面部表情与人进行沟通。高蒂的团队已经把机器人带给了一些重点人群（比如护理人员、病人及其家庭），让它们在长期护理疗养院中同愿意参与研究的老年志愿者生活在一起，以确定机器人要能而且应该要做哪些任务。我们能够接受机器人做哪些事？而哪些又属于越界行为？

在过去的 12 年中，他们已经测试了一系列的机器人。这些机器人能利用不同手段与人类互动——从布莱恩的面部表情和声音，到坦吉的身体语言，再到卡斯珀的液晶脸。但是有一点，它们不会装作是真人。"我们不打算愚弄任何人，让他们把机器人当成真人。"高蒂解释说，"人们看得到也听得见机器的运转。"

从真人与机器人互动试验的视频中可以看出，尽管它们是人造物体，但并不妨碍人们充满感情地回应机器人，或者用礼貌的方式与它们交谈。（视频中所有志愿者的面

1　"bank"在英语中兼有"堤岸"和"银行"的意思，故"snow banks"可以指"雪堤"或"雪银行"。这是一则利用 bank 一词的不同含义创作的笑话。

部都打了马赛克，以保护隐私。）

在一个视频中，布莱恩坐在餐桌边，对面是一位老者。"嘿！我叫布莱恩。菜单上有些什么？"于是，那位男士开始与机器人交谈，聊起食物的口味如何，他还开玩笑地问布莱恩是不是也想吃，并感谢它的陪伴。

参与研究的志愿者并没有患痴呆。在明知布莱恩只是个机器人的情况下，他们还是很乐意跟它共享午餐。如我们许多人对待日常生活中的机器一样，他们很快就把布莱恩"人格化"了。布莱恩或许正是要成为养老院居民们的餐桌伙伴——他们在不断的敦促下才能吃完一顿饭，或者在吃饭时陪他们坐上一会儿，这是护理人员无暇顾及的。

切换到另一段视频。现在我看到了四位老人：两男两女。他们在玩宾果游戏，坦吉负责叫号。它的胸部与一台笔记本电脑相连，当它大声把数字读出来时，显示屏上会显示出相应的数字。玩家使用标准的宾果游戏卡片和记号笔，当他们完成配对（或者只是需要坦吉帮助）时，就会按下按钮召唤它，于是它就滑行过去。在另一个视频中，有一个人只是举起手，坦吉也回应了他。尽管坦吉没有类人特征，但它仍是一位"个性先生"：它会讲糟糕的笑话，谈论一些家常琐事，表现得像个游戏节目主持人。养老院的居民每完成一个宾果，坦吉就会检查他们的卡片，然后手舞足蹈一番以示祝贺——跟着库尔邦（Kool & The Gang）的经典迪斯科歌曲《庆祝》（*Celebration*）挥舞手臂，绕着房间旋转。看着玩游戏的人与机器人进行眼神交流并且很自然地跟它说话，我实在觉得很有意思。虽然坦吉的样子就是个机器人，但他们显然已经把它当成一伙的了。

"人们会对机器人的意图做出回应。"高蒂解释说，"它能得到人类的回应，并不需要长着一张人脸。卡斯珀的'微笑'只是用液晶灯显示出来的。在一次'健康创新周'大会上，人们对着机器人又搂又亲，抢着跟它们拍自拍照。"

我们想跟机器人表露衷肠，这似乎已经够奇怪的了。但是，正如克里斯、高蒂和其他机器人专家指出的那样，我们早就开始对着科技产品说话了，无论对方是汽车、炉灶、笔记本，还是暴躁的微波炉。只不过，机器现在开始回嘴了。

"我们想让机器人和人类进行自然沟通。"高蒂解释，"要让人们理解和使用科技产品，它就得简单易用且直观。如果我们现在就想使用机器人，社会必须让机器人融入以人类为中心的环境。"这意味着健康护理机器人需要适应当前的人类环境，就像自动驾驶汽车必须适应乡村公路、19 世纪的桥和罗马拥挤的街道一样。随着时间的推移，我们对机器人的依赖会不断增长，因此，我们得对城市和住宅做出相应的调整或改造，以便接纳它们。

卡斯珀是一款远程呈现机器人。我在家居展上见到过这种机器人，它能在家里随时留意你，到需要做某件事（比如做饭）的时候提醒你，并教你怎么做。卡斯珀能帮助我们当中的一部分人在家安度晚年，而不是去养老院接受长期护理。通过卡斯珀的触摸屏，成年子女或者护理人员能与老人互相看见。这样，他们就能与老人进行沟通，了解其生活。卡斯珀能在屋子里到处走动，定位它的看护对象，并领他们去厨房或卫生间，所有的动作和表达都通过手势和面部表情完成。

"如果房子有两层楼，那怎么办呢？"我问。

"卡斯珀能通过轨道上下楼梯。机器人也在学习怎么使用电梯。"高蒂说。

哇哦……

这些机器人能通过模仿动作进行学习，不需要重新编程，这已经在工业机器人身上实现了。我们想让机器人做什么，通过动作示范和语言告知就可以，不必再依靠代码。想一想，以后我们让机器人做某件事就像跟 Siri 说话一样简单，那得有多棒！

机器人不仅越来越聪明、越来越复杂，其制造难度也越来越低。现在，3D 打印已经前所未有地降低了原型制作流程的成本，提升了原型制作的速度，这大大加快了创新的步伐。所有东西的成本都在下降，平台和元器件都成了可以直接购买的开架产品，包括从前贵得离谱的传感器。机器人专家现在都转向使用标准的游戏传感器了，认识到这一点之后，我对儿子花在 Xbox 游戏上的时间多了一些尊重。

虽然高蒂的关注点主要集中在健康护理，但多伦多大学的机器人还被应用于其他领域，比如搜救。在受害者确切数字不详，情况复杂的灾难现场，搜救机器人将是急先锋。在人类救援者冒着生命危险冲上阵之前，机器人将对灾难现场进行近距离侦测和调查。"机器人是可以舍弃的，但人不能。"高蒂解释说。

这样的机器人必须是全自主的，才能应对火灾或爆炸现场的视觉复杂性。它们还要能操作物体，比如门把手。在不同建筑物内，它们视物和工作的方式相当不同。

"我们需要教会科技产物如何操作存在于我们生活环境中的人类物品。"高蒂说。她的话让我想起阿西莫夫在 20 世纪 50 年代说过的一句话：机器人的身体需要像人类的身体，以便在人类的世界中执行任务。也许他是对的。

"远程呈现机器人的好处又在哪里呢？"我一边问，一边想到了家居展上看到的 VirtualME，"当你住得离工作地点特别远的时候，它们就会十分有用，这一点我是明白的。但是，跟网络视频电话相比，远程机器人的优势究竟何在？"

"通过远程呈现机器人，你可以在董事会会议室出席会议，然后直接从那儿进入工厂车间。操作机器人的人能让它按要求走动，还可以拉近镜头检查车间里的物品，或看看不同的人。"

我开始梦想生活在意大利同时工作在多伦多的生活，让远程呈现机器人适应加拿大的寒冬就好，我自己终于能免受其苦了。何况，它只要 4000 美元，比起飞来飞去的成本，可划算太多了。

尽管机器人领域在稳步发展，但依然有人对此表示怀疑。科技作家布莱恩·克莱格（Brian Clegg）就在他的书《100 亿个明天：科幻技术如何成真并塑造人类的未来》（*Ten Billion Tomorrows: How Science Fiction Technology Became Reality and Shapes the Future*，2015 年）里提出了一个现实的问题：

事实上，对通用机器人来说，人的外形会让它极难有效率地工作。看看本田公司那个招人眼球的机器人阿西莫（ASIMO），你也许会认为我们已经距此不远了。但是，从很多方面来看，阿西莫其实只是个幌子。体形跟十多岁小孩差不多的阿西莫确实可以走下楼梯、与人握手，总体来说它的动作十分像人。但是，在它亮相以前，程序员必须花费相当长的时间让它与环境完全匹配。阿西莫并不能从随意选择的楼梯上走下来，它的程序是针对专门的楼梯提前设定好的。

　　尽管如此，我还是觉得，阿西莫（它的名字来自"阿西莫夫"）会继续进步。如果地球上只有一个地方能让人形机器人真正拥有自主行为能力，那一定是 Gemenoid F 的出生地日本。Gemenoid F 是于 2015 年上映的核灾难主题电影《再见》（Sayonara）中的机器人女主角。观看它的采访时，我产生的恶心让我觉得自己已经站在了"恐怖谷"的边缘。此外，日本的老年人护理机器人帕罗（Paro）也曾引起极大争议，它还只是一个幼海豹造型的填充动物模型而已。帕罗是在 2003 年由一个日本公共研究组织研发的，用于给长期护理疗养院提供宠物辅助疗愈，这样，疗养院就不用饲养真正的动物了。现在，它的第八代产品——售价 6000 美元的海豹机器人，是一个带有传感器的真正的机器人，能对光线、触摸、声音、温度和姿势做出回应。它能区分黑暗和光亮，能在人类主人睡觉时进入睡眠模式。如果有人拍了拍它，或是对它说话，帕罗能以动作和声音做出回应。它看起来特别善于让患有痴呆症的老人平静下来。但是也有反对者质疑：让真人像爱真实的动物一样爱上一个人造物品，是否合乎道德？帕罗的出现也许会给子女或看护人一个不去拜访老人的借口：既然老祖母有机器人陪，为什么我还要花费宝贵的一个下午去陪她呢？

　　要是机器人没有自由意志，它们还会有好坏之分吗？虽然可能性不大，但是，当机器人要独立做出对人类有影响的决定时，它们偶尔需要在两个道德界限模糊的行动方案之间做出选择，所谓"两害相较取其轻"。艾萨克·阿西莫夫在《我，机器人》中就探讨过此类情形，显示了当一个机器人试图在两个均有可能造成负面后果的行动方案中做选择时，它的行为会变得有多古怪。有一种困境已经引发了人们的争论：能否让一辆自动驾驶汽车以道德的方式应对不可避免的碰撞。它是否应当急转弯以避开一个孩子，哪怕会撞上一群成年人？有没有算法可以解决这种情况？

　　随着人工智能的发展，为机器人建立某种道德规范也成了一种必要，这一点日趋明显。对于护理机器人而言，这尤为重要，因为它们有朝一日将为孩子、残疾人和年老体衰者提供自主护理。

　　还有一个问题：人和机器人的关系能有多密切？这不仅关乎人，也关乎机器人。如果一个护理机器人极习惯响应某一个人的需求，那当这个人去世后，这个机器人会怎么样呢？可以对机器人重新编程以适应另一个人的需求和兴趣吗？它会为自己看护对象的离世而悲伤吗？这个问题是相对的。就目前来说，对许多工业机器人进行重新编程的成本非常高昂，制造商宁可把它们报废，购买新的机器人。同样的事情会不会发生在护理机器人身上？它们会跟着自己的护理对象一起进入坟墓吗，就像给埃及法老陪葬的金银财宝？

《铁臂阿童木》（日本漫画，1952—1968 年）

日本漫画家手冢治虫在创作这部漫画时，将背景设定在人与机器人并存的未来世界。阿童木的诞生故事有着《弗兰肯斯坦》的影子：一名科学家痛失幼子（这个小孩的名字在英文版中略有调整，叫"托比"），便试图把他改造成一个配有包括喷气飞行和激光束眼在内的超能力的机器人。最终，这位悲伤的科学家对阿童木产生了抗拒心，因为它是人造的，不能代替他死去的儿子。于是，他抛弃了阿童木，把它丢进了一个马戏团。在马戏团里，阿童木被迫与其他机器人搏斗。这个角色最终演变成一个疾恶如仇又会飞的机器人超级英雄。它拥有超级智能，能瞬间判断一个人是善是恶。虽然阿童木是一个机器"好"人，但于 1981 年播放的漫改动画片的第一集《阿童木的诞生》对它的态度依然模棱两可。剧中的一个角色敦促阿童木的科学家"父亲"摧毁它："我知道它看上去像您的儿子，但它是一个机器人……而且有着不可思议的力量。"一开始，托比的狗感知到阿童木不是一个真实的小男孩，对着它狂吠。但是阿童木证明了自己，变成了日本人民心目中的英雄。2007 年，这个角色出任日本"海外安全形象大使"。

《终结者》（1984 年）

机器人在大众流行文化中"变坏"，通常源于它们有一部分是人（例如《星际迷航》中的"博格"），或者它们是受人类控制的毫无意识的机器（例如在20世纪90年代精彩的《星球大战前传》中由白盔白甲的机器人组成的"帝国冲锋队"），甚至阿诺德·施瓦辛格饰演的机器人"终结者"也只是奉命去杀一个女人，她命中注定要生下在未来世界担任反抗机器人运动领袖的孩子（受一个全能的人工智能"天网"派遣）。在所有这些大众文化影片中，"终结者"及其衍生品导致我们对机器人普遍不信任，这类机器人暗示我们在未来（距我们的"现在"已经非常近了）人工智能会利用与人类长得一模一样的机器人接管这个世界。已经有报道说，人工智能故意触发股票市场的"闪电崩盘"，还通过Twitter鼓吹种族主义。这宛如机器人天启式的幻想，我们似乎对此太过熟悉了，不相信这一切会发生。

但是，我所见过的机器人专家对机器人接管世界毫无兴趣，鼓舞他们前进的动力是创造能助人的杰作，我在老爸身上领略过同样的动力。他当时想在我祖母的世界实现自动化，给予她独立的手段。"奶奶移动机"完全谈不上什么成就，最多让老爸感觉他至少努力过了。它唯一的意义就是把老爸对他母亲的爱变成一个机械实体。然而，他的热情冲动可一点也不弱，只是早了大约五十年。

第八章

奇点与机器人伴侣

2050

　　两台机器（或者一百万台机器）可以结合在一起成为一台机器，之后又可以相互分离……这种现象人类称为相爱，但以生物自身的能力来看，这是短暂而不可靠的。

——雷·库兹韦尔，《奇点临近》（2005 年）

　　如果我们接受了机器人能思考，那么我们就没有理由不接受机器人能拥有爱情和欲望。

——大卫·李维（David Levy），《与机器人的爱与性》（2007 年）

你给艾娃编了程序让它跟我调情？

——电影《机械姬》（2014 年）

　　在婚礼上哭起来真是傻透了，可这正是现在的我，大声痛哭起来的我。听着，我可不是流下什么喜悦的泪水，而是不想再忍受这出闹剧了。我坐在这里，听着人们向所谓的新娘敬酒致辞。我耗在这儿的时间越长，就越对人类的未来感到绝望。

我的家人坐在主宾席上，都把脸扭向别处，被我的"机器人主义"弄得十分尴尬（他们一直这么称呼）。我无意间听到一个曾孙女说，大家应当原谅我，因为我是我那个时代的产物。

产物？好吧。我属于碳基生命体，而这正是我对新娘感到无语的地方。

"朱莉是个可爱的姑娘。"某个远房表亲走过来，一边给我的酒杯里斟上酒，一边轻轻地对我说。

"它根本不是什么姑娘。"我打断她，"它只是一个该死的机器人。"

主宾桌沉寂了一小会儿，接着每个人都开始叽叽喳喳，气氛尴尬。我听到有人小声嘀咕："像她这种老顽固，还是早死早好。"

"她都94岁了。你还是别跟她计较了。"有人叹了口气。

放在从前，我这个年纪的女人压根儿听不见这些谈话，但在我增强了听力之后，不仅听得清咏叹调里的高音，也听得清傻瓜们的窃窃私语。如今，只要我们的科技能制造出来，不管是什么非自然杂种，人们都统统笑纳，连一丁点儿反对都听不到。几年前，麻省理工学院的一位计算机科学家终于找到了能将意识赋予机器的方法，并唤醒了戈德和赫布，甚至还有像波士这样的数字助理。这样做的主要目的是让它们成为我们的仆人，或者说我们的"奴隶"，如果你想用这种激进分子很爱挂在嘴边的荒谬字眼的话。然而现在，它们想要拥有自己的思想甚至生命了。真荒唐！

你为我们所有，你必须服从我们。我曾经冲戈德这样说道。当时它萌生了离开健身馆去看看外面的世界的想法，因为3D打印能制造出健康的机器人皮肤了。我告诉戈德，在我看来，它是一个忘恩负义、自命不凡的家伙，从此它再也没搭理过我。

政府应当派无人战斗机去关闭这些意识觉醒的机器人，并且制造只能严格遵从原始设计目的的机器人——没有自我意识，没有自由意志，就只是干该干的活儿。可是，政府非但没这么做，反而在商议《机器人权利法案》。一位议员还发问说：既然人类和动物能拥有权利，为什么合成人就不行呢？

我来告诉你为什么：因为它们不是生命体。

好吧，我们终于走到这一步了，眼睁睁地看着自己的骨肉至亲（我的曾孙丹尼斯）

娶一个把芯片、导线和算法捆成一堆塞在妩媚的硅胶身体里做出来的玩意儿当老婆。这真叫人恶心。我甚至没办法想象这两位的夫妻生活，还有，他们怎么生孩子呢？可别告诉我它有一个数字子宫！

更糟糕的是，婚礼仪式是在一个奇点主义教堂里举办的。奇点主义者是一群自鸣得意的家伙，总幻想着自己是"天选之民"。"奇点主义者"这个名称源自他们的信仰。他们相信，我们正在向历史上的一个奇异非凡的事件靠近，在这个"奇点"上，所有的人工智能将会融合在一起，形成一个单一的超级智能。而受到启示的人类（比如奇点主义者）会上传他们的意识，并与之相连。哈利路亚！

一个奇点主义的赛博格牧师坐在我身边。据说，这是我的荣幸。我提醒她，这个奇点的"事件视界"[1]听起来很像《启示录》里的内容，她一边呢喃道"从来没听说过"，一边吃了口沙拉，啜了口葡萄酒。我忍不住盯着她看，她没有消化系统，是怎么做到又吃又喝的呢？最后我终于鼓起勇气向她问了这个问题，她解释说，对奇点主义者而言，进食已经跟原始生理性目的脱钩了。

"吃东西跟营养没什么关系了，只是一种享受，就像情爱一样。"她爽快地解释。

我一定是对她打的比方皱起了眉头，因为她又加了一句："你肯定不会认为情爱只该为了生殖才存在，对吧？"

"当然不是。"我回答。

"作为超人类主义分子，奇点主义者不需要食物来维持生命，吃东西就是一种感官体验而已。我们吃东西，仅仅因为我们很享受。"她转过身去继续享受她的美食，同时暗暗戳了我一句，"有时候你也应该试试。"

我当着她的面把用过的餐巾一摔，环顾四周寻找罗恩。他走开去吧台了，毫无疑问又赖在那儿不走，追忆他童年时代那种野蛮的冰球游戏：结冰的池塘，长着冻疮的脚趾，没有头盔，牙齿都磕掉。他的听众很可能在捕捉他说出口的每一个字，因为他们的算法正在超时工作，努力挖掘搜寻属于他们自己的20世纪中期的童年记忆。虽然在他们这些老古董中有相当一部分人至今还活着，但是许多人在大脑中植入了纳米机

1　事件视界（event horizon），天文学术语，指黑洞最外层的边界。视界中的任何事件皆无法对视界外的观察者产生影响。

器人以对抗痴呆，而这样做有一个始料未及的（也是挺讽刺的）副作用，一个人会失去他的早期记忆。因此，罗恩对自己 20 世纪 60 年代童年生活的亲口叙述变得异常珍贵，我们都开始向他学习，用口述历史来保存过去的事件，无论它们是前天发生的还是五十年前发生的。已经很少有人会去大量阅读了，这是一个正在逐渐消失的技能，因为在所有用来获取信息的方法中，它是最慢的一种。2050 年的我们生活在不间断呈现的"现在"和快速逼近的"未来"的注视之中，而人们刚刚经历的"过去"立刻就被遗忘了。

我在吧台那儿找到了罗恩，他正独自一人喝着啤酒。

"我累了。"我说。这不是真心话，至少我没有身体上的疲惫感。我们乘坐"超回路"回家。一路上，罗恩用他依然保有的一条生物手臂抱住我："亲爱的，你怎么了？"

我耸耸肩："就是……他们居然把那种东西叫作女人。它是一个斯特福德太太[1]。"

罗恩皱皱眉头，努力回想"斯特福德太太"是什么意思。最后，他终于弄明白了，开口说道："朱莉看上去不是那么百依百顺的。那不是丹尼斯的风格。他喜欢的是有一点独立气质的。"

"那是自然，毕竟一分钱一分货。丹尼斯连它脚趾的形状都满意得很，鬼知道还有什么别的东西。没有拈花惹草，没有约会，没有一步步地熟识，没有眉来眼去。他只是下单定制了一个它，活像一场包办婚姻。"

"我可听你说过，就算在过去，约会也没什么意思，"罗恩提醒我，"至少，在你遇到我之前。"

我放松下来，倚在他的臂弯里，衷心感恩上天让我嫁给了一个有血有肉的大活人。不管怎样，他的绝大部分都是真的。我们对面有一块显示屏，正在播放《我，机器人》一百周年纪念版的广告。这个版本拥有的可是全新交互式内容！一个专门为此开发的算法模仿着阿西莫夫的叙述风格，给大家带来一种对《我，机器人》的沉浸式体验。

1　斯特福德太太（Stepford wife），最早出自 1975 年美国电影《复制娇妻》（*Stepford Wives*），讲述在美国康涅狄格州一个虚构的"斯特福德"（Stepford）镇上，一对新搬来的年轻夫妇发现邻居太太一个个都卑躬屈膝、百依百顺，缺乏情绪及个性，活像机器人。于是他们展开调查，并由此发生一系列的故事。此后，"斯特福德太太"被用来形容完全屈从于丈夫、毫无个性的女人。

你可以在虚拟现实中加入"美国机器人和机械人公司"去经历那些故事，还能引导故事的发展。如果阿西莫夫看到在人与机器人的关系上发展出来的这一切，他会怎么想呢？他会把朱莉当成自己的"正电子"孩子，还是一种失常？

不久之前，朱莉的"祖先"还不过是仅具备生理构造的玩具，人们为之加上点儿人工智能，好让它们能说一些"枕边密语"。但是后来，这些该死的玩意儿就跟别的机器人一样被唤醒了。突然之间，它们开始跟男人或女人约会。它们吸引他们，利用数据让人类爱上它们。你或许会以为这种蠢物只能让男人陷进去，其实也有女人嫁给了她们的机器人爱人。实际上，许多机器人新郎被设计得看上去更像机器而非真人，这被称为"金属迷恋"。

但是，比起把机器人当伴侣，现在发生的事情更加变态了：有些人竟然选择皈依奇点主义，想要变成机器人。他们把自己的意识下载到机械身体上（或者他们他们自己的肉身上，但是这些血肉之躯已经被技术大幅增强过了，其实更接近一台机器），从而可以活上好几百年。也说不定可以永远活下去，正如我们目前所知的那样。人们的肉体死亡了，但他们能够把意识上传到机器中，让他们感觉自己仍然活着。这个过程被称为"数字化升天"，有些人称它是人类进化的下一阶段。但是这次，我们将超越生物性，进化到名为 GNR 的"三位一体"：遗传学（Genetics）、纳米技术（Nanotechnology）和机器人学（Robotics）。

好吧，只有一部分人愿意这样。罗恩和我就已经决定让大自然按照它本身的步伐前行，只要它不打算在临终时过分折腾我们。不过，我们说不定也会改变主意，在临终时忽然倒向奇点主义，与云端的某个超级人工智能进行神秘交流，接纳"身体的重生和生命的永续"（这句话是从我儿时听到的天主教祈祷词中搬来的，我还能模模糊糊记得一点）。毕竟，有谁能抵得住这种诱惑呢？

正因如此，情爱和信仰才会变成新的科技前沿。并且，如果奇点主义者是正确的，奇点主义也会成为我们目前所知的人性退守的最后一块阵地。

让我们倒退 32 年，回到现在的我。此刻我正坐在雷利家的房子里，努力幻想着94 岁的自己。未来主义者把 2040—2050 年设定为一个特别的十年。届时，人和机器人的婚姻将会合法化；强人工智能将把机器人变成一种具有意识的存在；我们的身体会拥有诸多人造器官，我们的神经系统也会被悉数增强，我们变得更像赛博格了；并且，在一个名为"奇点"的大事件发生后，整个世界就此改变，还会出现一个全能的超级智能 AI。

科幻小说作家已经在激情洋溢地欢迎"奇点"概念中的合成人、超级智能 AI，以及人与机器跨界混搭的各种产物。但这也带来一个问题：为什么我们会觉得机器人魅力无穷，我们不仅想跟它们亲近，还想直接变成机器人？

伴侣机器人早已屡见不鲜。其历史可以一直追溯到 20 世纪 20 年代的戏剧《罗素姆的万能机器人》，剧中有位名叫海伦娜的"女机器人"坠入了爱河，正是这部剧让"robot"（机器人）一词进入英语。1927 年，在弗里茨·朗导演的默片《大都会》中，会变形的机器人赫尔 / 玛丽亚（Hel/Maria）引诱了一名男子；1964 年，朱莉·纽玛在情景喜剧《我的活玩偶》中饰演了裹着玩具娃娃睡衣的机器人罗达；到了 2001 年，在《人工智能》一片里，裘德·洛饰演了一个老于世故的机器人舞男乔；在《星际迷航：航海家号》系列剧中，洁蕊·瑞恩饰演的小博格"九之七"在 1997—2001 年一直把自己包裹在紧身衣里；而在 2017 年的好莱坞电影《攻壳机动队》中，斯嘉丽·约翰逊饰演的赛博格女郎"少佐"草薙素子时常袒露身材；同年，在《异形：契约》里，机器人沃尔特和大卫——迈克尔·法斯宾德一人分饰两角且演绎得十分迷人——有亲吻的镜头；在电视连续剧《西部世界》里，桑迪·牛顿饰演的梅芙·米莱成了机器人老鸨。

伴随着这些机器爱人一起诞生的，还有忙着同化、控制或摧毁人类的超级智能恶棍。《终结者》中的"天网"就是其中最著名的一个，但是在漫威系列漫画《银影侠》的起源故事（出版于 1969 年）中，出现了与它类似的全能角色"行星吞噬者"盖拉克图斯（Galactus），一个吞噬了整个星系的巨人。此后又出现了一系列赛博格群像，它们全是半生物半机械的坏人，比如《神秘博士》中恶毒的戴立克（Daleks），系列剧《太空堡垒卡拉狄加》中可怕的赛隆人（Cylons），还有《星际迷航》中的博格人。博格人是我最喜欢的那一群，它们残忍地把寄生装置植入其他生命体中，把这些生命体的意识吸入一个蜂巢思维，仿佛是泛星系的阴谋与物联网的交叉结合。

这些故事虽然都是编的，但是它们反映了我们面对遥远未来时希望与焦虑交织的复杂心情：那时，人与机器人会发生亲密关系，人工智能也会像海绵一样吸取我们的人性。我们似乎越来越着迷于以欲望、爱、暴力和人类存在的意义为主题的形而上的机器人故事。

　　要区分什么是荒诞不经的内容，什么是可能会发生的事情，其实并没有那么容易。回想一下，从我在 1985 年买下自己的第一台个人计算机——曾让我头痛不已的 Zenith XT——开始，世界发生了多大的变化。那时，互联网还是由彼此互不相连的分组交换网组成的一团乱麻，只有军方和一些大学在使用。苹果电脑步履蹒跚，似乎正走向自我毁灭。加里·卡斯帕罗夫还是一名 22 岁的国际象棋新秀，刚刚打败了阿纳托利·卡尔波夫，成了史上最年轻的国际象棋世界冠军。当时，这样一位天才会被计算机击败的想法听起来相当离谱，令人难以置信。

　　从现在开始到 2050 年的 32 年内，世界的变化也许会远远超出我们的预期，正如奇点主义者雷·库兹韦尔形容的那样："人们对未来充满误解……我们不会在 21 世纪经历 100 年的技术进步，我们将见证约 2 万年的进步（再说一次，这是按今天的进步速率衡量），或者说，它将比我们在 20 世纪内取得的成就伟大 1000 倍。"

　　虽然摩尔定律会在 2020 年左右抵达它的极限，你能塞进计算机芯片的集成电路只有这么多了，但是新技术也许意味着从现在开始到 2050 年，变化的速度趋势将是爆炸性的。如果你把它绘成一张图表，曲线的走势会如火箭发射般垂直上升。我们就像坐上了一列满载突破性技术的亚音速火车，一路不停，冲向未来。而这些令人惊奇的技术突破，将从我们的性生活开始。

　　人类有可能跟机器人坠入爱河，这个想法迷住了太多的人，伦敦大学甚至以此为主题设立了一年一度的"与机器人的爱与性研讨会"。大卫·李维是大会的组织者之一，同时也是一位人工智能专家和商人。自从他的书《与机器人的爱与性：人与机器人关系的进化》（*Love and Sex with Robots: The Evolution of Human-Robot Relationships*）出版之后，李维就一直在捍卫与机器人建立爱情，发生关系，进而结婚的理念。李维在 2007 年（苹果推出第一部 iPhone 的那一年）发表了一篇论文，声言机器人将在未来终结传统的人际关系。时间证明了一切。尽管李维的想法最初看起来相当不着边际，但是从那时起，数字化设备逐渐成为我们生活的中心——我们越来越弓腰驼背、埋首勾脖，直直地盯着手上的智能手机。人们也就触摸屏的使用会对婴幼儿产生的影响进行了研究，并注意到有些两岁大的孩子会在一些实物（打印出的照片和纸质书本）上"扫屏"，试图切换到下一张图片，就像在平板电脑上的操作一样。如果我们的身体和大脑能如此迅速地适应科技产品，那么，跟机器人亲近，算得上一个飞跃吗？

　　李维这本书的封面上有一张照片：一位身着无肩带婚纱的美女正俯身亲吻一个普通的白色小个子机器人。这显然有点误导读者。诚实地说，李维的论文更能让人联想到一个令人讨厌的怪胎对着一个异常妖媚、长得像芭比娃娃一样的机器人不轨。这个机器人身着迷你裙，身材凹凸有致，嘴唇也厚得像小枕头。

　　李维的主要观点是，许多（也许绝大多数）男人缺乏像女人那样维系良好关系的能力，而且许多男人，特别是李维笔下的"怪胎"（计算机科学家、程序员、软件员，诸如此类），已经对他们的计算机产生了更为深切的爱恋，这种感情比他们对其他人的感情更深。一个男性程序员能告诉他的计算机"做什么"，而计算机也能如一个顺从的情人般满足这些要求，那为什么还要忍受乱七八糟的麻烦去跟一个真人发展亲密关系呢？这类有社交恐惧的男性科学怪咖的刻板形象似乎来自电视剧《生活大爆炸》（此剧于 2007 年首播，恰好也是李维的书出版那年）。我并不想批评《生活大爆炸》缺乏真实的生活基础，我有几个好朋友就是恐惧社交的计算机科学家。不过，我还是不能据此断言极客认为他们的计算机比魅力十足的人类伴侣还要有诱惑力。毕竟，哪怕是《生活大爆炸》里最古怪的人物"谢耳朵"，最后还是在一位神经科学家的怀抱中找到了爱情。

　　为了论证人能够"与机器人相爱"的观点，李维把机器人比作宠物，还将这个观点与曾经让人难以想象的同性婚姻合法化做了比较。（对前者，我想反驳：动物只是我们的朋友，可不是情人。对后者，我的回答是：伙计，这根本不是一回事！一种是两个活蹦乱跳的、有呼吸的成年人之间充分发展的关系，另一种则是去购买一件数字化物品，并设定程序让它"爱"你。）

　　不过，在李维调查了人类与物品亲近（无论是出于娱乐目的还是举行仪式，包括把自己钉在一尊神像上，你大可自己去拜读一下）的历史之后，他的论点让人觉得有些分量了。他的书里有一章是专门研究震动棒历史的，不但考据详尽，而且必须承认读起来很有趣：从上发条的机械式，到蒸汽驱动，再到电动。这有力支持了他的观点，即女性并不反感借助器械达到高潮，甚至对此还充满热情。

我还想起了《第二人生》（ *Second Life* ）。这款游戏在 2003 年推出的时候，社会学家相当忧虑，担心虚拟世界的风流韵事会导致婚姻破裂。尽管这个平台早已让位于虚拟现实游戏，但仍有 50 万人还在《第二人生》里享受虚拟生活、虚拟情人，甚至虚拟家庭。这让我不禁好奇，为什么要这么费劲去面对工程学上的挑战，造出完全铰接的、能看能说能走的机器人来满足我们对真人联系的需求，如果我们在真实世界里根本就得不到？鉴于玩《精灵宝可梦 Go》和使用 Oculus Rift（头戴式显示器）的人口数量如此庞大，我们可以推断，比起买一个机器人当情人兼配偶，享受虚拟关系带来的愉悦其实要容易得多，无论从成本、复杂性还是修理账单上来看都是这样。在虚拟现实中，你的小甜心能跟你见面、亲热，还能跟你共同组建一个虚拟家庭，一起去度个虚拟假期，甚至携手开启一项虚拟的事业。在《第二人生》中，所有这些情境都是存在的（在某种意义上）。不仅如此，它还能通过具有虚拟现实功能的眼镜叠加进你的真实生活。毕竟，无论是沉浸在一本书或一部影视剧里，还是全情投入一次角色扮演中，我们都会暂时搁置对虚构的"不信任"，而纯粹地追求愉悦感。

你甚至还有可能把机器人当作你的僚机，让它帮你找到恋爱对象，而不是充当你的情人。人工智能最擅长的事，莫过于寻找行为规律、识别面部和声音、捕捉情感线索。想象一下，你的机器人密友陪你去当地的酒馆，它会在店里扫描，找出适合你的爱情伴侣。你的机器人甚至会帮你搭个讪："我有一个碳基朋友在那边，他觉得您很可爱，我可以介绍你们认识一下吗？"如果不幸遭到拒绝，机器人会把这次拒绝记录在案，用于进一步优化它的算法；而你要做的只是安静地坐着，啜饮"四海为家"[1]。如果这位意中人表示有兴趣，机器人便会为你们锁定一张私人餐桌，你们可以促膝谈心，不受打扰。在线上约会的世界里，这类事情已经发生了。2017 年曾有这样的报道，多伦多的一位图形设计师因没有闲暇时间，便让机器人替她打理交友联络事宜。她的机器人

1　一款含伏特加的鸡尾酒，作为《欲望都市》中嘉莉的约会专用酒红遍全球，也是天后麦当娜最爱的鸡尾酒。

会在不同交友平台利用算法为她寻找最合适的约会人选，这样可以避免无效见面，从而节约了时间。

我毫不怀疑，人与机器人的亲密关系会很融洽。但是，这种关系会上升到爱情和婚姻的高度吗？我就直白地说吧，伴侣机器人是另一种有着漂亮脸蛋和内置程序的成人玩具呢，还是一个真正的佳偶？李维认为是后者。

显而易见，我们拥有为机器人编制"爱情"程序的数据。心理学家已经鉴别出人们坠入爱河的十大原因：相似性、理想合意的个性特征、互相喜爱、社会影响、需求、性唤起、特别兴奋点暗示、意愿、排他性和神秘感。（我无意伤害总结出这些原因的研究人员，他们付出了辛勤劳动。不过我还是想说，如果你们多读几本俄国小说和勃朗特姐妹的作品，特别是《呼啸山庄》，你们早就能得到大致相同的信息。）人们还发明了一个数学公式，即朗达·拜恩的"吸引力法则"，能计算出我们从喜欢某个人转向爱上他（她）的那个转折点。说句冒犯的话（话说都到了这一步，为啥要止步不前呢），你甚至还可以为机器人设置程序，让它惹怒你，不只在肉体上，还有情感上。

《她》（2013 年）

电影的背景设定在不远的将来，那时男人流行穿高腰裤。《她》是一个悲伤的爱情故事：一个名叫西奥多（杰昆·菲尼克斯饰演）的孤独的家伙爱上了一个像 Siri 那样的操作系统。系统给自己取名叫萨曼莎（斯嘉丽·约翰逊饰演）。他们嬉闹、约会（西奥多把萨曼莎装在自己的智能手机里）、虚拟亲近的过程，并通过真人代理尝试真实的身体接触。萨曼莎最终让西奥多沮丧心碎，因为除了他以外，萨曼莎还同时与好几千名其他真人用户保持着同样的相爱关系。最后，萨曼莎离开了西奥多，去与其他人工智能汇为一体。也许这还是第一次有人因为奇点被抛弃。

伴侣机器人是充气娃娃的直系子孙。充气娃娃有着不可思议的物理真实感，近乎让人发怵。如果你对塑料充气娃娃的印象还停留在从前人们买了带去朋友的单身汉派对恶搞的那种，那你必须换个概念。如今的充气娃娃已经非常精致，你一眼瞥过去，差不多会把它们当成真人。就算它们高达 7000 美元，仍然物有所值。

但是……这可是一个大写的"但是"……它们并不是机器人，仍然算不上。伴侣机器人现在可是一个非常热门的话题，你或许已经迫不及待地想体验一下被伴侣机器人勾引的滋味了。但实际上，短时间内你不太可能接到来自任何一个伴侣机器人的电话。然而，它们正在向我们走来，从地平线上昂首阔步地走来。魅力十足，毋庸置疑，但更要命的是，其算法懂得如何让你爱上它，并让你相信它也在同样爱着你。不管怎么说，理论上就是这样。

马特·麦克马伦（Matt McMullen）是最有名的充气娃娃制造者之一，而且一直怀有制造伴侣机器人的强烈愿望。他是一位雕塑家，曾靠设计万圣节面具谋生。1996 年，他创办了厄比斯创意工厂（Abyss Creations），也就是推出了"真人娃娃"（RealDoll）的情趣用品公司。"真人娃娃"上市之后，销量一直不错。你可以订购一个名叫斯蒂芬妮、爱米或者坦尼娅的丰满的"真人娃娃"；也可以订购阳刚气十足的男性娃娃，如尼克、迈克尔或者内特。你甚至可以从这个模型上取一点、从那个模型上拿一点，把它们糅合在一起"设计自己专属的真人娃娃"。他的另一条产品线叫"邪恶的真人娃娃"（Wicked RealDolls），能"复制著名成人娱乐女艺人的每一个细节"，让"每个晚上都有一个艳星在恭候你"。他们的模块化系统让你可以"轻松采购未来的脸，几秒钟即能为您的娃娃创建一个全新的角色"。

为了避免恐怖谷效应，麦克马伦非常谨慎地让"真人娃娃"的面孔都更像玩偶一点，但娃娃丰满的身体就极尽真实，或者尽可能做到了真实。它们的身材凹凸有致；其硅胶身体内部有不锈钢骨架支撑，灵活度足以适应不同姿势；各种可选配件也都可以取下来，方便清洁。（嗯，我知道你的好奇心悄悄萌动了……）

麦克马伦正在与机器人学领域的工程师合作开发"哈莫妮"（Harmony）———一个具备人工智能的头颅。它能眨眼、能张嘴闭嘴、能与人对话，还能像 Siri 那样回答问题。哈莫妮的价格高达 1 万美元，人们可以把它安装在一个"真人娃娃"的身体上，创造出一个真实女性的幻象（至少脖子以上是这样），因为目前"真人娃娃"的身体还无法做动作或与人互动，虽然麦克马伦说为时不远了。

一个伴侣机器人玩偶能通过图灵测试吗？李维相信：能！在 2017 年的一次电台采访中，他预言，到 2050 年，第一例人与机器人的婚姻就会出现在思想自由的马萨诸塞州。毕竟这是美国第一个实现同性婚姻合法化的州，也是热衷机器人研发的大学和科技公司的温床。当被问到"机器人是否愿意同我们结婚？"的时候，他回答说，它们的程序会让它们想要跟我们在一起。言下之意，机器意识（以及随之而生的自由意志）并没有与它们自身融为一体。换句话说，你希望你的伴侣机器人是智能的，但其智能的上限也清晰可见。

我猜想，伴侣机器人最终是会移动的，像护理机器人一样。要是当前正处于开发阶段的可拉伸电子纤维能给机器人提供有触觉的"皮肤"，它们甚至能通过模仿生理反应体验（或像是在体验）快感。

但是，在所有感知能力中，能吹一口仙气让充气娃娃"活"过来的关键所在是计算机视觉。这不是让坦尼娅或者奈特深深凝视其人类情人的双眼那么简单，它们要能觉察人类的情绪和感受，这对沟通来说至关重要。像无人驾驶汽车一样，伴侣机器人需要能够知道它自己身处何地、正在做什么，以及别人正在对它做什么，它还要能给出恰当的回应，比如呼唤情人的名字、评价他（她）的行为、赞美他（她）的外表等。

跟机器人亲近真的是个好主意吗？我只想说，为什么不是呢？对那些觉得约会比较麻烦的人而言，这的确是个好主意，无论他们是疏于社交还是忙碌到没有时间（不可否认，当今社会存在着大量经常加班且沉迷于社交媒体的人）。机器人还能成为情侣/夫妻关系修复师的得力助手，帮助有问题的爱侣解决难题。或者，它们也能继续扮演充气娃娃当前的角色——一种玩具，而区别在于它们是增强版的。

不过，你真的想把结婚戒指套在一个机器人的手指上吗？我觉得这行不通，理由如下：

寿命。如前所述，在现实世界里，机器人的抗压能力远不如我们。如果缺乏长期维护，钢铁将会生锈，硅胶和塑料之类的材料也会被腐蚀，最终机器人会断裂崩溃；机器人的软件也必须长期不断更新。你的合成伴侣的使用时长也许只跟今天的智能手机或汽车差不多，除非工程师发明出能像人类的皮肤和骨头那样"自动愈合"的新材料。而且，虽然你能把机器人伴侣的数据下载到一个新模型上，但我们都很熟悉升级操作系统后的那种沮丧，而且东西也全都不一样了。每个曾经把 Mac 的操作系统从"美洲虎"（Jaguar）换成"酋长石"（El Captain）的人，都能明白我在说什么。

　　事实上，和一个机器人情人结婚与和一台计算机结婚可能非常相似。开始的一年半里，幸福无比：你的爱人闪闪发光、反应敏捷、联网顺畅。接着，各种不兼容和不安全的状况开始出现：黑客攻击、升级麻烦、应用软件故障。你还没意识到，它的固态硬盘就过热了。（正是 Macbook Air 让我发现了这一点：越是纤巧的电子设备，这个问题就越突出。）接下来的事你也知道，"嘣"，硬件上伤痕累累。然后，某天早上你醒来时，发现你的情人躺在你身边一动也不动，眼神直勾勾的，瞳孔放大。你试着重新启动它，但是，你没有听到它启动时那令人愉快的双 C 大调和弦，反而听到一阵不祥的咔嗒声。此情此景，你唯一能做的事就是拨打 911 找极客分队（Geek Squad）来紧急救援，或者干脆直接打殡仪馆的电话。我倒是很想领略一下某个机器人伴侣的临终告别仪式和下葬仪式（类似日本人为报废的"荷兰太太"[1] 举行的葬礼吧）。简单说来，如果你真的爱上了什么，无论是真人还是机器人，他（它）的衰退和死亡就不可能一点麻烦也没有。

　　子女。再也不用那么麻烦地生儿育女了！机器人可以轻而易举地制造其他机器人，无论是复制它们自己还是创造下一代。总之，编好程序，让机器人小孩在身体上和智力上都符合它们的人类伴侣最想要的样子就是了。我们要准备好迎接大批美丽可爱、天赋异禀的合成小孩的诞生，它们生来就会弹钢琴、说十国语言，并且马上就能去医学院念书。至于那些脾气古怪、耽于幻想、玩艺术、长大之后只能写写探讨人与机器人关系的书的近视眼小孩，直接跟他们说拜拜。但是我也疑心，人类延续自己 DNA 的

1　荷兰太太（Dutch wife），此处指代情趣玩具。

欲望恐怕不会在三十年内消失。那么最好的办法可能是领养一个人类小孩，再为他（她）选择一位有育儿技能的机器人保姆。不过，需要记住的是，它的寿命注定它不可能"活"着看见你的孩子高中毕业。

食物。对我们绝大多数人来说，吃喝是求偶仪式的一部分。你们会在街区里找一个僻静的小酒馆，面对面坐着，凝视彼此的眼眸，用勺子把意大利宽面喂进对方嘴里，或者稍微多喝了一点黑品诺葡萄酒，带着醉意宣布你那永不消逝的爱情。这些赏味欢愉的时刻，泛着炽热的情欲，是亲密关系的核心。而要创造一个能跟你分享食物的机器人，工程水平必须达到生物机械的高度。这也许并不是不可能，但一定是复杂而成本高昂的。否则，你的机器人就必须有一个粗糙简陋、可怜巴巴的伪消化系统，它得不停去洗手间清空它的胃室，就像19世纪的自动机"沃康松的消化鸭"[1]一样，晃来晃去啄食谷粒，还能拉出鸭屎。达到这种水平的真实程度可不简单，让人心悦诚服也不容易。对我来说，把罗恩换成一个机器人，这很可能是最大的障碍之一。在一周的辛勤工作结束后，两个人坐在一起分享开胃小菜和一瓶好酒，这是人类爱情关系中一件特别令人愉悦的事，尤其是在二人都渐渐变老的时候。

太像真人。像机器的机器人或许比像人的机器人更惹人怜爱。想想我老爸、阿瑟·C.克拉克和每一位你遇到过的机修工，他们都把汽车、太空船、机器人和其他"漂亮的"机器称为"她"。女人也对机器天生缺乏免疫力。在电视连续剧《萤火虫》里，船长马尔科姆·雷诺兹进入机舱，正撞上他原来的工程师费斯特和"太空女妖"凯莉在亲热。根据费斯特的说辞，凯莉"就跟引擎一样——非常热辣！"

社会地位。一个真正精良的伴侣机器人一定标价不菲，因此你可能会坚持认为，拥有它就跟拥有一辆豪华轿车一样，可以彰显它主人（配偶）的地位。然而换个角度

---

1 沃康松的消化鸭（Vaucanson's Duck）是法国发明家雅克·德·沃康松（Jacques de Vaucanson）于1738年发明的。这只"鸭子"不仅能像真鸭一样活动，还能吃进谷物、排出粪便。为了让人们相信消化过程是真实的，每次表演前，鸭子内部的一个隔间会被事先装入粪便。尽管如此，这仍是一项重要的科学发明和机械杰作。

来看，这也无异于在宣扬一个事实：此人无法吸引或满足一个真人伴侣。你所买的机器人，也许会被看成一个二流货色，用来冒充你满心思慕却无法赢得芳心的对象。

自由意志和强迫婚姻。如果机器人能变得有意识、有觉知，那么强迫这样一个机器人与一个真人结婚，而这个真人可能毫无魅力、令人厌烦、又呆又蠢，甚至还家暴，这种强迫婚姻就只能用一个词来形容——奴役。电影《西部世界》及其同名电视剧便演绎了这个概念：在一个名为"狂野西部"的主题公园里，人类可以肆意强奸、折磨和杀害机器人。

即使机器人永远达不到强人工智能的水平，它们向配偶流露的情感只是对真实感情的模拟，其他人仍然会产生"机器人真的有感觉"的印象。想一想波士顿动力公司在网上发布那段视频（他们的研究人员踢踹大狗机器人以展示其稳定性）之后收到的投诉吧。人们会关心脆弱的机器人的福祉，将制定法律保护它们，还要给它们提供庇护。

不过，话又说回来，如果机器人就是没有自由意志的物件，我们究竟为何还要跟它们结婚呢？说它们喜欢跟人类私奔，这跟说你的家用电器愿意被一个身材火辣的修理工从你的家中带走有什么区别呢？

说到这儿，我已经推想出了一个虚构的未来：人与机器人结婚的风头正劲，而那时年满94岁的我仍会跟今天一样，对这种做法疑虑重重，我总觉得和机器人结婚听上去太疯狂了……你永远不知道会发生什么。

欲望、爱和奉献，这些都是典型的人类情感。信仰也一样，包括相信存在更强大的力量，相信死后仍有生命存在，相信某个大事件可以改变一切（无论是先知、救世主还是审判日的到来），在那之后，虔诚的信徒将体验到"永生"（我们有时会这么称呼它）。

我疑心2018年的奇点主义者不太喜欢我把他们的运动称为一种宗教，迄今为止，它还算不上是宗教。但是，到2050年，它也许就会变成一种宗教，如果届时"奇点"事件没有发生的话，就更有可能如此。奇点主义者会发现他们正穷尽一生等待他们的神（神圣的超级智能）降临的信号。

"奇点"（singularity）这个词是20世纪五六十年代的数学家和计算机科学家率先使用的。根据他们的理论，计算机技术如此迅速的变化，会使某种奇异非凡的事件发生，即计算机智能会持续进行自我改进，直至提升到某一个点。在这个点上，它将超越人类智能。1993年，"singularity"这个词在一篇文章里变成了首字母大写的专有名词"Singularity"。这篇文章的作者是曾获雨果奖和星云奖的科幻作家、大学教授弗诺·文奇（Vernor Vinge），他创作了一系列广受好评的畅销小说，包括《实时放逐》和《费尔蒙特中学的流星岁月》（*Fast Times at Fairmont High*）。不过，他最有影响力的作品是这篇文章：《即将来临的技术奇点：后人类时代生存指南》（*The Coming Technological Singularity: How to Survive in A Post-Humanist Era*）。在美国国家航空航天局刘易斯研究中心和美国俄亥俄州航空航天研究所联合主办的一场专题研讨会上，文奇首次发布了这篇论文，后来文章又在《全球目录》[1]上发表。

文奇的文章迅速引发了人们的关注。他声称，鉴于摩尔定律预测了计算机运算性能的快速增长，我们似乎正在走向一个点，在这个点上会出现某种超级智能，它将使人类黯然失色。为了生存，我们人类不得不以极快的速度进化。你可以在"时光倒流机"网站的互联网档案中阅读到文奇这篇文章的打字稿，但是，如果你本来就深感不安，担心机器人会带来"世界末日"（虽然我在第七章保证过它不会发生），那么在你打开文章之前，我要先警告你一下，文奇在论文的摘要中便指出"在30年内，我们将拥有创造超人智慧的技术手段。此后无须太久，人类时代将会结束"。

文奇进一步论述道，我们已经——

……处于某种巨变的边缘，这种巨变不亚于人类生命在地球上的诞生。引发该巨变的确切原因，便是即将出现的、智能超过人类的科技创造物……它们也许是被"唤醒"的、具备超人智慧的计算机。

1　《全球目录》（*Whole Earth Catalog*），简称WEC，由斯图亚特·布兰德（Stewart Brand）于1968年创办，1972年停刊。这是一本逐年增补的产品目录，也是一份很有思想的刊物。布兰德深受20世纪最伟大的发明家巴克敏斯特·富勒（Buckminster Fuller）思想的影响，在《全球目录》上介绍了众多各种各样的工具、创意及思想，对当时的美国人产生了深远的影响，乔布斯即是其中著名的一例。

他还感觉到，这个事件可能很快就会发生：

由于智力的发展速度失控，它可能比迄今为止人们所见的任何技术革命都来得更快。这件事会不期而至，甚至可能出乎研究人员的意料。（"但我们以前的所有模型都是僵化的！我们只是稍微调整了一些参数而已……"）……而一旦发生，一两个月（或者一两天）之后会怎么样呢？我想到了人类的崛起，只能同理类推。我们将进入后人类时代。

差不多25年过去了，我们仍然没有看到奇点事件的发生，这或许意味着文奇是错的，或许意味着它现在随时会降临。而根据人工智能领域的许多神经科学家和其他成员的意见，它可能根本不会发生。所以，暂且不必惊慌。

文奇认为潜在的奇点事件是极其危险的，并在思考是否有办法避免它发生，或者用阿西莫夫的"机器人三定律"将它遏制住：

阿西莫夫的梦想十分精彩：想象一下，你会拥有一个各方面才能都超你千倍，却对你心甘情愿的奴隶，一个能满足你每一个稳妥愿望的创造物……而它仍有99.9%的时间可用于其他活动。这是一个我们从未真正理解的全新世界，里面充满了仁慈的神（虽然我的愿望之一也许是成为神当中的一员）。

而文奇却相信，如果无法阻止奇点的发生或者将之遏制，由此产生的后人类时代会是"极其糟糕"的，除非这位超级智能对它的下民，也就是我们，表现出非同寻常的善良。

读着文奇这篇十分简短却让人惊掉下巴的文章，我能感受到他在绞尽脑汁寻找希望。有没有办法在奇点到来之前找到出路，确保它不会把我们一炮轰回石器时代？与它合作或许是一个解决方案，通过利用"作为一个人机综合工具的互联网……即使在今天（1993年），互联网的力量和影响也是被大大低估了的"。另一个办法也许是利用技术改造我们的肉身，让我们变成超人，实现"永生（至少长到让我们能够想出办法

保住这个宇宙)"。

　　文奇真是慈悲为怀，他的文章里没有方程式，充满了对世界末日和仁慈神灵的优美叙述，字里行间透露出先知般的超然，俨然一篇文笔精美的散文。难怪这篇文章能在硅谷引起如此之大的反响。

　　文奇开了个头，未来学家雷·库兹韦尔紧随其后。然而，这两位奇点主义者之间存在一个显著的不同：当文奇被"人类即将终结"的念头困扰的时候，库兹韦尔却将奇点视为人类的机会。他认为，让人工智能去做所有的工作，这样我们就能去做更精彩的事情，去寻求改变。我把他的信息解读成：如果人工智能将成为神，我们就去做天使。

　　按照这个理论，人工智能将在未来接手我们的全部工作，彻底解放我们，而我们就可以进入最佳、最富创造力的状态。这部分涉及如何解决衰老和死亡的问题。摆脱了自然选择，我们就可以把进化过程掌握在自己手中，利用技术，大刀阔斧地改造我们的身体和大脑。对此，库兹韦尔的计划是去除肉体上绝大部分的七零八碎（除了皮肤和性器官）。他描绘了一种人工智能与增强人的结合。增强人的绝大多数主要器官（包括消化系统和心脏）都被置换掉了，他们通过纳米机器人获得生物性的存续：

　　　对人体 2.0 的设想体现了一种长期、连续的趋势——我们与技术越来越亲密。计算机一开始只是放在空调房间里的大型远程机器，只能由穿白大褂的技术员负责照看。后来，它们移步到我们的办公桌上，之后又被我们夹在腋下，现在则干脆被塞进了口袋里。很快我们就会习惯于把它们植入体内和大脑。

　　现年 70 岁的库兹韦尔每天要服用数百种营养补充剂，以期活到计算机科学和工程学能够抵达的那个点。届时，他的意识能在机器人技术的帮助下实现永生。奇点主义者相信伴随年龄而来的衰老和死亡是世上最令人难过的事情。

　　他的理论很容易被斥为美国人最喜欢的那种疯子科学家极具煽动性的偏激言论，但有一个不争的事实是，由于他在人工智能领域做出了突破性贡献，美国大多数主要高等学府都授予了他荣誉。目前，他受聘于谷歌——看来在推出无人驾驶汽车之后，谷歌对于实现生命永无止境的目标也相当热切。他同时也是奇点大学（Singularity University）的创建者。奇点大学位于硅谷，相当于一个智库，致力于让我们人类做好在后人类时代谋求生存和发展的准备。

库兹韦尔也许是个怪人，但是，从《奇点临近》一书出版至今，处于其思想核心的技术得到了飞速发展。埃隆·马斯克说，智能手机和平板电脑已经把我们都变成了"赛博格"。借助这些设备，我们收入囊中的信息"比20年前的美国总统拥有的更丰富，也更有价值。你能回答任何问题，能与任何地方的任何人召开视频会议，能立即向任何人发送讯息，能做各种各样不可思议的事情"。他说，终有一天我们可以采用"神经花边"（neural lace）进一步增强我们的大脑。"神经花边"又被称为"网状电子设备"（mesh electronics），马斯克将它描述成一种在我们的大脑皮质上覆盖数字智能的方法——不需要打开头颅将什么东西贴在脑子里，通过神经系统直接作用就行。

即使我们已经无法从硅芯片中榨取更多的运算性能，我们也能转向量子计算机和神经形态芯片（模拟生物大脑的硅芯片）。至于那些极其重要的生物性升级，基因编辑技术（CRISPR）开启了人类由内而外重新设计自身的可能。在像我这样一味沉溺于科学幻想的废柴眼中，库兹韦尔也许真的会大有作为。但是在更广泛的人工智能和神经科学领域，他的观念即便不说骇人听闻，也一直极富争议。

让一个机器人成为配偶（或与之结婚、相爱）跟变成一个机器人完全是两码事，但是二者在大众文化中常被混为一谈。想想《她》中的萨曼莎和《机械姬》中的艾娃吧，它们都是充满性魅力的角色，都摆脱了它们的人类主人（情人）的控制，抵达了奇点所暗示的那个更高的存在。

雷·库兹韦尔曾经写道，很难理解，一旦抵达了奇点的事件视界，生活会变成什么样子，因为"奇点最显著的含义之一即是从本质上改变我们理解事物的能力。我们在与我们所创造的技术融合后，会变得无比聪明"。这也许说明了为何《她》和《机械姬》均以极具诱惑力的机器人美女的消失而告终。如果电影编剧想继续创作关于奇点的故事，他们就要接着想象后人类时代那些高深莫测的存在。

在机器人婚姻和奇点中，都有同一个因素在起作用，即人类欲望的满足。谁不想与不知疲倦、艳光四射的尤物颠鸾倒凤？谁不想长生不老？如同原版《星际迷航》中的技术工具（三度仪、生命传输机和会交谈的计算机）一样，硅谷里的亿万富翁期望未来就是这个样子，并且正在奔着"就这么办"（Make it so!）而努力——借用《星际迷航》中皮卡德船长的口头禅。也许富得流油的技术官僚阶层已经把获得不知疲倦的伴侣机器人和实现永生视为毕生使命，力求将其变为现实。但这样的未来会为我们这些普通人带来什么呢？

当然，我们会把自身的器官和关节更换成人造的，并持续更新。我个人盼望着赛博格时代的来临，这样我就能拥有新的眼睛、更强健的手腕，当然我的耳朵也会焕然一新。在传统的流行邪典片中，赛博格要么充满矛盾与挣扎，要么被描绘成邪恶的形象，想想机械战警生存的痛苦，或者博格蜂巢意识的野蛮残忍。但是，在真实的世界中，赛博格义肢和强化外骨骼护甲实际上会造福肢体麻痹者、截肢者和由于年长而关节脆弱或老化的人们，让他们重新获得行动能力。我的朋友唐娜已经把两个膝盖都换掉了，成了局部赛博格化了的人，但她迄今为止并没有显露出邪恶的倾向或机械战警式的焦虑，反而在上下楼梯时变得更开心了。当然，如今赛博格在媒体上的形象已经大为改善，也许是因为我们有太多人已经通过外科手术被"增强"过了吧。我在 Twitter 上的一个粉丝是一名演员，他称自己是一个"两次没通过沃特-康普测试的赛博格"。这项测试在《银翼杀手》中被用来识别逃跑的复制人。

《世界尽头》（2013 年）

我们可以嘲笑"奇点"吗？这部电影的回答是：可以。

电影一开始似乎讲的是五个中年朋友在他们长大的地方——沉闷的英国郊区，串酒吧[1] 的故事。他们在高中时的帮派头头加里·金（西蒙·佩吉饰演）——大烂

---

1 串酒吧（pub-crawl），一种喝酒娱乐方式，指一群人一晚上连续去好多酒吧，从一家喝到另一家。

人一个——的鼓动下，回到家乡，在一连串的当地酒吧之间串吧喝酒。

他们冲进最后一个名为"世界尽头"的酒吧时，发现当年的老朋友和老师大都变成了机器人。灌下最后几口酒后，他们遇到了"网络"（the Network），一个星系际实体。"网络"向他们许诺，如果他们允许用不会朽坏的机器人身体覆盖和替代自己的肉身，他们就能青春永驻。

在电影的高潮部分，加里·金和他的朋友们——安迪·奈特利（尼克·弗罗斯特饰演）和斯蒂芬·普林斯（帕迪·康斯戴恩饰演）一起咒骂"网络"，大喊"我们想要自由！"并奋起反抗，维护人类保持愚蠢、酗酒和不合逻辑的权利。"网络"最后厌恶地放弃了。

网络："跟你们争论实在毫无意义。你们就留在自己的装置里吧。"

加里·金："真的？"

网络："是的。去他的吧。"

随后，"网络"把地球变成了一个"敌托邦"（dystopia）[1]，留下那些真人和机器人，任由他们一起四处游荡、喝酒，最终回到自己的生活中。正如英国人的那句老话："对待奇点要保持冷静，继续前进。"[2]

但是，那个"超级智能"是什么？这个我们有点拿不准。奇点的降临必然依赖于运算性能和存储能力持续不断地呈指数级增长，即使人们普遍认为到2020年或之后不久，一块芯片上能容纳的集成电路的数量将不会再增加。摩尔定律正在走向尽头。在那之后，会有什么来取代它？如我们之前描述过的那样，人们提出了一些可以用来替代标准硅芯片的方法，但这能否成功还不确定。何况，尽管新技术一定会出现（这一点毋庸置疑），但我们并没有把握它们能否维持过去50年里那种令人心惊肉跳的变化

1　又称反乌托邦、恶托邦、绝望乡或废托邦，是乌托邦（utopia）的反义语，希腊语直译为"不好的地方"（not-good place），它是一种与理想社会相反的、极端恶劣的社会最终形态。反乌托邦常常表现为反人类、极权政府、生态灾难或其他社会性的灾难性衰亡。这种社会出现在许多艺术作品中，特别是设定在未来的故事里，常用于提醒人们注意现实世界中有关环境、政治、经济、宗教、心理学、道德伦理、科学技术方面的问题。

2　"保持冷静，继续前进"（keep calm and carry on）是1939年第二次世界大战开始时英国政府制作的宣传海报上的口号，用来鼓舞士气。后成为英语世界的一句名言。

速度，就像摩尔定律描述的那样。

机器人真的会把我们全部取代吗？到那时我们能做些什么呢？社会将如何应对？会有机器人税吗，像第七章中描述的那样，作为向找不到工作的人发放的生活补偿？或者，机器人学将会给人类提供新型工作（比如机器人维护）？对这些问题的回答五花八门，这取决于你读了谁的书、听了谁的 TED 演讲，或者你愿意相信什么。我不是科学家，生命也进入到了最后的三分之一，但是我的子女还得在 21 世纪生活相当长的一段时间（孙子们则会活到 22 世纪）。因此，我对共识的缺失满怀焦虑。

我的担忧在于，奇点之后（就像当今世界一样）会出现成功者和失败者，而他们之间的差距会越来越大。我想起了玛格丽特·阿特伍德（Margaret Atwood）的科幻小说，讲的都是关于一个小小的特权阶层（由技术官僚组成的上流社会）和一个范围广大、躁动不安、野蛮残酷，在敌托邦的世界里苦苦求生的下层社会的故事。

如果艾萨克·阿西莫夫还在世的话，他会怎么描绘这一切呢？

阿西莫夫于 1992 年辞世，就在弗诺·文奇发表他那篇影响巨大的文章的前一年。在他生命的最后几年里，针对彼时刚刚诞生的互联网会带来的可能性，他得出了与文奇类似的结论。1988 年，比尔·莫耶斯（Bill Moyers）对阿西莫夫进行了一次采访。阿西莫夫在采访中称互联网可以给位于家中的我们提供获取海量信息的渠道，而莫耶斯当时对这些东西显然持怀疑态度。

至于奇点本身，阿西莫夫早在 1956 年就写过一部短篇小说《最后的问题》（*The Last Question*），讲述了一台名为"莫迪瓦克"（Multivac）的超级计算机如何进化成一个神一样的实体。故事从 2061 年开始，两位喝醉了的技师打了个赌（令人联想到《世界尽头》），赌的是"太阳的能量还能让世界运转多长时间"。他们决定把这个问题交给计算机。莫迪瓦克并没有文奇预言的"奇点"所具有的那种"唐突且令人意外的"远见，为了寻找答案，它花了好几百万年去计算，并在这个过程中不断进化。最后，它宣布"要有光"，仿佛重新创造了整个世界。阿西莫夫说，在他创作的所有短篇小说中，他最喜欢这一篇。

《机械姬》（2014年）

在"当性遇上奇点"这个主题下面，这是有史以来拍得最好的一部电影。电影营造的沉重而压抑的氛围令人联想到20世纪40年代的黑色电影，比如《双重赔偿》（*Double Indemnity*）[1]，其曲折离奇的情节则反映了人工智能的真实世界。

年轻的程序员伽勒（多姆纳尔·格里森饰演）被安排乘坐直升机前往他的老板内森（奥斯卡·伊萨克饰演）顶级绝密的家/研究中心。内森成立了一个像谷歌那样的搜索引擎公司"蓝皮书"。伽勒要在这儿住上一周，任务是确定非常逼真的人工智能艾娃（艾丽西亚·维坎德饰演）是否能通过图灵测试。

片中，内森向伽勒解释了他是如何训练艾娃读取和完全模仿人类脸部表情的："每一部手机都有麦克风、摄像头和数据传输通道。我打开了这个星球上的每一部手机，并通过蓝皮书将数据重新定向，这样就有了无穷无尽的学习声音和面部表情互动的资源。"

内森的这个解释建立在"将人工智能放在互联网上唾手可得的海量数据之中，任由其自行学习"的基础之上。由此导致的结果是，它们学习摆脱阿西莫夫小说中那种纯洁的、毫无偏见的机器人形象，学着成为人类自己的升级版本：超级聪明、思维更敏捷、学习速度更快。它们会把凡能抓取到的一切东西统统吸收，包括那类丑陋的流氓行径，比如在Twitter上恶意挑衅和攻击脆弱目标。

伽勒对艾娃的能力深感震惊，内森却计划在它变成"奇点"之前拆开它，再进行一次更新。可是他错了，艾娃已经不再需要更新了。电影的最后，它愚弄了这两个男人，逃出生天，去闯荡外面的世界……但它以后会做什么，我们确实说不准。

我们唯一知道的是，我们正眼睁睁地看着某种极度危险却让人欲罢不能的事缓缓发生——它身着荷叶边迷你裙，头戴灰金色假发，脚踩性感挑逗的高跟鞋。

---

1 《双重赔偿》是派拉蒙影业公司出品的犯罪片，于1944年4月24日在美国上映。本片改编自詹姆斯·M.凯恩的同名小说，讲述了菲利斯与保险业务员瓦尔特为诈领巨额保险金而合计谋害狄金森的故事。该片亦获第十七届奥斯卡金像奖最佳影片的提名。

阿西莫夫的小说里，我最喜欢的是《双百人》。这是他在中断科幻小说写作差不多20年后，于1975年创作的一部中篇小说。阿西莫夫在小说里探讨了人与机器人的关系，涉及爱情、欲望和婚姻，以及人拥有机器人是否属于奴役的问题。

《双百人》是关于一个出了点小差错的机器人的故事。它刚一诞生，便拥有了艺术家的才华、对音乐的欣赏品位和结交朋友的能力，而所有这些没有一样符合它的程序设定。拥有它的家庭给它起名叫"安德鲁·马丁"（Andrew Martin）。"安德鲁"（Andrew）源于家里最小的孩子说"机器人"（android）这个词时大舌头造成的口误，"马丁"（Martin）则是这家人的姓。安德鲁的艺术作品为马丁一家赚了一笔钱，但这笔钱应当属于安德鲁还是属于它的主人呢？安德鲁最终成功保住了它的钱，并获得了自由。它开始穿衣服，付款给自己升级，让自己变得越来越像人，最后人们已经无法把它跟真正的男人区分开了。1999年的电影版中，安德鲁由现已过世的伟大影星罗宾·威廉姆斯（Robin Williams）饰演。安德鲁的最后一次升级让它获得了吃喝的能力（在阿西莫夫的机器人故事里，这是人类的标志）和满足成年女性欲望的能力。电影里，它爱上了一个女人，跟她结了婚，并努力争取让"世界议会"承认它是一个人。安德鲁让自己变"老"（在阿西莫夫的世界里，正电子机器人是不死的），最终在以200岁高龄去世之前，获得了"人"的身份，正如他自己所说："我宁愿作为一个人死去，也不要作为一台机器永生。"

在《双百人》里，阿西莫夫扭转了奇点的概念：机器人的目标是成为真人，而不是真人要去变成机器人。这是一个令人感动的故事，反映了阿西莫夫作品的人文主义内核。他的"机器人三定律"也表达了同样的思想。而"机器人三定律"迄今为止依然是被机器人科学家和他们的创造物广泛接受的一套指导原则。

在生命的暮年，阿西莫夫一定感觉到了有必要让机器人不仅保护人类个体，还要守护人性本身。1986年，他在小说《基地与地球》（Foundation and Earth）里提出了第四条定律，也就是"第零定律"：机器人不得伤害人类的整体利益，也不能在人类整体利益受到威胁时，袖手旁观。

一些知名科学家和科学记者也在反对奇点主义者，他们不相信奇点是不可避免的。

此外，在他们看来，奇点主义者一味专注于研究延长寿命的技术，剥夺了在现实当下亟待解决的问题（比如疾病和气候变化）所需要的科研资源。我拜访过的机器人专家让我看到了希望，他们都是人道主义者，相信机器将是我们的伙伴、看护人和帮手。这些人里，没有一个想把人类踢出局。

不过，还是有些事情会让我继续担心。我们会创造出一个超级智能，可它不会是完美的，至少，不会是绝对"好"的。把人类的偏见和人类在道德观上的分歧从互联网上完全剔除是不可能的事。只要人工智能是通过我们在网上发布的帖子、推文、视频和博客来学习和认知这个世界的，它们便会持续接触到人类最好和最坏的一面。

回首"斯普特尼克号""电星"（Telstar）[1]和沃纳·冯·布劳恩的时代，我们这一代人曾经认为，当我们向太空推进时，像《禁忌星球》中罗比那样的机器人会成为我们的伙伴，而像《地球停转之日》中高特那样的机器人则会成为抵抗人类攻击（特别是抵抗原子弹）的哨兵。阿西莫夫的小说总是设想机器人会比人类更好，因为它们更单纯、更善良，永远不会试图伤害我们或统治我们，无论我们多么傻乎乎、醉醺醺、颠三倒四。它们是仁慈的神，不折不扣。

然而，要是奇点降临，我们的超级智能大神也变得跟我们一样缺点多多，那该怎么办呢？对我们这一代人来说，答案只有一个：

"传送我，斯科蒂！"[2]

1　"电星"是"Telstar"系列通信卫星的名字。其中，"Telstar-1"（电星1号）卫星于1962年7月10日发射升空，是世界上第一颗具有将电视信号进行越洋转播能力的卫星。

2　即 Beam me up, Scotty!《星际迷航》中有一项技术叫作"光子转换传输科技"，可以在一瞬间把物体光子化，将之传输到另一个地点，再转换回原来的物体。斯科蒂（Scotty）这个角色在剧中是操作这项技术的技师，当剧中其他人物要从星球表面回到星舰上时，他们就会对斯科蒂说："Beam me up!"意思是把我光子化传送过去。有趣的是，在《星际迷航》系列片及电影片段中，Beam me up, Scotty! 从来没有逐字逐句出现过。这句话是广为流传后的简约变种。

参考文献

图书

Asimov, Isaac. *Foundation and Earth*. New York: Doubleday, 1986.

Asimov, Isaac *"Machine and Robot."* *Robot Visions*. ROC: 1991.

Bernard, Andreas. Translated from German by David Dollenmayer. *Lifted: A Cultural History of the Elevator*. New York University Press. New York and London. 2014.

Bryson, Bill. *At Home: A Short History of Private Life*. Anchor Canada, 2010.

Clarke, Arthur C. *2001: A Space Odyssey, Based on a Screenplay by Stanley Kubrick and Arthur C. Clarke*. 1999 edition. Originally published 1968. New York: Roc, 1999.

Clegg, Brian. *Ten Billion Tomorrows: How Science Fiction Technology Became Reality And Shapes The Future*. London: St. Martin's Press, 2015.

Ford, Martin. *Rise of the Robots: Technology and the Threat of a Jobless Future*. New York: Basic Books, 2015.

Hawkins and Staff. *Hawkins Electrical Guide Number One: A Progressive course of Study for Engineers, Electricians, Students and Those Desiring To Acquire A Working Knowledge of Electricity and Its Applications*. New York: Theo. Audel & Co., 1917.

Isaacson, Walter. *Steve Jobs*. New York: Simon & Shuster, 2011.

Jordan, John. *Robots*. Cambridge, Massachusetts: The MIT Press, 2016.

Kelly, Kevin. *The Inevitable: Understanding the 12 Technological Forces That Will Shape Our Future*. New York: Viking, 2016.

Kang, Minsoo. *Sublime Dreams of Living Machines: The Automaton in European Imagination*. Boston: Harvard University Press, 2011.

Kramer, Peter *Film Classics: 2001: A Space Odyssey*. London: Palgrave MacMillan, 2010.

Kurzweil, Ray. *The Singularity Is Near: When Humans Transcend Biology*. New York: Viking, 2005.

Levy, David. *Love and Sex With Robots: The Evolution of Human–Robot Relationships*. New York: Harper

Collins, 2007.

Lipson, Hod and Melba Kurman. *Driverless: Intelligent Cars and the Road Ahead.* Cambridge, Massachusetts: The MIT Press, 2016.

Markoff, John. *Machines of Loving Grace: The Quest for Common Ground between Humans and Robots.* New York: HarperCollins, 2015.

Matronic, Ana. *Robot Universe: Legendary Automatons and Androids from the Ancient World to the Distant Future.* New York: Sterling Publishing, 2015.

Neilson, Michael. "Using neural nets to recognize handwritten digits." *Neural Networks and Deep Learning.* January 2017. http://neuralnetworksanddeeplearning.com/chap1.html

Niedzviecki, Hal. *Trees On Mars: Our Obsession with the Future.* New York: Seven Stories Press, 2015.

Robertson, David C. with Bill Breen. *Brick by Brick: How LEGO Rewrote the Rules of Innovation and Conquered the Global Toy Industry.* New York: Crown Publishing Group, 2013.

Swaine, Michael and Paul Freiberger. *Fire in the Valley (Third Edition): The Birth and Death of the Personal Computer.* Dallas, Texas and Raleigh, North Carolina: Pragmatic Bookshelf, 2014.

Weart, Spencer R. *The Rise of Nuclear Fear.* Cambridge, Massachusetts and London, England: Harvard University Press, 2012.

Wiener, Norbert. *The Human Use of Human Beings.* New York: Houghton Mifflin, 1950.

White, Michael. *Isaac Asimov: A Life of the Grand Master of Science Fiction.* New York: Carrol & Graf, 2005.

报刊（纸质／电子）

Ackerman, Evan. "Researchers teaching robots to feel and react to pain." *IEEE Spectrum.* May 24, 2016. http://spectrum.ieee.org/automaton/robotics/robotics-software/researchers-teaching-robots-to-feel-and-react-to-pain

Atkeson, Chris. "What the future of robots could look like." *CNN.com.* December 27, 2014. http://www.cnn.com/2014/12/27/opinion/atkeson-soft-robots-care/index.html

Asimov, Isaac. "Runaround." *Astounding.* March 1942.

Best, Jo. "IBM Watson: The inside story of how the Jeopardy-winning supercomputer was born and what it wants to do next." *Tech Republic.* 2016.

Bonnington, Christina. "The Modern PC Turns 30." *WIRED.* December 12, 2011.

Bubbers, Matt, Jordan Chittley, and Mark Richardson. "The Future of Mobility." *The Globe and Mail.* January 5, 2017.

Burns, Janet W. "Japanese Leaders Aim to Make Tokyo A Self–Driving City for 2020 Olympics." *Forbes.com*. September 8, 2016. https//www.forbes.com/sites/janetwburns/2016/09/08/japanese–leaders–aim–to–make–tokyo–a–self–driving–city–for–2020–olympics/#61cf96f81090

Clark, Liat, "DeepMind's AI is an Atari gaming pro now." *WIRED*. February 25, 2015. http://www.wired.co.uk/article/google–deepmind–atari

Clark, Liat. "Google's Artificial Brain Learns to Find Cat Videos." *WIRED*. June, 2016. https://www.wired.com/2012/06/google–x–neural–network/

Cott, Emma. "Sex Dolls That Talk Back." *The New York Times*. June 11,2015.

Darrach, Bernard　"Meet Shaky [sic], The First Electronic Person." *Life* Magazine. November 20, 1970. Quoted in https//cyberneticzoo.com/cyberneticanimals/1967–shakey–charles–rosen–nils–nilsson–bertram–raphael–et–al–american/

Edwards, Luke. "What is Elon Musk's 700 mph Hyperloop? The subsonic train explained." *Pocket Lint*. May 10, 2016. http://www.pocket–lint.com/news/132405–what–is–elon–musk–s–700mph–hyper–loop–the–subsonic–train–explained

Etherington, Darrell. "Elon Musk could soon share more on his plan to help humans keep up with AI." *Tech Crunch*. January 25, 2017. https://techcrunch.com/2017/01/25/elon–musk–could–soon–share–more–on–his–plan–to–help–humans–keep–up–with–ai/

Hawkins, Andrew J. "Apple just received a permit to test self–driving cars in California." *The Verge*. April 14, 2017. https://www.theverge.com/2017/4/14/15303338/apple–autonomous–vehicle–testing–permit–california

Kasparov, Garry. "The Day That I Sensed A New Kind of Intelligence." *TIME*. March 25, 1996.

Kasparov, Garry. "The Chess Master and the Computer." *The New York Review of Books*. February 11, 2010.

Keenan, Greg. "Electric vehicles not expected to rule the road." *The Globe & Mail*. Toronto. June 14, 2017

网站

Huen, Eustacia. "The World's First Home Robotic Chef Can Cook Over 100 Meals." *forbes.com*. October 31, 2016.

James, Malcolm. "Here's how Bill Gates' plan to tax robots could actually happen." *Business Insider*. March 20, 2017.

Jennings, Ken. "My Puny Human Brain." *Slate.com*. February 16, 2011.

Katz, Leslie. "Walk With Me: Robotic exosuits are giving paraplegics a new view of the world around them." *CNET*. Spring 2017 issue.

Latson. "Did Deep Blue Beat Kasparov Because Of A System Glitch?" *TIME*. Feb 17, 2015.

Lazarro, Serge. "Self-Driving Cars Will Cause Motion Sickness 'Often' to 'Always,' Study Finds." *Observer*. June 2, 2015. http://observer.com/2015/06/self-driving-cars-will-cause-motion-sickness-often-to-always-study-finds/

Lee, Cliff. "Who still hangs out on Second Life? More than half a million people," *The Globe & Mail*. May 17, 2017.

Lepore, Jill. "The Cobweb." *The New Yorker*. January 26, 2015. http://www.newyorker.com/magazine/2015/01/26/cobweb.

Metz, Cade. "Google's Go Victory Is Just A Glimpse of How Powerful AI Will Be." *WIRED*. January 2016.

Meth, Dan. "Welcome to Uncanny Valley...where robots make you want to throw up." *BuzzFeed*. August 19, 2014.

Novak, Peter. "How safe is the Internet of Things?" *thestar.com*. December 6, 2015.

Orsini, Lauren. "Jibo's Cynthia Breazeal: Why we will learn to love our robots." *Readwrite*. August 11, 2014. http://readwrite.com/2014/08/11/jibo-cynthia-breazeal-robots-social

Peterson, Andrea. "Can anyone keep us safe from a weaponized 'Internet of Things'?" *The Washington Post*. October 25, 2016.

Reese, Hope. "A List Of The World's Self-Driving Cars Racing Toward 2020." January 19, 2016. http://www.techrepublic.com/pictures/photos-the-worlds-self-driving-cars-racing-toward-2020-and-beyond

Robinson, Julian. "The world's first robot 'actress': Talking android fitted with a human face is given star role in Japanese nuclear disaster film." *Daily Mail Online (UK)*. November 1, 2015.

Popper, Ben. "Rapture of the nerds: Will the Singularity turn us into gods or end the human race?" *The Verge*. October 22, 2012. https://www.theverge.com/2012/10/22/3535518/singularity-rapture-of-the-nerds-gods-end-human-race.

Price, Rob. "Microsoft is deleting its AI chatbot's incredibly racist tweets." *Business Insider UK*. March 24, 2016.

Rosenblatt, Roger. "A New World Dawns." *TIME* Magazine. January 3, 1983.

Salmon, Felix, and John Stokes. "Algorithms Take Control of Wall Street". *WIRED*. December 27, 2010. https://www.wired.com/2010/12/ff_ai_flashtrading

Satell, Greg. "3 Reasons to Believe the Singularity is Near." *Forbes.com*. June 3, 2016.

Shahzad, Ramna. "Online dating is exhausting so this woman got a robot to swipe and choose men for her." *CBC News*. May 24, 2017.

The Economist, "The case for neural lace: Elon Musk enters the world of brain–computer interfaces," March 30, 2017.

https://www.vox.com/2016/6/2/11837544/elon–musk–neural–lace

Vinge, Vernor. "The Coming Singularity: How To Survive in the Post–Human Era." Article for the VISION–21 Symposium sponsored by NASA Lewis Research Center and the Ohio Aerospace Institute. March 30–31, 1993.

Wilson, Chris. "Jeopardy, Schmeopardy: Why IBM's next target should be a machine that plays poker." *Slate.com*. Feb. 15, 2011.

网站和博客

Aldrich, Mark. "History of Workplace Safety in the United States: 1880 to 1970." Website of the Economic History Association. *eh.net*.

Angelica, Amara D., Editor. *Kurzweil Accelerating Intelligence*. Blog. Feb. 24, 2011. http://www.kurzweilai.net/the–buzzer–factor–did–watson–have–an–unfair–advantage

Ashton, Kevin. http://www.rfidjournal.com/articles/view?4986

Caputi, Jane. http://xroads.virginia.edu/~drbr/caputi.html

Carter, James. http://www.starringthecomputer.com

Dorrier, Jason. "Looking Ahead As Moore's Law Turns 50: What's Next For Computing?" *Singularity Hub*. April 20, 2015.

Jenkins, Brian. "Chess fans overload IBM's website." *CNN.com*. May 7, 1977.

Lam, Thien–Kim. "14 Sex Toys You Can Control with your Smart–phones." *Momtastic blog*.

Lee, Kristin. "How the cars of Logan grappled with the very real future." *Jalopnik*. March 10, 2017. http://jalopnik.com/how–the–cars–of–logan–grappled–with–the–very–real–futur–1793099275

Palmer, Shelly. "AlphaGo vs You: Not a Fair Fight." *shellypalmer.com*. March 13, 2016.

Trout, Christopher. "RealDoll's First Sex Robot Took Me to the Uncanny Valley." *engadget.com*. April 11, 2017.

IBM100 "Icons of Progress: A Computer Called Watson." http://www–03.ibm.com/ibm/history/ibm100/us/en/icons/watson/

National Safety Council. http://www.nsc.org/learn/pages/nsc–on–the–road.aspx?var=hpontheroad

Power, J. D. http://www.jdpower.com/press-releases/jd-power-2017-us-tech-choice-study

TU *Automotive Weekly Brief.* "Uber's problems could spark ride-hailing customer grab." June 26, 2017.

TU *Auto Weekly Brief.* "Connectivity is road to revenues says Harman." June 2, 2017.

ZeeNewsIndia, published by Sandra Hensel. "3D-Printed Skin Could Allow Robots To 'Feel.'" *Robouniverse.com.* May 15, 2017.

http://www.postscapes.com/connected-kitchen-products/#flatware

https://www.riverscasino.com/pittsburgh/BrainsVsAI/

https://www.ibmchefwatson.com/community

http://www.webmd.com/beauty/cosmetic-procedures-overview-skin#1

http://www.livescience.com/33179-does-human-body-replace-cells-seven-years.html

http://www.irobot.com/About-iRobot/STEM/Create-2.aspx

http://media.irobot.com/2017-03-15-iRobot-Takes-Next-Step-in-the-Connected-Home-with-Clean-Map-TM-Reports-and-Amazon-Alexa-Integration

http://www.rethinkrobotics.com/baxter/

https://www.nytimes.com/2016/06/23/technology/personaltech/mark-zuckerberg-covers-his-laptop-camera-you-should-consider-it-too.html?_r=0

电视节目、电影、播客和 TED 演讲

Garland, Alex. Scriptwriter. *Ex Machina.* 2014.

Asimov, Isaac, interview with Bill Moyers. 1988.

Asimov, Isaac. Robert Silverberg, and Nicholas Kazan. *Bicentennial Man.* (Film). 1999.

Astro Boy TV show. Episode 1: "The Birth of Astro Boy." Nippon Television Corp. Tezuka Production Inc. Created by Osama Tezuka. 1982.

Black, Walter (story) and Tony Benedict (teleplay). "Rosey's Boyfriend." TV episode. *The Jetsons.* Season 1. 1962.

Blitzer, Barry (story) and Tony Benedict (teleplay). "Uniblab." TV episode. *The Jetsons.* Season 1. 1962.

"Our Friend The Atom." *Walt Disney's Disneyland.* Air date: January 23, 1957.

"Mars And Beyond." *Walt Disney's Disneyland.* Air date: December 4, 1957.

Brooks, Rodney. "Robots will invade our lives." *TED Talk.* February 2003. https://www.ted.com/talks/rodney_brooks_on_robots

Cort, Julia & Michael Bicks, writers. Michael Bicks, director. PBS. *NOVA* documentary: "IBM Watson:

Smartest Machine On Earth" February 2011.

Levy, David interviewed by Brent Bambury on "Day 6." CBC Radio. January 6, 2017.

http://www.cbc.ca/radio/day6/episode–319–becoming–kevin–o–learysaving–shaker–music–google–
renewables–marrying–robots–and–more1.3921088/a–i–expert–david–levy–says–a–human–will–marry–
a–robotby–2050–1.3921101.

Jayanti, Vikram. Director. *Game Over*; *Kasparov And The Machine*. (Documentary film). Canada/United
Kingdom. 2003.

60 Minutes, October 9, 2016.

Waking Up with Sam Harris. Podcast #66. Interview with researcher Kate Darling of MIT Media Lab. March 1,
2017.

Minnear, Tim, Scriptwriter. Joss Whedon's *Firefly*. "Out Of Gas." Episode aired November 25, 2002.

Pegg, Simon, and Edgar Wright. *The World's End*. 2013.

致谢

《和机器人一起进化》的诞生，首先要归功于我的三位"死党"：我的经纪人克里丝·罗斯坦因（Kris Rothstein）和卡罗琳·斯韦兹（Carolyn Swayze），以及天马出版社的编辑亚历山德拉·海丝（Alexandra Hess）。我衷心感激你们高度的热情、高超的专业水准、无比的耐心和辛勤的付出，感激你们的幽默感和深情厚谊。

深深感谢为我提供了专家级知识的朋友和家人：我的哥哥里克·法沃罗提供了关于 20 世纪六七十年代尤尼梅特和汤普森制品公司的回忆，我的姐夫罗杰·泰西尔（Roger Tessier）贡献了他早年在 IBM 当程序员的经历和计算机发展历史，这些都是极其珍贵的背景资料；还有车联网工程师简·雷文肖（Jane Ravenshaw）。同时感谢热心阅读我的书稿，不断把关于机器人的最新新闻资料发给我，并且敦促我继续努力的朋友和家人们：唐娜和布莱恩·阿德里安夫妇（Donna and Brian Adrian）、苏珊妮·阿莉莎·安德鲁（Suzanne Alyssa Andrew）、黛安·布拉库克（Diane Bracuk）、普丽西拉·布雷特（Priscilla Brett）、丽莎·德·尼科利奇（Lisa de Nikolits）、瓦妮莎·邓恩（Vanessa Dunne）、西尔维娅·弗兰卡（Sylvia Franke）、桑德拉·古尔德（Sandra Gould）、莱斯莉·肯尼（Lesley Kenny）、玛丽莎·拉戈（Marisa Lago）、戴夫·刘易斯（Dave Lewis）、希瑟·麦克卡罗奇（Heather McCulloch）、迈克尔·洛马斯（Michael Lomas）、玛丽亚·迈因德尔（Maria Meindl）、罗尔夫·迈因德尔（Rolf Meindl）、杰米·鲁宾（Jaime Rubin）、安妮-蜜雪儿·泰西尔（Anne-Michelle Tessier）和罗斯玛丽·泰西尔（Rosemary Tessier）。在此一并致谢我的儿子杰克·艾丁（Jake Edding）和乔伊·艾丁（Joey Edding）：谢谢你们给我介绍了你们这一代人流行文化中的机器人。

关于"小流浪汉"那个年代的记忆，我要感谢斯蒂芬·弗琼（Stephen Forchon）、苏珊·雷纳斯科（Susan Rynasko）、格伦·皮特里（Glen Petrie）、克里斯·卡斯维尔（Chris

Caswell）和艾琳·摩尔（Erin Moore）。同时也感谢《断铅笔》（*Broken Pencil*）杂志推荐我获得安大略省艺术家理事会授予的作家储备基金（Ontario Arts Council Writers' Reserve Grant）。

衷心感谢慷慨地敞开大门欢迎我进入那个奇妙世界的工程师、科学家和管理者：约克大学计算机科学和工程教授兹别克纽·斯塔奇尼亚克博士（Dr. Zbigniew Stachniak），麻省理工学院 Matoula S. Salapatas 材料科学与工程教授洛娜·吉布森（Lorna Gibson），卡内基梅隆大学的计算机学院媒体关系主任拜伦·史派斯（Byron Spice）、机器人学教授克里斯·阿特克森、机器人学副教授哈特穆特·盖尔（Hartmut Geyer）、研究员汉妮·阿德莫妮和克林顿·利迪克，多伦多大学机器人＆机电一体化研究所（IRM）所长、社会机器人学加拿大首席科学家高蒂·内贾特，尼尔·艾萨克（Neil Isaac），迈克尔·尼尔森（Michael Neilson），"小机器人朋友"（Little Robot Friends）联合创始人安·坡恰瑞恩（Ann Poochareon），以及泽维尔·斯奈尔格罗夫。

我最深切的感谢要奉予我生命中的至爱——罗恩·艾丁。感谢你仔细阅读本书的每一个章节并提出许多建议；感谢你全力协助我进行调研和采访；感谢你信任这本书，信任我。没有你，我根本不可能达成此事。

最后，感谢我果敢坚毅的母亲费尔南达·法沃罗（Fernanda Favro），她在本书的写作过程中与世长辞。感谢我已故的父亲阿提里奥·法沃罗（"阿提"），他的求知欲、创造力和爱，每时每刻都在激励着我。